AF546842

Der Bär

Wolf-Dieter Storl

Der Bär

Krafttier der Schamanen und Heiler

at VERLAG

Gewidmet meiner Berner Alma Mater und insbesondere den Berner Mutzen innerhalb und außerhalb des Bärengrabens und dem Braunbär, der von der Schutzgemeinschaft Deutsches Wild zum Wildtier des Jahres 2005 ausgerufen wurde.

Dieses Buch ist eine überarbeitete und ergänzte Ausgabe des 2001 im J. Kamphausen Verlag erschienenen Werks.

6. Auflage, 2021

AT Verlag AG, Baden und München
Lektorat: Diane Zilliges, München
Umschlagbild: Adrian Pabst, Gebenstorf
Lithos: AZ Print, Aarau
Druck und Bindearbeiten: Kösel, Krugzell
Printed in Germany

ISBN 978-3-03800-245-1

Dieses Buch ist auch als E-Book erhältlich.

www.at-verlag.ch

Der AT Verlag wird vom Bundesamt für Kultur für die Jahre 2021–2024 unterstützt.

Inhalt

Einführung

»Je mehr wir uns auf die Zeit einlassen und mit ihr dahineilen, desto weiter entfernt sie uns vom Währenden. Das gilt auch für die Tiere; nie hat man von ihnen mehr und (gleichzeitig) weniger gewusst. Nie mehr, was ihre Anatomie und ihr Verhalten betrifft. Nie weniger über ihr heiles Wesen, ihren unberührten Schöpfungsglanz, wie ihn Märchen und Mythen als Wunder und wie ihn Kulte als göttlich erfasst haben.«
Ernst Jünger, *Hund und Katz*, 1974

Etwa fünf Jahre lang lebte ich in *bear country* in den Rocky Mountains und an der pazifischen Küste Nordamerikas, wo Bären, vor allem Schwarzbären, noch recht präsent sind. Sechs Monate verbrachte ich in der Wildnis von Yellowstone, wo einem Meister Petz nahezu täglich begegnete: Die Düfte der Küche lockten ihn, neugierig schnüffelte er an Türritzen und Abfallbehältern. Man begegnete ihm auf abgelegenen Holzwegen und Wanderpfaden und blieb – eine respektvolle Distanz haltend – bewundernd stehen. Während man nachts am Lagerfeuer döste, hörte man ihn gelegentlich da draußen im Dunkeln schnaufen oder brummen. Man sah ihn mit tollenden Jungen am See planschen, baden oder fischen; man sah ihn genüsslich mampfend in den Beerenschlägen, sah seinen von Heidelbeeren blau gefärbten Kot, seine Sohlenabdrücke im Schlamm. Wenn man viel Zeit in der Natur verbringt, fängt man unwillkürlich an, den Bären so zu sehen, wie die Indianer oder andere naturnahe Völker ihn sehen – als magisches Wesen, als »Mensch« in Tiergestalt, möglicherweise als Lehrmeister, der uns im Traum erscheinen kann und uns an unsere ureigene, unschuldige, wilde Natur zu erinnern vermag. So lernt man Bären anders kennen als im Biologieunterricht, anders als beim Zoobesuch oder Safariurlaub.

Inzwischen lebe ich im Allgäu. Herrliche Berge, Seen und Wälder gibt es hier. Schön ist es hier zu wandern. Aber es fehlt etwas, etwas, was zu dem Land eigentlich gehören sollte: Wolfsgeheul, das in Vollmondnächten Schauer durch die Seele jagt, kreisende Geier über einem verendeten Wildtier und der Bär, der einem gemütlich über den Weg tappt. In unserer überzivilisierten Welt gibt es zu wenig, was einem den Atem verschlägt, was unsere archaische Neandertaler-Seele in Wallung bringt, was in uns die Ehrfurcht vor der Schöpfung zu erwecken vermag. Die virtuellen Bilder der allgegenwärtigen Unterhaltungsindustrie können nie die wahre Natur, die Wildnis, ersetzen. Und so verarmt unsere Seele. Alles ist sicher – zu sicher! –, alles kontrolliert, wissenschaftlich dokumentiert, schulmeisterlich erklärt. Selbst die Berge und Wälder werden zunehmend gebändigt. Hatte doch der alte Squamish-Häuptling See-Yahtlh (Seattle) Recht, als er die weißen Eindringlinge warnte (Seattle 1987: 88): »Was ist der Mensch ohne Wildtiere? Wenn die wilden Tiere alle verschwunden sind, dann wird die Seele an Einsamkeit zugrunde gehen; alles, was den Tieren widerfährt, widerfährt auch den Menschen.«

Nun wollen wir von Bruder Bär und Schwester Bärin erzählen, die uns auf unserem Weg seit der Steinzeit begleiten, die den Schamanen und Medizinleuten Träume und Inspirationen schickten, die den Berserkern Kraft und Mut schenkten und den Heilern Wissen vermittelten. Ich schreibe als Völkerkundler und Kulturanthropologe und streife nicht nur die biologischen und ökologischen Aspekte des Bärenwesens, sondern vor allem die ethnologischen und mythologischen. Aber mein Anliegen ist nicht nur Information. Ich möchte den Bären ins Bewusstsein fokussieren, damit wir ihn wieder ins Dasein träumen können.

Bärenskizze aus einer steinzeitlichen Höhle. (Combarelles, Dordogne; Kultur des Aurignacien)

Bärenschamanen und Pflanzenheiler

»Die Seelen! Sie sind ja gar nicht in den Körpern.
Die Körper sind in den Seelen!«
Christian Siry, *Die Muschel und die Feder*

Wir haben es fast vergessen: Tiere sind unsere Helfer und Gefährten. Die Katzen sind nicht nur nützlich, weil sie Mäuse fangen, die Hunde, weil sie den Hof bewachen, die Kühe, weil sie Milch, Butter und Käse geben, oder die Pferde, weil sie Wagen ziehen oder uns tragen können. Das sind lediglich die auf den materiellen Nutzen bezogenen, utilitaristischen Erwägungen. Wenn man die Tiere mit dem Auge des Herzens sieht, dann erkennt man, dass ihr Wert weit über dem bloßen Ökonomischen liegt. Es stimmt zwar, dass Kinder, die mit Haustieren aufwachsen, seelisch ausgeglichener sind, oder dass der Spitz, die Schmusekatze oder der Goldfisch das Leben für Alte und Einsame erträglicher macht. Aber auch diese psychotherapeutischen Aspekte sind hier nicht unser Hauptanliegen. Wir wollen uns mit dem archetypischen Wesen der Tiere, in diesem Fall des Bären, befassen.

Tiere haben feine Sinne, sie spüren, was auf die Haus- und Hofbewohner zukommt, lange ehe es der Mensch wahrnimmt. Sie spüren bis in die unsichtbare energetische und astrale Dimension hinein. Oft nehmen sie einen Fluch oder ein karmisch bedingtes Unglück auf sich, so dass sie krank werden oder gar sterben, damit es die Menschen, mit denen sie verbunden sind, nicht trifft. Tierverbündete können dem Menschen telepathische Botschaften zukommen lassen, ihn lehren und ihm helfen bei der Erfüllung seines Schicksals. Was für die Hof- und Haustiere zutrifft, das trifft noch mehr auf Wildtiere zu. Da diese nicht gezähmt und den unnatürlichen Zwängen der Domestikation nicht unterworfen sind, ist ihnen eine besondere Kraft eigen. Immer wieder gibt es Menschen, die in Resonanz mit einem Wildtier – dem Eber, dem Hirsch, dem Hasen, den Vögeln und sogar den Winzlingen, den Ameisen und Käfern – treten können.

In unseren Schulen lernen wir diesen Zugang zu den Tierseelen nicht. Unsere Aufmerksamkeit wird auf andere, »wichtigere« Dinge gelenkt, auf leblose Mechanismen und rechnerisch abstrakte Daten. So kann man im »System« funktionieren. Aber die Seele braucht etwas anderes, um gesund zu sein. Etwa tierische Seelenverbündete. Diese lassen sich auch finden. Man kann in die Natur hineinlauschen, sich ihr gegenüber bewusst öffnen. Man braucht nur aufmerksam Acht zu geben, welche Tiere einem im eigenen Leben immer wieder erscheinen, zu welchen man sich unwillkürlich hingezogen fühlt und welche besonderes Interesse wecken. Vielleicht ziert eine bestimmte Tierart unser Familienwappen? Vielleicht erzählt die Familiengeschichte von einem Tier, das mit einem Urahn verbunden war?

Das Wesen der Tiere verstehen

Tiere sind unseren Seelen näher als die schweigsamen Pflanzen oder Steine. Tiere sind, wie wir, verkörperte Seelen. Wie wir leben sie im Spannungsfeld der Gefühle und Emotionen, der Freude und des Leides, der Abneigungen und Zuneigungen. Pflanzen und Mineralien besitzen zwar auch so etwas wie eine empfindsame Seele und einen weisheitsvollen Geist, diese sind aber nicht – wie bei atmenden Tier- und Menschenwesen – an ihre Körperlichkeit gebunden: Ihre »Geist-Seelen« sind weiter entfernt, sie befinden sich außerhalb ihrer physischen Leiber, ausgebreitet in der makrokosmischen Natur. Diese mineralischen und pflanzlichen »Geist-Seelen« sind nicht dem alltäglichen Verstand zugänglich, deswegen kann eine Wissenschaft, die sich nur auf das Messbare, Wägbare und Logische beschränkt, sie nicht wahrnehmen. Schamanen aber haben die Fähigkeit, aus dem alltäglichen Bewusstsein herauszutreten. Wenn sie stark sind – und eventuell einen Bären als Schutzgeist haben –, können sie mit diesen »Geist-Seelen« kommunizieren.

Tiere sind beseelte Wesen. Sie atmen. Ihre Seele fließt mit jedem Atemzug. Gefühle, Stimmungen und Emotionen sind innig mit dem Rhythmus des Ein- und Ausatmens verbunden. Das Wort Tier (altenglisch *deor*, niederländisch *dier*, schwedisch *djor)* entspringt dem Indogermanischen *dheusóm und bedeutet »atmendes, beseeltes Wesen«. Auch das Lateinische *animal*, *animalis* (Tier) ist mit dem Begriff *anima*, *animus* (Seele, Atem, Wind, Geist, beseeltes Wesen) verwandt. Wenn ein Mensch oder ein Tier aufhört zu atmen, verlässt die Anima den Körper und kehrt in die jenseitige Dimension zurück. Die Lebenswärme verflüchtigt sich, erstarrt liegt der Körper und löst sich in seine stofflichen Komponenten auf.

Die Seelen der Tiere – das weiß jeder Schamane und jeder, der Tiere liebt – sind jedoch reiner, unverfälschter als die unseren. Keine Gedankenabstraktionen, kein »schöpferischer Intellekt«, keine »kulturellen Konstruktionen der Wirklichkeit«, keine Lebenslüge spaltet das Tier von seiner unmittelbaren natürlichen Umwelt ab. Das Tier ist unmittelbar in seine Um- und Mitwelt eingebunden. Nicht Worte und abstrakte Symbolsysteme, nicht die Gedanken, die an ein übergroßes stoffliches Hirn gebunden sind, bestimmen das Verhalten der Tiere, sondern die Gerüche, die Laute und Stimmungen der Umwelt, die Tages- und Mondrhythmen und der Wandel der Jahreszeiten steuern ihre Aktivitäten. Die Natur »denkt« in ihnen. Sie haben teil an der ordnenden Vernunft des makrokosmischen Geistes.

Es ist nicht so, wie die heutige Schulwissenschaft behauptet, dass die zerebral-kognitiven Fähigkeiten des Tieres im Vergleich zum Menschen unterentwickelt oder weniger evolviert sind. Nein, es ist so, dass sich der »Geist« des Tierindividuums größtenteils auf einer anderen Ebene befindet, in einer nichtmateriellen Dimension. Dieser Geist ist nicht ein individualisierter, verkörperter Geist, sondern er hat teil an einem »Gruppengeist«, der – wie es bei den meisten Naturvölkern heißt – beim »Herrn der Tiere« in der »Anderswelt«, bei der »Tiermutter« in der Höhle, im Inneren eines Berges oder auf »unterirdischen grünen Wiesen« zu finden ist. Dieser »Gruppengeist« ist ein spirituelles Wesen; es ist eine Gottheit, ein Deva. Er ist es, der den Schwalben im Spätherbst den Weg in den sonnigen Süden weist, der den Tieren zeigt, wie sie ihre Nester zu bauen haben, sie vor einer Sturmflutwelle oder Erdbeben warnt oder ihnen sagt, welche Pflanzen fressbar sind, welche heilend, welche giftig.

Heute nennt man das »Instinkt«. Das Wort, das im 17. Jahrhundert in die Wissenschaft eingeführt wurde, bedeutet lediglich »Antrieb« (vom lateinischen *instinguere*, »anstacheln«, »antreiben, so wie der Hirt die Herde mit seinem Stock antreibt«). Wer ist es aber, der die Tiere zu ihrem Verhalten antreibt? Heute glauben wir es zu wissen. Es sei die »genetische Programmierung«, die die angeborenen, stereotypen Verhaltensweisen, die nicht erlernt und kaum durch Lernprozesse abgeändert werden, steuert. Exogene Reize (Wärme, Licht, Düfte usw.) lösen endogene, genetisch verankerte Reaktionen aus – so die gegenwärtige, materialistisch-positivistische, auf genauen Laboruntersuchungen und Messungen basierende Lehrmeinung.

Die Naturvölker haben weder Labore noch haben sie eine experimentelle Methode zur Wissensfindung entwickelt. Ihr Wissen über Tiere beruht auf einem engen, unmittelbaren Zusammenleben mit den wilden gefiederten oder felltragenden Bewohnern ihrer Umwelt. Ihre Gemeinschaft ist eine, die viele Generationen überspannt; Mensch und Tier wissen voneinander, verhalten sich mit-, für- und gegeneinander und bilden eine

Lebenseinheit, eine Symbiose. Naturmenschen kennen jeden Laut der Wildnis, sie können auch die feinsten Spuren – Fressspuren im Laub, Abdrücke auf feuchten Böden, Haare, Federn – exakt deuten. Alles haben sie intensiv und genau beobachtet. Aber sie bleiben nicht bei der bloßen äußeren Beobachtung stehen. Sie gehen jenseits der alltäglichen Sinne. Traum, Vision und auch schamanische Techniken – Versenkung, langes Fasten und Wachen, Trance-Tanz und Trommeln und bei einigen Stämmen die Anwendung von Pflanzen, die das Bewusstsein erweitern – verbinden sie mit dem Deva der jeweiligen Tierart, mit dem Tierherrn oder der Tiermutter. Sie hüllen sich in die Haut des Büffels, des Hirschs oder des Bären, ahmen mit Tanzschritten seine Bewegungen nach und singen die Tierlieder, bis sie im Einklang mit ihm sind, bis sich die Grenze zwischen ihrer und der Tierseele auflöst. Sie fliegen dann als Rabe, Nachteule oder Milan, sie schwimmen als Delphin, laufen als Wolf mit der Meute durch Tundra oder Prärie, oder als Hirsch mit den Hinden (Hirschkühen) durch den Wald. Im Gegensatz zum positivistischen Wissenschaftler, der die Tiere nur von außen beobachtet und ihre Reaktionen misst, erleben sie das Tier von innen heraus.[1]

Dabei sind nicht unbedingt die Menschen die aktiven Initiatoren dieser intensiven Interaktionen. Wie mir der Cheyenne-Medizinmann Bill Hoher Büffelstier (Tallbull) zu erklären versuchte, sind es meistens die Tiere selber, die den Menschen aufsuchen, ihm Inspirationen, Träume, Hinweise oder Warnungen zukommen lassen. Nicht der Schamane sucht sich sein Schutztier aus, es ist das Tier, das ihn aussucht. Der Anthroposoph Karl König schreibt im ähnlichen Sinne (König 1988: 90): »Das Tier greift tief in das Leben der Menschen, der Mensch entscheidend ins Dasein der Tiere ein. Sie durchdringen einander, und es ist nicht nur Furcht und Aberglaube, welche die Tabus, die Feste, die Zauberhandlungen bedingen. Die Seelenwelt der Tiere selbst, ihre Handlungen, ihr Verhalten, ihre Phantasien und übersinnlichen Erfahrungen durchwirken das Vorstellen, Fühlen und Handeln der mit ihnen lebenden Wilden (Menschen).« Dass Tiere die Menschen telepathisch beeinflussen und steuern können, erlebt man sogar mit den Haustieren: Eine Kuh, die in der Nacht in eine Grube fiel, schickte mir einen Traum – sie erschien in der Gestalt der Kuhgöttin Hathor – und ließ mich wissen, in welcher Not sie war und wo ich sie finden konnte. Lassen wir es zu, ist die Verbindung gegeben: Ich denke an die Ameisen, die mir

1 Die westliche Religionsethnologie spricht dabei gerne von »animalischer Besessenheit« der eingeborenen Schamanen. Das ist aber ein typisch ethnozentrisches Missverständnis. Diese Menschen sind im Einklang mit dem Tierwesen und nicht davon besessen.

das Schreiben beibrachten, als ich noch ein dummer Schüler war; denke an die Geier, die meine Seele in den Himmel trugen, oder auch an den Kormoran, der mich spät in der Nacht hinaus ins Moor rief; seine Flügel waren bei einem plötzlichen heftigen Temperatursturz fest ans Eis angefroren, und ich konnte ihn befreien.

Für die Völker, die als Jäger und Sammler oder als simple Ackerbauern leben, ist der »Herr der Tiere« – der archetypische Tiergeist, die Tiergottheit – keine abstrakte Idee, keine Glaubensangelegenheit, sondern Erfahrungstatsache. Der Schamane bildet sich auch nicht ein, dass er mit den Tieren sprechen kann, sondern er tut es. Er bekommt Antworten. Was er erfährt, hat Wirkung in der »wirklichen« Welt. Es ist kein Produkt der subjektiven Fantasie. Der Indianer spricht mit dem »Tierlehrer«, der ihm während der Visionssuche erscheint, und erfährt von ihm seine Lebensaufgabe; der sibirische Schamane spricht mit dem »Herrn der Tiere« und erfährt, wo sich das Wild befindet, das zur Jagd freigegeben wurde; der Eskimo *Angakkok* besucht *Sedna*, die Mutter der Seesäuger, um zu erfahren, wo sich die Robben aufhalten. Die Tiergeister zeigen dem Pflanzenschamanen, welche Heilkräuter er zu verwenden hat. Verbündete Tiergeister warnen den Menschen vor Gefahr. (So wurde Phoolan Devi, das Bauernmädchen, das eine Räuberbande führte, durch einen Panther vor dem Herannahen der indischen Polizeitruppe gewarnt.) Tiergeister legen dem Menschen auch Verhaltensregeln und Tabus auf, die es unbedingt einzuhalten gilt. Und immer wieder nimmt eine Gottheit Tiergestalt an.

Selbstverständlich waren auch unsere Vorfahren naturverbunden. Auch sie hatten diesen Zugang zu dem magischen Wesen der Tiere. Märchen, Sagen und der so genannte Aberglauben, der tiefe heidnische Wurzeln hat, geben eindeutiges Zeugnis davon. Immer wieder erscheinen dem Märchenhelden oder der -heldin, neben Feen, Heinzelmännchen und anderen Andersweltlichen, helfende, sprechende Tiere (Meyer 1985: 114). Aschenputtel helfen Tauben und Vöglein bei der unsäglich schwierigen Aufgabe, gute und schlechte Linsen aus der Asche zu lesen; zwei Täubchen im Haselstrauch verraten dem jungen Königssohn, wer die falsche und wer die wahre Braut ist: »Ruck di guck, Blut ist im Schuck ...« Fallada, das edle Pferd, weissagt der Königstochter, die als Gänsemädchen Dienst tun muss. Ameisen helfen den Dummling, dem jüngsten von drei Brüdern, verborgene Perlen zu finden, die Enten helfen ihm, einen im See versenkten Schlüssel zu bergen, und die Bienen zeigen ihm, wer unter mehreren Jungfrauen die wahre Königstochter ist, indem sie an den Lippen saugen, die am süßesten sind. Sie helfen ihm, den die klugen älteren Brüder als einen

Dummkopf betrachten, da er immer gut und voller Mitleid mit den Tieren ist. Die Märchen sind voller Beispiele dieser Art. Aber auch die christlichen Sagen und Legenden sind voller Geschichten von Tierverbündeten: Ein Hund und ein Rabe bringen dem von der Pest befallenen heiligen Rochus jeden Tag Brot zu essen, damit er nicht verhungert; dem Gallus tragen die Bären das Holz herbei für den Bau von Kapellen.

Nun, der moderne Zeitgenosse wird wohl eher herablassend lächeln und sagen: »Das sind eben Märchen.« Ja, richtig, das sind Märchen, Märchen im ursprünglichen Sinne des Wortes. Eine *Mär* (althochdeutsch *mari)* ist eine Kunde, ein Bericht aus einer andersweltlichen Dimension – etwa im Sinne von Martin Luthers Lied zum Mysterium von Weihnachten: »Vom Himmel hoch da komm ich her, ich bring euch gute, neue Mär.« Märchen beziehen sich nicht auf empirische, wissenschaftliche Fakten, sind aber trotzdem wahr. Sie beziehen sich auf Wesentlicheres, auf die transzendente Natur der Wirklichkeit. Der weisheitsvolle, reine Geist der jeweiligen Tierarten kann nur mittels schamanischer Fähigkeiten begriffen werden. Und echte Märchen und Sagen sind wahrhafte Kunde davon.

Tierische Verbündete

Bei den Naturvölkern heißt es, dass jeder Mensch sein Tier oder seine Tierhelfer hat, mit denen er auf Gedeih oder Verderb verbunden ist. *Nagual* nannten die Azteken den tierischen Doppelgänger des Menschen, der seine wilde Natur verkörpert. Das Nagual gibt sich oft während der Schwangerschaft oder bei der Geburt eines Menschen zu erkennen. Die mittelamerikanischen Indios halten in der Geburtsnacht Ausschau und lauschen, welches Tier sich da zeigt. Ist es ein Jaguar, ein Wildschwein oder ein anderes Krafttier, dann weiß man, es wird eine starke Persönlichkeit geboren, ein Schamane vielleicht. Manchmal wird das Kind dann auch nach seinem tierischen Doppelgänger benannt.

Auch den germanischen Völkern war der Gedanke nicht fremd. Folgeseelen oder *Fylgia* nannte man die tierischen Doppelgänger. Als Bären, Wildschweine, Hirsche und Wölfe streifen die Seelen starker Männer und Frauen durch den Wald, als Adler, Raben und Schwäne fliegen sie durch die Lüfte, als Lachs oder Otter schwimmen sie im Wasser (Meyer 1903: 262). Als Bär kämpft der Krieger Bjarki draußen auf dem Schlachtfeld, während sein Körper in der Halle erstarrt in tiefer Trance liegt.

Die Verbindung mit den Krafttieren kommt in Namen wie Rudolf (althochdeutsch *hrod* und *wolf*, »ruhmreicher Wolf«), Bernhard (ahd. *bero* und *harti*, »kräftiger, ausdauernder Bär«), Björn (schwedisch, »Bär«), Bertram (ahd. *behrat* und *hraban*, »glänzender Rabe«), Arnold (ahd. *arn* und *walt*, »der wie ein Adler herrscht«), Falko (ahd. *falkho*, »Falke«), Schwanhild *(svan* und *hilt*, »kämpfender Schwan«) oder Eberhart *(ebur* und *harti*, »zäher Eber«) zum Ausdruck. Auch Arthur und Art (altkeltisch *arto*, »Bär«) und Urs oder Ursula (lateinisch *ursus*, »Bär«) sind Nachklänge totemischer Namensgebung in unserem Kulturkreis.

Ein Schamane ohne Tierverbündete wäre schwach und hilflos. Jedes Tier kann ein solcher Verbündeter sein. Wie bei Odin (Wotan), dem nordeuropäischen Schamanengott, kann ein verbündeter Rabe für den Schamanen ausfliegen und Unbekanntes auskundschaften. In Gestalt eines Jaguars kann der südamerikanische Schamane, dessen Körper sich erstarrt im tiefen Trancezustand befindet, durch den Urwald streifen. Mit Hilfe des Wildschweingeists schnüffelt der nepalesische *Jhankrie* den im Körper des Patienten verborgenen Krankheitsgeist oder den magischen Pfeil heraus. Als Adler hoch am Himmel fliegt der indianische Trancetänzer beim Sonnentanz und bringt bei seiner Rückkehr seinem Stamm wegweisende Botschaften von den hohen Geistern. In Werwölfe verwandelt, liefen einst litauische Bauern in der Vollmondnacht im Mai durch Wald und Wildnis, um gegen die Wintergeister zu kämpfen, die die letzten saatschädigenden Fröste bringen.

Bärenreitender Schamane auf magischer Reise. (Zeichnung auf dem Schamanenkostüm eines Samojeden, Sibirien)

Auch unsere Sagen sind voller weissagender Schwäne, sprechender Pferde, magischer Hirsche und anderer Tiere, die mit schamanischen Persönlichkeiten verkehren. Schamanentum ist auch unser – wenn auch verschüttetes – Erbe. Die Schamanen, die einstigen Rivalen der christlichen Missionare, wurden im Zuge der Bekehrung verteufelt und diskreditiert. Aber noch lange gab es Alte, die in der Gestalt von Wolf oder Bär durch die Wälder streiften, als schwarze Katze auf Samtpfoten durch das nächtliche Dorf schlichen oder als großäugige Eule flogen. Oder ihren Tierfamiliar, ihren *spiritus familiaris*, ausschickten.

Das von der Inquisition im Spätmittelalter brutal bekämpfte Hexentum ist einer der letzten Ausläufer des alteuropäischen heidnischen Schamanentums (Müller-Ebeling/Rätsch/Storl 1998: 48). Aber auch bei den Christen tauchen gelegentlich Tiere als Verbündete oder Begleitwesen auf: Der Esel bei der Krippe und als Reittier des Jesus, Lukas als Stier, Johannes als Adler, der Heilige Geist als Taube. Und Konrad von Würzburg (1220–1287) sieht den Heiland als ein Wiesel: »Christ der hohe Hermelin, schlüpft in der tiefen Hölle Schlund und biss den mord-giftigen Wurm zu Tode in all seiner Macht.«

Bei den Naturvölkern sind das Schamanentum und der Umgang mit tierischen Schutzgeistern und Verbündeten noch lebendig. Bei den Indianern haben jede Medizinfrau und jeder Medizinmann ein helfendes Tier, das ihnen Kraft gibt, ihnen Träume schickt und sie auf Reisen in die Geisterwelt begleitet. Der Tiergeist kann den Medizinmann oder die Medizinfrau als Kind adoptieren oder sogar heiraten – auch wenn der Betroffene im Alltag schon mit einem menschlichen Gefährten vermählt ist. Es gibt Adlerträumer, Büffelträumer und andere Medizinleute, die mit dem Steppenwolf, den Ameisen oder dem Dachs verbunden sind, und die, in ihrem Charakter und Verhalten auch die Eigenschaften ihres jeweiligen Schutztieres aufweisen. Der Schamane, der den Hirsch als Verbündeten hat, der »Hirschträumer«, wird robust und gesund sein und genießt – wie ein Hirsch mit seinem Harem – die Liebe vieler Frauen. Er kann kranke Frauen heilen und ist in Besitz von Liebesmagie, die Jungen und Mädchen zusammenführen kann (Lame Deer 1976: 155). Der Büffelschamane ist ein großer Seher, einer, der wie ein Büffelstier seinen Stamm sicher führen kann. Der Schlangenmedizinmann, der meistens durch den Biss einer Giftschlange berufen wurde, hat Verbindung zu diesen Reptilien, er kennt die Kräuter und Gesänge, mit denen Schlangenbisse kuriert werden. Die Seele des Wolfsschamanen ist rein wie frisch gefallener Schnee, sie vermag weit in die Wildnis der Geisterwelt zu wandern. Der Hasenmedizinmann ist sehr klug, aber er kann auch, wie ein Hase, vor Schreck sterben (Garrett 2003: 29).

Unter allen Medizinleuten hat der Bärenschamane oder Bärenträumer eine ganz besondere Stellung. Der Bär ist nämlich ein ganz besonderes Tier oder besser, er ist schon fast wie ein Mensch. Ein »Halb-Mensch«, *Ukuku*, nennen ihn etwa die Quechua sprechenden Indianer in den Anden. Wie Bärenkenner immer wieder berichten, ist jeder Bär eine individuelle Persönlichkeit. Er ist jedoch nicht, wie die menschliche Persönlichkeit, ein abgekapseltes Egowesen, gefangen in einem Netz kulturell vorgegebener, verbaler und symbolischer Konstruktionen. Trotz seiner ausgeprägten Individualität bleibt der Bär innig verbunden mit seiner makrokosmischen Gruppenseele, mit dem großen Bärengeist, mit der Natur. So ist er wie ein Vermittler zwischen den Welten. So haben ihn auch viele Naturvölker erlebt. Für sie ist der Bär kein bloßes Tier; unter seinem Fell verbirgt sich ein göttliches Wesen. Für viele indianische und sibirische Völker, für die Ostjaken, Tungusen, Samojeden und Finnen, ist der Bär ein Mittler zwischen dem Himmelsgott und der Erdgöttin. Der Bär, das Tier der Erde und der Höhlen, ist der Erdgöttin und der fruchtbaren weiblichen Sphäre zugeordnet. Zugleich aber ist er auch der himmlischen Sphäre, der oberen Götter, den befruchtenden Wettergottheiten zugeordnet. Er ist, wie der echte Schamane, Teil von beiden Welten. Er ist Waldtier und Waldmensch. Er ist der kraftvolle Hüter der Pforten zur Anderswelt. Er ist Bote der Götter und als solcher ein wohlwollender Besucher der mittleren Welt, in der die Menschen leben.

Der Bärenschamane hat teil am Wesen des Bären. Als Zeichen dieser Verbundenheit trägt er Bärenmasken, Bärenfell oder ein Halsband oder Amulett aus den Zähnen oder Krallen seines Tiergeisthelfers, und er besitzt auch dessen grimmige Macht, mit der er auch die übelsten Krankheitsdämonen in Angst und Schrecken versetzen kann. So ist ein vom Bärengeist berufener Schamane einer der mächtigsten Heiler. Bei den Kirati, einem im Osten Nepals angesiedelten Stamm, der noch eine alte schamanische Naturreligion befolgt, gilt der Bär (Balu) als der Großvater der Schamanen. Die Bärenkralle, die ihre Schamanen bei sich tragen, gilt als Talisman, als Guru und als Schutz (Müller-Ebeling/Rätsch/Shahi 2000: 177). Als Trommelhäute bevorzugen sie die Haut des Bären. Der Ethnologe Christian Rätsch berichtet, dass Bärenteile nicht von lebenden Bären oder erjagten Exemplaren genommen werden. Um wirklich gut zu wirken, muss der Schamane sie während der Trance finden (Müller-Ebeling et al. 2000: 251). Selbst die Rinde, von einem vom Bären angekratzten Baumstamm, vermit-

Bärenschamanen: links altsteinzeitliches Ritzbild aus La Marche, Vienne, Frankreich; rechts die bekannte Darstellung eines tungusischen Schamanen mit Bärenpfoten (Nicolas Witsen, 1705).

telt noch Kraft. Die Schamanen der mongolischsprachigen Burjaten, die östlich des Baikalsees leben, trocknen und zerkrümeln diese Rinde, um ihren Räucherkräutern besondere Bärenkraft zu verleihen.[2]

Der Lehrer der Heilpflanzenkundigen

In den Augen der Indianer und vieler paläosibirischen Völker kennen die Bären nicht nur die Heilkräuter, sondern sie können dieses Wissen auch an die Menschen weitergeben. Nicht nur etwa, dass die Menschen diese Tiere beim Ausbuddeln der Wurzeln und Ausprobieren der Kräuter und Rinden beobachten und daraus ihre Schlüsse ziehen, sondern der Bärengeist kann auch dem Heiler oder Schamanen Träume schicken und Heilinspirationen vermitteln. Demjenigen, dem unvermittelt ein Bär im visionären Traum erschient, der ist zum Kräuterheiler oder Pflanzenschamanen berufen. Der Ojibwa-Medizinmann Siyaka erklärte dem Ethnologen Frances Densmore (Densmore 1928: 324): »Der Bär ist oft recht wild und aufbrausend und doch achtet er auf Pflanzen, die bei anderen Tieren kein Interesse erwecken (...) Für uns ist der Bär der Häuptling der Pflanzenheilkunde, und wir wissen, dass ein Mensch, der von einem Bären träumt, ebenfalls zum begabten Pflanzenheilkundigen wird. Der Bär ist das Tier, das am besten die heilenden Wurzeln kennt, da er solche guten Krallen hat, um diese Wurzeln auszugraben.«

2 Persönliche Mitteilung des Schamanenforschers Henning Eichler.

Der berühmte Sioux-Medizinmann Lame Deer erzählt, dass der *Wićaśa Wakan*, der Schamane, seine Kraft (»Medizin«) durch eine Vision oder einen Traum erhält, den ihm ein Tierlehrer zuschickt. »Der Medizinmann kann ein Büffel-, ein Adler-, ein Hirsch- oder ein Bärenträumer sein. Unter den vierbeinigen oder geflügelten Geschöpfen, die dem Menschen Kraftträume schenken, ist der Bär der vortrefflichste. Was Medizin betrifft, ist er der weiseste. Wer von diesem Tier träumt, der kann ein hervorragender Heiler werden. Der Bär ist das einzige Tier, das sich im Traum wie ein Medizinmann verhält, der einem Heilpflanzen zeigt und ganz bestimmte Wurzeln mit seinen Krallen ausgräbt. Oft schickt er den Menschen eine Vision von den Heilmitteln, die sie brauchen.«

Die alten Medizinmänner hatten Bärenkrallen in ihrem Beutel. Sie drückten dem Kranken mit der Kralle ins Fleisch, damit die heilende Bärenkraft in seinen Körper eindringen konnte. Die Lieder der Bärenträumer enden mit den Worten *Mato hemakiye* – »Ein Bär hat mir das gesagt«. Dann wusste jeder, dieser Medizinmann hatte seine Heilkraft von einem Bären erhalten. Das Richten und Heilen von gebrochenen Knochen war eine der besonderen Begabungen der Bärenträumer. »Ja, diese Bärenmedizinmänner konnten heilen! Wir hatten Leute, die waren neunzig oder hundert Jahre alt und hatten noch alle ihre Zähne!« (Lame Deer 1976: 153).

Bärenschamane. (Nach George Catlin, 1841)

Ähnliches erzählte der Medizinmann der Dakota (Sioux), Two Shields, »Der Bär, der weder vor Menschen noch vor anderen Tieren Angst hat, ist zwar übellaunig, aber er ist das einzige Tier, welches im Traum erscheint und uns die Kräuter zeigt, die den Menschen heilen können« (Densmore 1928: 324). Der Tiefenpsychologe würde dazu sagen, wer sich mit dem »Bären« in der Seele, mit seinen tief verschütteten Instinkten verbinden kann und zugleich klare, scharfe Sinne hat wie der Bär, der wird leicht Zugang zum Verständnis der heilenden Kräuter erlangen.

Wie sehr der Bär als Heiler und Kenner der Heilpflanzen verehrt wurde, erzählt eine Geschichte der östlichen Waldlandindianer.

Eines Tages erschien ein alter Mann im Dorf. Er kam mit leeren Händen, war hungrig und krank. Er stank und seine Haut war mit Geschwüren bedeckt. Beim ersten Wigwam rief er: »Helft mir, ich brauche Unterkunft und etwas zu essen.«

Man schickte ihn weg, denn man hatte Angst, er würde womöglich die Kinder anstecken. Beim zweiten Haus erging es ihm nicht anders, auch hier jagte man ihn fort. So ging es im ganzen Dorf, niemand wollte ihn aufnehmen. Einzig beim letzten Haus hatte er Erfolg. Eine arme Frau, die nur wenige Verwandte hatte und in einem winzig kleinen Wigwam am Dorfrand lebte, hatte Erbarmen, lud ihn ein, gab ihm zu essen und einen Schlafplatz. Da er am nächsten Tag noch kränker war als zuvor, versuchte sie ihn mit den ihr bekannten Mitteln zu heilen. Es half nicht, er wurde noch kränker. Nach mehreren Tagen erzählte er eines Morgens, dass der Große Geist ihn in einem Traum eine Heilpflanze sehen ließ, die ihm helfen würde. Der Alte beschrieb die Pflanze ganz genau, und die Frau suchte und fand sie im Wald. Mit einem Gebet und kleinem Ritual erntete sie die Pflanze und bereitete die Medizin. Nachdem er diese zu sich genommen hatte, ging es ihm besser. Nach einigen Tagen war er gesund und wollte sich verabschieden. Doch plötzlich hatte er einen Fieberanfall und wurde abermals krank. Wieder halfen die Mittel, die die Frau kannte, nicht. Er lag schon am Rande des Todes, als er wieder im Traum eine Heilpflanze sah. Wieder holte die Frau das angegebene Kraut, wieder wurde er gesund. Als er sich abermals verabschieden wollte, fing er an zu zittern und musste sich plötzlich übergeben. Wieder war er krank, wieder erträumte er die richtige Heilpflanze. So ging es ein ganzes Jahr lang. Dann – endlich – war er wirklich ausge-

heilt. Er stand von seinem Lager auf und drehte sich noch einmal um, ehe er zur Tür hinausging und sagte: »Der Große Geist hatte mir gesagt, es sei jemand in diesem Dorf, dem ich beibringen soll, wie man Kranke mit Kräutern heilt. Ich wurde zu dir gesandt, um dich zu lehren. Das habe ich getan.«
Er schritt hinaus ins Sonnenlicht, und die Frau schaute ihm verblüfft nach. Gerade als der Alte im Wald verschwand, verwandelte er sich in einen großen Bären. Es war der Bärengeist gewesen, der die Frau zur Kräuterheilerin berufen hatte.

Der Bärenschamane oder Bärenträumer ist aber nicht nur ein Meister der Heilkräuter, sondern er kann, wie bei den Germanen, Römern und Kelten, auch die Krieger inspirieren, ihnen Mut, Kraft und Besonnenheit im Kampf gewähren. Hier nun die Geschichte von einem Pawnee-Indianer, der Bärenschamane und Kriegshäuptling war (Spence 1994: 308):

Bärenschamane der Schwarzfuß-Indianer bei der Heilséance. (Zeichnung nach George Catlin)

Im Stamme der Pawnee lebte ein Junge, der Bären gut nachahmen konnte und der tatsächlich einem Bären glich. Seinen Spielkameraden erzählte er, dass er sich in einen Bären verwandeln könne, wann immer er es wolle.

Vor vielen Jahren, noch ehe der Junge geboren wurde, befand sich sein Vater auf dem Kriegspfad. Da, weit weg von zu Hause, traf er auf einen Bärenwelpen. Das Bärchen war so klein und hilflos und schaute ihn so traurig an, dass er es aufhob, ihm einige Tabakblätter um den Hals band und ihm sagte: »Ich weiß, der Große Geist Tirawa wird dich beschützen, aber ich konnte nicht einfach an dir vorbeigehen, ohne dir diese heiligen Tabakblätter zu schenken, um zu zeigen, dass ich dir gut gesinnt bin. Ich hoffe, dass auch mein noch ungeborener Sohn von den Tieren gut behandelt wird, und dass ihr ihm helft, ein großer weiser Mann zu werden.«

Als der Krieger wieder zu Hause war, erzählte er seiner Frau von der Begegnung mit dem kleinen Bären. Da dachte die Frau viel über Bären nach. Die Indianer aber glauben, dass eine schwangere Frau nicht zu lange oder zu oft an ein bestimmtes Tier denken soll, denn sonst würde das Kind diesem Tier gleichen. Und so war es auch. Als der Junge älter wurde, ging er oft allein in den Wald; er war von Bären fasziniert und verehrte sie mit kleinen Ritualen.

Als er erwachsen war, zog er einmal mit einer Truppe Krieger auf dem Kriegspfad gegen die Sioux. Sie waren weit weg von ihrem Pawnee-Dorf, als sie in einer steinigen, von Wacholdersträuchern bewachsenen Schlucht in einen Hinterhalt gerieten. Es gelang den Sioux, alle Pawnee-Krieger zu töten und anschließend zu skalpieren. Viele Bären lebten in dieser Schlucht. Eine Bärin erkannte sofort, dass sich unter den Getöteten auch derjenige befand, der ihnen Rauchopfer gebracht, Bärenlieder gesungen und ihnen anderes Gutes getan hatte. Die Bärin sagte zu ihrem Gefährten: »Lasst uns diesen Menschen wiederbeleben!«

Der Medizinbär antwortete: »Das ist fast unmöglich. Wenn es dunkel oder bewölkt ist, wird es nicht gehen, nur wenn die Sonne scheint. Aber ich werde mein Bestes tun.«

An dem Tag schien die Sonne nur ab und zu. Dennoch legten sie den geschundenen Leichnam auf ein Bett aus Beifuss, bliesen ihm Tabakrauch ins Gesicht, besangen ihn und rieben ihn mit Kräutern ein. Allmählich kam das Leben in den Körper zurück. Endlich war er wieder bei vollem Bewusstsein und sah die beiden Bären. An das, was geschehen war, konnte er sich jedoch nicht erinnern. Die Bären erzählten es ihm und nahmen ihn mit in ihre Höhle, wo sie ihn bis zur vollen Gesundheit pflegten. Sie brachten ihm all ihr Wissen bei – und das war sehr viel, denn Bären sind die weisesten Tiere. Ehe er schließlich in sein Dorf zurückkehren wollte, sagten sie ihm, er solle nicht aufhören die Bären zu imitieren und die Bärenlieder zu singen, denn das würde ihm Erfolg im Leben bringen.

Der Medizinbär, der das Wiederbelebungsritual ausgeführt hatte, sagte noch: »Ich werde dir immer beistehen, Bären-Mann. Wenn ich sterbe, wirst auch du sterben; werde ich alt, so wirst auch du alt werden.« Anschließend deutete er auf einen Wacholderbaum: »Dieser Baum soll dein Beschützer sein. Der Wacholder wird nie alt, immer ist er frisch und schön. Er ist ein Geschenk des Großen Geistes. Wenn ein Gewittersturm kommt, wirst du ihn stillen können; wirf einige Zweige ins Feuer, dann wird kein Unheil geschehen.«

Zuletzt gab er dem Mann eine Bärenfellmütze. Die brauchte er, denn da die Sioux ihn skalpiert hatten, hatte er keine Haare mehr auf dem Kopf.

Als er im Dorf ankam, konnten die anderen es kaum glauben, dass er es war. Man glaubte er sei gefallen. Schließlich erkannten ihn seine Eltern. Nachdem er seine Freunde umarmt und ihnen von den Bären, denen er sein Leben verdankt, erzählt hatte, ging er zu den Bären, die unweit vom Dorf warteten und brachte ihnen Tabak, wohlriechendes Lehmpulver, Büffelfleisch und Flussperlen. Der Medizinbär umarmte ihn und sprach: »Da mein Pelz dich berührt hat, wirst du ein großer Mann sein; da meine Tatzen deine Hände berührt haben, wirst du furchtlos sein; da mein Mund deinen Mund berührt hat, wirst du weise sein.«

Nachdem diese Worte gesprochen wurden, gingen die Bären fort. Es waren wahre Worte. Bären-Mann wurde einer der größten Krieger seines Stammes. Er wurde Medizinmann und brachte den Pawnee den Bärentanz bei, den sie noch immer tanzen. Er wurde alt und genoss hohes Ansehen bei seinem Volk.

Die Geschichte erzählt von der Initiation eines Bärenmedizinmannes. Der Jüngling starb und wurde von den Tieren wiederbelebt, dabei wurde ihm seine wahre Aufgabe im Leben offenbart. Wenn die Indianer einen Bären erlegen, dann führen sie eine ähnliche Wiederbelebungszeremonie aus, damit sich der Bärengeist erneut verkörpern kann.

Die Heilerhaltung oder Bärenhaltung

Der Bär zieht seine größte Kraft aus seiner Mitte, aus seinem Sonnengeflecht *(plexus solaris)*, jenem Kraftzentrum, das sich zwischen dem Bauchnabel und dem Herzzentrum befindet. Das ist offensichtlich, wenn man die Bären beobachtet. Der Bärenschamane bezieht ebenfalls seine Kraft aus diesem Zentrum, welches die Hindus das *Manipurna Chakra* nennen. Der indische Weise Sivananda sagt dazu: »Der Yogi, der sich auf dieses *Chakra* konzentriert, erlangt fortwährende *Siddhi*[3] und vermag verborgene Schätze zu finden. Er ist von allen Krankheiten befreit und kennt keine Furcht vor

Bärengeist. (Zeichnung von Nana Nauwald)

3 Satata-Siddhi (Sanskrit, satata »fortwährend«; Siddhi, »übernatürliche Fähigkeiten«) bezieht sich auf ungewöhnliche »schamanische« Fähigkeiten wie Hellsehen, Levitation, Gedankenlesen, Unsichtbarmachen, Bilokation, Eintreten in andere Körper und so weiter.

Feuer« (in Friedrichs 1996: 53). Auch Carlos Castaneda beschreibt den Solarplexus als die Quelle der magischen Kräfte der Schamanen.

Das unter dem Zwerchfell liegende Gangliengeflecht des sympathischen Nervensystems reagiert als erstes bei plötzlichem Schock oder Panik. Das Gefühl kann als »Schlag in die Magengrube« beschrieben werden. Andererseits kann es auch als plötzliche Energieentladung erfahren werden, wobei der Erschrockene reflexartig reagiert und blitzschnell den übermächtigen Feind überrumpelt oder durch mutigen Zugriff dem Freund das Leben rettet. Oft spüren Schamanen oder spiritistische Medien während ihrer so genannten AKE-Zustände (außerkörperliche Erfahrungen), dass sich dabei das Sonnengeflecht »öffnet«. Der »geistige Leib« – so die Aussagen spiritistischer Medien – schwebt an einer hauchdünnen »Silberschnur« aus diesem Energiezentrum heraus und erfährt nicht-sinnliche Dimensionen (Storl 1974: 206).

Die Verbindung dieses Chakras mit dem Bärengeist und seiner Heilkraft zeigt sich auch in den sorgfältig durchgeführten Studien von Felicitas Goodman. Die Kulturanthropologin untersuchte Trancezustände und die verschiedenen Körperstellungen, die die Schamanen dabei annehmen, wenn sie mit einer Gottheit oder einem Tiergeist in Verbindung treten. Jedes Geistwesen fordert vom Menschen eine bestimmte Körperhaltung, wenn dieser mit ihm in Verbindung treten will. Die »Bärenhaltung« – auch Heilerhaltung genannt –, die es ermöglicht, sich gegenüber dem Bärengeist zu öffnen und seine Heilkraft einfließen zu lassen, wird gewöhnlich stehend eingenommen. Dabei liegen die eingerollten Hände so über dem Nabel,

»Schamane in Kontakt mit dem Bärengeist«: Holzschnitzerei der Giljaken, Sibirien; rechts Menhir, Saint-Germain-sur-Rance, Frankreich, 2000 v.u.Z.

dass die ersten Knöchel der Zeigefinger sich berühren. Die Knie sind leicht gebeugt, und die Füße stehen parallel zueinander fest auf dem Boden (Goodman 1995: 165). Diese Bärenhaltung lässt sich auch in Statuen und Schnitzereien in vielen historischen und auch gegenwärtigen Kulturen nachweisen.

Bärenhöhlen und Neandertaler

»Europa. ›Der Westen‹,
da sind die Bären verschwunden,
außer vielleicht Brünhilde?

Oder die Wiedergeburt älterer wilderer Göttinnen
– rasend
durch die Straßen Frankreichs und Spaniens
mit Maschinenpistolen –
In Spanien
Bären und Bison,
Rote Hände, an denen Finger fehlen,
Rote Pilzlabyrinthe;
Blitzstrahlnetze,
in Höhlen gemalt,
Underground.«
Gary Snyder, *Der Weg nach Westen, Underground*

Der dicke Carlo wohnt abseits am Waldrand in einer säuberlich herausgeputzten Köhlerhütte. Dort hat er sich auch eine Schmiede und Werkstatt eingerichtet. In dieser arbeitet er auf seine brummelige, gemütliche Weise vor sich hin, probiert ungewöhnliche Metalllegierungen, schnitzt an Knochen, Hörnern und Geweihstückchen und schleift die hier und da gesammelten, glitzernden Steinchen zu wertvollen Schmuckgegenständen. »Müllbär« nennen ihn so manche, denn nicht selten durchstöbert er die Abfallhalden nach brauchbaren Gegenständen, und jeder Sperrmülltag bedeutet einen Beutezug für ihn. Er selbst gibt sich als »freischaffender Künstler« aus, ein Etikett, das es ihm erlaubt, in aller Würde ein ungewöhnliches Leben zu führen.

Eines Tages tuckerte dieser Carlo mit einer Fuhre Winterholz an unserem Hof vorbei. Er hielt an, um uns einen guten Tag zu wünschen. Ja, 's Tässli Kaffee würde er schon nicht abschlagen. Aber nicht extra einen kochen. Kalter Kaffee sei ihm recht, nur müsse etwas Zucker drin sein.

»So, du Bücherschreiber, kannst die Blätter nicht an den Bäumen lassen, was?«, zwinkerte er mir zu. »Woran schreibst du denn im Augenblick?«

Ich erzählte ihm von der Stadt Bern, den vielen Bärengaststätten und Bärenbrunnen, dem Bärengraben mit lebenden Petzen drin und dass diese Stadt vor genau achthundert Jahren von dem Herzog von Zähringen gegründet worden war, nachdem dieser in einem Buchenwald an der Aareschleife einen Bären erlegt hatte.

»Nun ist mir etwas Eigenartiges passiert«, redete ich weiter, »als ich aus Bern zurückkam und hier durch diesen Wald den Berg hinaufwanderte. Wahrscheinlich war ich von der langen Reise übermüdet, hatte ja kaum geschlafen. Jedenfalls war mir zumute ... ja, wie soll ich sagen ... als ginge ich durch einen Märchenwald. Und plötzlich spricht dieser Wald zu mir – diese Tannen und Buchen, diese Farne und Felsen – und sagt, es sei so traurig, dass es hier keine Bären mehr gäbe!«

Ein schwer zu deutender Blick schoss aus Carlos Augen, aber er schwieg, nahm nur einen Schluck aus der Tasse.

»Ja, und dann, in der Nacht, träumte ich sogar von einem riesigen Bären. Ich träumte, er stehe über unserem Bett und lecke unserem Sohn das Gesicht. Und im selben Augenblick wacht der Bub weinend auf!«

»Hm«, brummte Carlo und stich sich dabei über den Bart.

»Es ist sonderbar«, fuhr ich fort, »denn auch meine Frau Marie träumte von einem solchen Tier, einem mächtigen Koloss, der mit den Tatzen fuchtelte, wobei helles Licht aus seinen Krallen aufblitzte, als schlage er Funken aus der Luft!«

»Da willst du also den Leuten etwas über Bären erzählen«, sagte Carlo mit ruhiger Stimme, in der dennoch eine gewisse Erregung mitzuschwingen schien.

»Ja, das stimmt. Weißt du etwa etwas über Bären?«, fragte ich ihn, ohne irgendeine bedeutsame Antwort zu erwarten. Schließlich hatte er die Schulmauern hauptsächlich von außen gesehen und mit dem Lesen hatte er auch nicht viel am Hut. Doch er blickte mich an, als wäre er bereit, mir ein wichtiges Geheimnis zu verraten.

»Weißt, Bären sind wie Menschen. Sie haben Seelen wie Menschen. Nur, eben wie die Menschen von ganz früher, als diese noch frei und wild in der Natur lebten, ehe sie eng und ängstlich wurden und sich von anderen Lebewesen absonderten. Verstehst? Schau, da drüben, der Säntis ...«

Ich schaute über die Bodenseesenke, hinüber ins St. Galler Land und ins Appenzell, das von unserem Allgäuer Berghof aus gut zu sehen ist. Opalblau leuchtend ragte der Schneeberg in den Himmel empor.

»Da sind Höhlen. Drachenloch, Wildenmannlisloch, Wildkirchli und so ähnlich heißen sie. Da haben die Neandertaler, die frühen Steinzeitmenschen, friedlich mit den Bären zusammengelebt. Damals verstanden die Menschen noch die Sprache der Tiere. Primitiv nennt man die Neandertaler, blöd und kulturlos, dabei sind wir die Primitiven oder eigentlich die Degenerierten! Primitiv heißt nämlich mit dem Ursprünglichen, mit der Natur verbunden sein.

Eigentlich machten diese Neandertaler keinen grundsätzlichen Unterschied zwischen Menschen und Tieren, zwischen Menschen und Bären schon gar nicht. Selbstverständlich galt der Bär, der mit ihnen die Höhlen teilte, als besonders mächtig, als heilig. Er konnte ihnen Schutz gegen Wölfe oder heißhungrige Säbelzahntiger gewähren. Die Höhlenmenschen behielten auch die Schädel und Knochen der Bären und bestatteten sie sorgfältig, damit der Bärengeist bei ihnen bleibe. Und wenn sie Bären jagten, um warme Pelze zu bekommen oder Bärenschmalz für ihre Wunden und Krankheiten, dann taten sie es nur mit der Erlaubnis des Bärengeistes, und auch nur zu ganz bestimmten Zeiten. Dann tranken sie auch das Blut des erlegten Tieres, um sich dessen Macht anzueignen. Die Krallen hängten sie um den Hals ihrer Kinder, damit der mächtige Bärengeist auch sie vor allen Gefahren schütze.

Ja, diese Menschen lebten mit den Bären! Das gibt es übrigens auch noch bei einigen primitiven Jägervölkern irgendwo in Ostasien, dass sie sich einen Bären als geehrten Gast im Dorf halten!«

Carlo sprach, wie einer, der das alles selbst erlebt hatte, entweder als Neandertaler oder als Höhlenbär. Er sprach mit der Autorität eines Sehers. Bären als Freunde und Wohngenossen der Steinzeitmenschen! Ähnliches behaupten die Theosophen und andere Esoteriker. Im »atlantischen Zeitalter« seien die Menschen hellsichtig gewesen. Mit Göttern und Heroen seien sie einhergeschritten und mit den »Gruppenseelen« der Tiere hätten sie ohne Furcht oder Aberglaube verkehren können. Mittels Kulthandlungen, Riten und Zeremonien hätten sie mit ihnen, und auch mit dem Bärengeist, kommuniziert. Aber welcher seriöse Wissenschaftler kann solche Aussagen schon ernst nehmen?

Die Professoren, bei denen ich Urgeschichte studiert habe, hatten das grundsätzlich anders gesehen. Da war stets vom unerbittlichen Kampf ums Überleben die Rede, von Konkurrenzkämpfen mit den zotteligen Ungeheuern um den Besitz der schutzgewährenden Höhlen, von tierähnlichen Hominiden, die mit Rauch und Lärm, Fallgruben und niederrollenden Felsbrocken den Tieren diese Orte streitig machen wollten. *Survival of the*

So stellt man sich die Neandertaler bei der Jagd auf den Höhlenbär vor.

fittest (»Überleben des Stärkeren«), hieß demnach die Parole der Steinzeit. Nicht nur den Wohnraum wollten sie dem Bären streitig machen, sie gierten auch nach seinem Fleisch und Fett, um sich den ständigen Hunger vom Leibe zu halten. Sie begehrten seine Knochen, um Schaber und Dolche daraus anzufertigen, seine Sehnen als Bindfäden, seinen Pelz als Decken, seine Unterkiefer als Schlagwaffe, seine Zähne als magische Anhängsel. Schon immer sei der Mensch der skrupellose Ausbeuter, der ewige *Homo oeconomicus* gewesen!

Irrationaler Aberglaube oder Furcht hätte diese Frühmenschen dazu getrieben, Bärenschädel zu bestatten und Bärenbilder an die Höhlenwände zu kritzeln. Von »Abwehrzauber« sprechen die Kulturanthropologen, und die Psychologen entdecken darin den gesicherten Beweis für die damals schon grassierende Urangst.

War es nun so, wie es Carlo – der mir immer mehr wie ein Mensch gewordener Bär vorkam – erzählt hatte? Oder hatten die hochgelehrten Professoren Recht? Übertrugen diese etwa ihre eigene Raffgier und ihre Angst vor der Natur, auch der eigenen inneren »wilden« Natur, auf Bär und Wildmensch? Dienten die spärlichen Funde, die Ausgrabungen und Höhlenforschungen zutage förderten, als Projektionsflächen eines doch nicht so eindeutig objektiven Weltbildes?

Eine mysteriöse Frau

Carlo hatte seinen kalten Kaffee ausgetrunken und sich wieder auf den Weg gemacht. Noch lange schaute ich sinnend auf die Appenzeller Berge hinüber und dachte über Berghöhlen und Neandertaler nach.

Der Neandertaler – eine alte Menschenrasse, vierschrötig, mit starken Knochen, Unterkiefern mit fliehendem Kinn, dicken Wülsten über den Augen und einem Gehirnvolumen, das das der modernen Menschen sogar leicht übertrifft. Während der mittleren Altsteinzeit, also während der Zwischeneiszeit und der letzten Eiszeit, besiedelten die Neandertaler den Nahen Osten, Nordafrika und den Zipfel des asiatischen Erdteils, den man heute Europa nennt.

Vom ersten Neandertalerskelett, das zufällig 1856 entdeckt wurde, glaubten die Experten, es handle sich lediglich um die Reste eines »pathologischen Idioten« oder eventuell um einen Kosaken, der beim Rückzug der Grande Armée Napoleons übriggeblieben und gestorben war. Als dann noch andere ähnliche Schädel und Knochenreste entdeckt wurden, glaubten die Anhänger Darwins, einen Beweis für ihre Evolutionstheorie gefunden zu haben, nämlich ein Zwischenglied zwischen dem modernen *Homo sapiens* und seinem Affenurahn. Es wurde theoretisiert, dass es sich bei dem Neandertaler um eine minderwertige menschliche Urrasse gehandelt habe, die später im Kampf ums Überleben von dem höher entwickelten *Homo sapiens* restlos ausgerottet wurde. Als immer mehr Tatsachen zum Vorschein kamen, brach diese theoretische Konstruktion wie ein Kartenhaus in sich zusammen. Die Neandertaler kannten nämlich nicht nur das Feuer, sie fertigten auch mit ausgeprägtem Stilgefühl brauchbare Klingen, Hämmer, Schaber und Speerspitzen aus Feuerstein und nähten mit Sehnen und Riemen Pelze zu Kleidung und Zelten zusammen. Sie hatten also eine Kultur, die es ihnen erlaubte, die Schneestürme und krassen Temperatureinbrüche der Eiszeit gut zu überstehen.

Offensichtlich waren sie auch im Besitz einer geistigen Kultur – Erfahrung und ein Wissen um die für uns »unsichtbaren Dinge«. Sie bestatteten ihre Toten mit Grabbeigaben. Mal umlegten sie die Grabstätten mit Wildziegenhörnern (in Usbekistan), mal färbten sie die Knochen der Verstorbenen mit rotem Ocker, mal betteten sie mehrere Tote in ein mit blühenden Kräutern und Wildblumen ausgelegtes Grab (im irakischen Kurdistan). Natürlich haben sich die Wildkräuter nicht bis heute erhalten, aber Pollenanalysen geben sogar Aufschluss über die einzelnen Arten. Es waren vor allem Heilkräuter, die in der Pflanzenheilkunde noch immer eine Rolle spielen. Lange war man der Überzeugung, dass die Neandertaler, ähnlich den Schimpansen oder Gorillas, keine sprachlichen Fähigkeiten besäßen. 1989 fand man jedoch in Kebara (Israel) das sechzigtausend Jahre alte Zungenbein *(os hyoideum)* eines Neandertalers. Inzwischen besteht kein Zweifel mehr, dass diese Menschen im Besitz von Sprache waren. Auch Musik war ihnen nicht fremd. 1995 entdeckte man in einer Höhle in Slowenien eine 50000 Jahre alte »Blockflöte« mit vier Fingerlöchern, hergestellt aus dem Oberschenkelknochen eines jungen Bären. Professor Jelle Atema von der Boston University entlockte dieser Bärenflöte sanfte harmonische Töne.

Ganz besonders war das geistig-spirituelle Leben dieser Frühmenschen mit dem Bären verbunden, so dass Urgeschichtler von einem regelrechten Bärenkult der Neandertaler sprechen. Auch die Bären wurden bestattet. An mehreren Fundorten in Europa – in den Karawanken, in Jugoslawien, im fränkischen Jura – findet man Nachweise dieses recht eigenartig anmutenden Brauchs. In Regourdou (Dordogne, Südfrankreich) entdeckten Forscher eine mit Steinen ausgelegte rechteckige Grube, in der sich zwanzig Bärenschädel befanden. Die Grube war mit einer schweren Steinplatte bedeckt. In einem Neandertalergrab fand man auch den Oberarmknochen eines Bären. Spuren deuten an, dass einige Neandertaler in Bärenfelle gehüllt bestattet wurden (Sanders 2002: 153).

Neandertaler beim Errichten eines Bärenaltars. (Zeichnung von Martin Tiefenthaler)

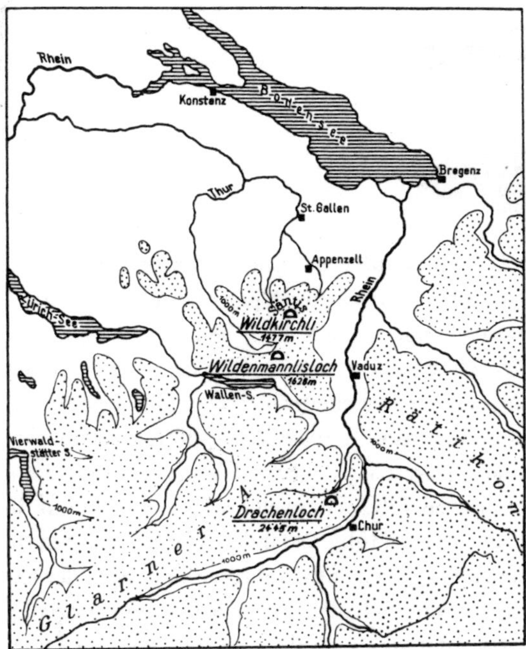

Landkarte der paläolithischen Bärenhöhlen in der Ostschweiz.

Am bekanntesten sind wohl die Funde in den drei Ostschweizer Höhlen Wildkirchli, Wildenmannlisloch und Drachenloch, in denen man die Reste von über tausend Bären fand. Die am schroffen Felsen unterhalb des Säntis auf 1500 Meter gelegene Höhle Wildkirchli diente lange frommen Einsiedlern aus St. Gallen als Klause. Hier soll im 10. Jahrhundert der St. Galler Mönch Ekkehart das *Waltharilied* geschrieben haben. 1657 errichtete ein Pfarrer vor dem Höhlengewölbe eine Kapelle. Da man immer wieder auf große Knochen und Zähne stieß, war man sich sicher, dass die Höhle einst als Drachenhorst diente. Folgerichtig wurde die Kapelle dem Drachentöter, dem Erzengel Michael, geweiht. Bald nachdem der letzte Eremit, der dort hauste, beim Kräutersammeln im Jahr 1851 tödlich abstürzte, wurde ein Gasthaus vor dem zweiten Höhleneingang erbaut. Zu diesem Gasthaus, das wie ein Schwalbennest an der Felsmauer klebt, stieg 1904 der Konservator des Naturhistorischen Museums von St. Gallen, Emil Bächler, hinauf. Er setzte den Spaten an. Die großen Knochen, die er ausgrub, waren selbstverständlich keine Drachenknochen, sondern die von dem ausgestorbenen riesigen Höhlenbären. Als er auf ein Bruchstück eines Feuersteins stieß, erkannte er, dass auch Frühmenschen hier einst tätig waren (Honoré 1967: 208).

»Knochenaltar« im Drachenloch, Glarner Alpen.

Einige Jahre später stieß Emil Bächler auf einen noch bedeutenderen Fund. An einer steilen Felswand in den Glarner Alpen oberhalb von Vättis, auf 2445 Meter Höhe, liegt das Drachenloch. Hier befindet sich eine der ältesten Kultstätten der Menschheit und der bedeutsamste Nachweis eines archaischen Bärenkults. Neben einer Feuergrube, angefüllt mit Asche, Holz- und Knochenresten und einigen Steinwerkzeugsplittern, entdeckte Bächler einen »Knochenaltar«. Darauf lag der Schädel eines Höhlenbären, durch dessen Jochbogenöffnung ein Oberschenkelknochen gesteckt war. In anderen dunklen Winkeln der tiefen Höhle befanden sich Steinkästen, in denen die langen Beinknochen der Bären aufbewahrt wurden. Eine der Kisten enthielt sieben knochenbleiche Schädel, deren Schnauzen sorgfältig zum Ausgang der Höhle gerichtet waren. Anhand der verkohlten Holz- und Knochenreste ließ sich das Alter dieser Steinkästen auf rund 70000 Jahre schätzen. Damit ist er das älteste bekannte, von Menschenhand gefertigte Objekt (Lissner 1979: 200).

70000, siebzigtausend Jahre! Man stelle sich vor, was das bedeutet: Vor 2000 Jahren begann unsere Zeitrechnung, vor 2700 Jahren wurde das »ewige« Rom gegründet, vor 4500 Jahren die erste ägyptische Pyramide gebaut, vor rund 8000 Jahren die ersten dorfähnlichen Städte gegründet, vor rund 12000 Jahren endete die Eiszeit in Nordeuropa. Der Bärenkult ist aber mindestens 70000 Jahre alt und wahrscheinlich noch viele Jahrtausende älter.

Noch etwas für uns äußerst Interessantes wurde in einer der Neandertalerhöhlen – im Wildenmannlisloch – gefunden. In einer Nische in der Wand dieser Höhle entdeckte man eine aus dem Unterkiefer eines Höhlenbären geschnitzte und polierte Frauenplastik, etwa zwölf Zentimeter hoch.[4] Diese Figur, ebenfalls etwa 70000 Jahre alt, ist die älteste bekannte

4 Zwischenzeitlich bezweifelten viele Vorgeschichtler, dass es sich bei der kleinen Statue wirklich um ein absichtlich geschaffenes Kunstwerk handelt. Die »Pseudo-Venus« sei eher durch die zufällige Abnützung eines Werkzeugs zustande gekommen, zudem traut man den Neandertalern eine derartige Kunstfertigkeit nicht zu (Kuckenburg 1997: 296). Die Plastik, die sich im Heimatmuseum St. Gallen befand, ist leider durch unsachgemäße Behandlung zu Staub zerfallen. Einzig Photos von dem Objekt sind erhalten geblieben.

menschliche Darstellung, in der uns zum ersten Mal das archetypische Bild begegnet, das die Höhle, den Bären und die Frau verbindet – ein Bild, das uns in der Kunst der späteren Steinzeitmenschen, in den Sagen und Märchen vieler Völker und auch in den Träumen, die aus den Tiefen unserer eigenen Seele aufsteigen, immer wieder begegnen wird. Wer ist diese mysteriöse Frau? Wir werden noch Gelegenheit haben, sie näher kennen zu lernen.

Die meisten modernen Urgeschichtler sehen die stämmigen, untersetzten Neandertaler längst nicht mehr als »primitiv« an – weder körperlich noch geistig. Sie waren vollwertige Menschen und werden heute ohne weiteres als *Homo sapiens* klassifiziert. Und nicht nur das, man nimmt auch nicht mehr an, sei seien von einer ihnen überlegenen Rasse ausgerottet worden. Vielmehr gilt als wahrscheinlich, dass sie teilweise in den Europäern und Nordasiaten, auch in den Indianern, ihre Nachfahren haben.[5] Mit anderen Worten: Die Neandertaler sind unsere Vorfahren, und diese unsere Vorfahren verehrten die Bären, hielten Zwiesprache mit ihnen und teilten ihren Lebensraum mit ihnen.

Steinzeitjäger und Bärenschamanen

Nach der Eiszeit tauchten Menschen vom so genannten Cro-Magnon-Typus auf. Auch sie waren Jäger und lebten genauso mit den Rhythmen der Natur wie die Tiere, denen sie nachstellten, und die Pflanzen, die sie sammelten. Im Einklang mit den jahreszeitlichen Wanderungen der Rentiere, Pferde, Wollnashörner, Auerochsen, Büffel und Mammutelefanten zogen sie durch Tundra und Steppe. Gelegentlich schlugen sie, wie es die Wildbeuter hier und da noch immer tun, ihre Sommerlager in jenen waldreichen Gebieten auf, wo, nahe der Schneegebirge, der Regen besonders reichlich fällt und das Land mit süßen Beeren, fleischigen Wurzeln, Nüssen und fetten Insektenlarven gesegnet ist und wo ganze Schwärme von Forellen und periodische Lachszüge die klaren Wasserläufe bevölkern. In diesen Landschaften, die von Biologen als typische »Bärenbiotope« bezeichnet werden, begegneten die nomadischen Zweibeiner ihrem Vetter,

5 Die Neandertaler waren eine Menschenrasse, die sich genetisch an die extremen Klimaverhältnisse der Eiszeit angepasst hatte. Die These einiger Genforscher, dass die Neandertaler im Vergleich zu modernen Menschen gänzlich andere DNS-Strukturen aufweisen, erwies sich als nicht stichhaltig. Die Genanalyse derartig alter Knochenfunde ist »eine äußerst delikate und fehleranfällige Angelegenheit, bei der die kleinste Verunreinigung mit Fremd-DNA von Bakterien, Pilzen oder Menschen schwerwiegende Verfälschungen der Ergebnisse zur Folge haben können« (Kuckenburg 1997: 113).

dem Petz, auf Schritt und Tritt. Sie befanden sich sozusagen mitten in dessen reichhaltiger Speisekammer.

Wahrscheinlich waren die Sinne jener paläolithischen Jäger sehr viel schärfer als die ihrer zivilisierten Nachfahren – jedenfalls beanspruchten weder nervtötender Großstadtlärm noch die ständige Berieselung durch eine banale Unterhaltungsindustrie ihre Aufmerksamkeit. So konnten sie ungehindert die Tiere, auch den brummigen Zottelpelz, dessen Gäste sie waren, beobachten und gut kennen lernen. Sie verstanden seine wortlose Sprache. Sie konnten die Begegnungen mit dem Bären mit in ihre Träume nehmen und sie in Tanz und Ritual wieder zum Ausdruck bringen.

Sicherlich bewunderten sie die Kraft, Klugheit und natürliche Würde des Bären nicht weniger als die heutigen Jägervölker. Aber er ist auch gefährlich, und sicherlich empfanden sie Scheu, seinen Namen auszusprechen, sie nannten ihn umschreibend »Pelzträger«, »Großväterchen« oder »Großmütterchen«, »das heilige Tier« (wie es die Waldlandindianer noch immer tun) oder »Honigesser«, »Honigtatze«, »Goldfuß«, »den mit Klauen versehenen Alten«, den »bepelzten Greis« (wie ihn die Slawen und Sibirer zu nennen pflegen) und dergleichen. Vielleicht hieß er bei ihnen auch schlicht »der Braune« (indogermanisch *bher, »braun«), wie ihn die nordeuropäischen Stämme nannten. Egal wie man ihn bezeichnete, er galt überall als ein zaubermächtiges, heiliges Wesen.

Das Bärengeschlecht ist in dem breiten Band der Wälder und Tundren von Skandinavien bis Nordamerika, zwischen dem nördlichen Wendekreis und dem Nordpol, zu Hause. Im Zentrum dieses erdumspannenden Kreises, in der Arktis – was übrigens »Bär« bedeutet (von griechisch *arktos*[6]) – lebt der weiße Eisbär. (Es ist fraglich, ob man den Eisbären als eine eigenständige Art bezeichnen kann, denn Kreuzungen zwischen Eisbären und Braunbären oder Waldbären sind fruchtbar.)

Am Südrand dieses breiten Gürtels leben die kleineren Lippen- und Kragenbären, in Südamerika der Andenbär. Alle Völker, die dieses große Gebiet besiedelten, die Stämme Europas, Asiens und Nordamerikas, verehrten den Bären in aufwendigen Zeremonien als den unangefochtenen König der Tiere und Herrn des Waldes. Völkerkundler sprechen in diesem Zusammenhang von einem »zirkumpolaren Bärenkult«.

Erst in südlicheren Breiten geht der Bärenkult in den Kult der Raubkatzen über. Hier nimmt dann der Löwe, Jaguar, Panther oder Tiger seine Stelle als König der Tiere und Gefährte der Göttin ein.

6 Arktos ist verwandt mit dem lateinischen Ursus und dem altindischen Rakshah. Diese Ausdrücke gehen auf die indogermanische Wurzel **rksos* oder **rktos* (Zerstörer, Dämon) zurück.

Bärenarten

Unter den Großbären *(Ursidae)*, die alle die nördliche Hemisphäre bewohnen, gibt es folgende Arten:

Höhlenbär *(Ursus spelaeus):* Leider ist dieser mächtige Bär, der in Europa während der Eiszeit und in der Zwischeneiszeit lebte, vor rund 10000 Jahren ausgestorben. Obwohl dieser Bär überwiegend vegetarisch lebte, überragte er alle späteren Bären an Größe und Gewicht. In der Drachenhöhle bei Mixnitz (Steiermark) fand man die Knochen – im Mittelalter hielt man sie für Überreste von Drachen – von mehr als 30000 Bären. Der knochen- und kothaltige Lehm wurde im 19. Jahrhundert als Phosphatdünger abgebaut, 60 Güterzüge mit je 50 Waggons wurden damit gefüllt. Auch eine Höhle bei Velburg in der Oberpfalz enthielt so viele Bärenknochen, dass man an die Verwertung als Düngemittel dachte. Diese Höhlen waren reine Bärenhöhlen, es waren über Jahrtausende hinweg die Wohn- und Sterbeplätze der Bären (Dehm 1976: 21). Auch wenn gelegentlich Steinsplitter und Holzkohlenreste andeuten, dass auch die Neandertaler diese Höhlen besuchten, bedeutet das aber nicht unbedingt, dass sie die Bären töteten, sondern dass sie die dort zu findenden Knochen bearbeiteten und nutzten. Wenn sie dennoch den Bär jagten, dann wahrscheinlich nur, während er seine Winterruhe abhielt. Aber dann war der Schnee so tief in den hohen Bergen und der Weg dorthin so beschwerlich, dass sie diese Anstrengungen wohl eher selten auf sich nahmen.[7]

Höhlenbär. (Rekonstruiert nach Funden von Mixnitz, 1931)

7 Untersuchungen vom Naturhistorischen Museum Basel (Dr. F. Ed. Koby und H. Schaefer) deuten an, dass es höchst unwahrscheinlich war, dass die Neandertaler die Höhlenbären systematisch gejagt haben. Auch wenn der Kampf zwischen Frühmensch und Bärenungeheuer romantische oder darwinistische Vorstellungen erweckt, reichte die Jagdtechnologie der Neandertaler kaum aus, um das zu bewerkstelligen: Der paläolithische Bärenjäger mit seiner verhältnismäßig einfachen Bewaffnung fand nur selten Gelegenheit, einen Bären zu töten. Die meisten Höhlenbären starben eines natürlichen Todes.

Kurzschnauzenbär *(Arctodus):* Der amerikanische Kurzschnauzenbär, der ebenfalls vor rund 10000 Jahren ausstarb, war noch größer als der Höhlenbär. Er war auch kein Pflanzenfresser, sondern ein fleischfressender Räuber, der schnell laufen konnte und, wie Wölfe oder Raubkatzen, den Pferdeherden, Büffeln und Hirschen nachstellte. Vermutlich starb er am Ende des Pleistozäns zusammen mit der eiszeitlichen Großwildfauna aus und wurde zugleich allmählich von den kleineren, aus Eurasien über die Landbrücke *Beringia* einwandernden Braunbären verdrängt. Der wesentlich kleinere südamerikanische **Brillenbär** *(Tremarctos ornatus)* ist ein noch lebender ferner Verwandter des Kurzschnauzenbärs.

Braunbär *(Ursus arctos arctos):* Der Braunbär, der in den Wäldern Eurasiens und Nordamerikas zuhause ist, ist, wie sein Gebiss andeutet, ein Allesfresser.

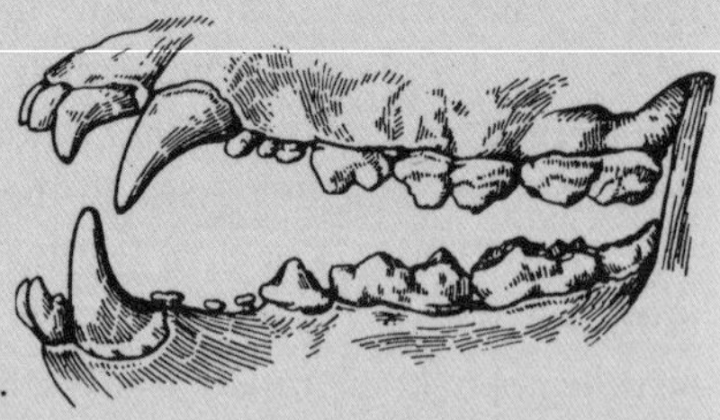

Gebiss des Braunbären.

Die meisten Braunbären, etwa 120000 leben in Russland und Sibirien; in den USA gibt es rund 32000, in Kanada 21000 und in kleinen, isolierten Populationen in Europa schätzungsweise 5000 bis 7000. In Irland verschwand der Bär schon während der Bronzezeit; in Mitteleuropa wurde er im 19. Jahrhundert weitgehend ausgerottet. Zu den Unterarten dieser Bären gehören der in Alaska vorkommende größte lebende Bär, der **Kodiakbär** *(Ursus arctos middendorfii)*, der ausgestorbene **Goldbär** *(Ursus arctos californicus)*, der blonde **Syrische Braunbär** *(Ursus arctos syruacus)* und der gefürchtete **Grizzlybär** oder **Graubär** *(Ursus arctos horribilis)*, dessen Habitat sich einst vom Polarkreis bis in die Berge Mexikos erstreckte, der heute aber nur noch in Kanada und dem Nordwesten der USA zu finden ist. Sein Name rührt vom englischen Wort *grizzled*, »mit angegrautem Haar«, her.

Der amerikanische **Schwarzbär** *(Ursus americanus)*, nach einer Indianersprache auch **Baribal** genannt, ist kleiner als der Braunbär. Er kann gut klettern, und da er anpassungsfähiger ist, ist er inzwischen, mit einer Population von rund 500 000, zahlenmäßig der am häufigsten vorkommende Bär.

Der **Eis-** oder **Polarbär** *(Ursus maritimus)* ist ein guter Schwimmer, der mit beachtlicher Geschwindigkeit breite Meeresarme durchqueren kann. Im Vergleich zu den anderen modernen Bärenarten, die sich hauptsächlich von pflanzlicher Kost und Aas ernähren, ist er – wie die Eskimo oder Inuit, die mit ihm sein Revier teilen – ein Jäger, der von Robben, Fischen, Seevögeln und gelegentlich sogar von Rentieren und Karibu lebt.

Eisbär.

Der **Kragenbär** *(Ursus tibetanus)* kommt in China, Japan und Nordindien vor.

Der **Sonnenbär** *(Ursus malayanus)* ist ein kleiner dickköpfiger, selten gewordener Bär aus den Wäldern von Malaysia bis Burma.

Der **Lippenbär** *(Melurus ursinus)*, ein kleiner obst- und termitenfressender Bär, ist in Indien, von Bengalen bis Sri Lanka zuhause.

Eine eigene Familie bildet der **Bambusbär** oder **Panda** *(Ailuropoda melanleuca)*. Diese auf saftige Bambussprossen spezialisierte ostasiatische Bärenart ist weltweit bekannt als das Wappentier des WWF (World Wildlife Fund).

Verwandt mit den Bären ist auch die Familie der **Kleinbären** *(Procyonidae)*, zu denen der amerikanische **Waschbär** *(Procyon)*, gehört.

Waschbär, einen Maiskolben waschend.

Entfernt verwandt mit den Bären sind die Hunde, Wölfe, Marder, Dachse, Skunks und Fischotter. Sie entstammen alle einem gemeinsamen Vorfahren aus dem Miozän.

Im Weltbild der alten Jägervölker galt jede Höhle als ein Schoß, eine Gebärmutter der Erdgöttin. Im Inneren der Erde hütet die Allgebärerin die ungeborenen Tier- und Menschenseelen. Niemand betritt ungestraft ihr in der Tiefe verborgenes Lichtreich, es sei denn, er hat ihren Segen empfangen und ist ihr geweiht. Wie ein Wunder mutet es an, dass der Bär im Winter im Bauch der Erde verschwindet und dann, wenn die Tage wieder länger werden, wie neugeboren, verjüngt oder mit niedlichen Jungen wieder in der Außenwelt erscheint. Daher sah man in dem Braunen vielerorts den Gesandten der Erdgöttin. Er galt als Bote dieser Tier- und Seelenhüterin, die über das Jagdwild gebietet und von deren Gunst alles Leben, auch das der Menschen, abhängt. Man glaubte sogar, dass die Erdmutter – unser Märchen kennt sie noch als Frau Holle – selbst die Gestalt einer Bärin annehmen konnte. Auch ihr Gatte, der Herr des Himmels, konnte als Bär erscheinen. So wird verständlich, warum der Bär den zirkumpolaren Jägervölkern als eine Verkörperung der allerhöchsten Mysterien galt.

Von den Geistwesen berufene, unerschrockene Menschen, die Schamanen, suchten abgelegene Höhlen auf, um mit der Tiermutter oder dem Tierherrn in Verbindung zu treten. Das war keine einfache Angelegenheit, aber es war notwendig, denn diese Geistwesen konnten das Jagdwild in die Außenwelt schicken und es vermehren, oder sie konnten es zurückhalten, dann würden die Menschen hungern.

Wie dem Bären selber, konnte man sich auch der Göttin nur mit äußerster Vorsicht nähern und musste wissen, was ihr gefällt und was sie erzürnt. Indem sich die Schamanen in die Tiefen der Höhlen wagten und dort heilige Lieder sangen, fasteten, trommelten oder in völliger Stille verharrten, wurden sie selbst zu Bären. Sie identifizierten sich mit dem mächtigen Tier. Dann konnte ihnen die Göttin, ihr gehörnter Gefährte, der »Herr des Waldes«, oder auch der Bärengeist selbst erscheinen, sie belehren und in die großen Geheimnisse einweihen.

Ein Tier, das ohne Umstände im Schoß der Göttin ein- und auszugehen vermag, wie ein männliches Glied in der weiblichen Scheide, ist sicherlich auch ein Hüter der Fruchtbarkeit und der Geburt – ein Öffner des Lebenstores. Folglich war die Bärenschamanin immer auch Geburtshelferin. Noch bei den Griechen galt die Bärengöttin Artemis als Beschützerin der in den Wehen liegenden Frau. In einigen slawischen Sprachen wird die neue Mutter noch immer als »Bärin« bezeichnet. Und bei den Cheyenne ist *Nako*, »Bär«, die formelle Bezeichnung für Mütter. Worte wie »gebären« oder »Bärmutter« (mundartlich für Gebärmutter) scheinen ebenfalls auf solche Zusammenhänge hinzuweisen, sprachwissenschaftlich gesehen entstammen sie aber der indogermanischen Wurzel **bher* (»tragen, bringen«), wie auch das englische »to *bear* a child« (»ein Kind gebären, schwanger sein«).

Schwer zugängliche Bärenhöhlen in den Pyrenäen oder den Alpen, in die sich Schamanen zur »Innenschau« zurückzogen oder zur Einweihung der Jugendlichen in die Stammesgeheimnisse nutzten, waren – was nichts gegen Carlos Vermutungen aussagen soll – Kulthöhlen, keine Wohnhöhlen. Es waren die Kultzentren der Rentier- und Mammutjäger der jüngeren Altsteinzeit. Diese Nomaden, die ähnlich wie die Prärieindianer in Lederzelten lebten, mit Speerschleudern jagten, mit Angelhaken fischten und sauber genähte Lederkleidung trugen, hinterließen tief im Inneren der Kavernen die ersten echten Kunstwerke der Menschheit. Alle jagdbaren Tiere, alle Arten, die die Erdgöttin aus ihrem Höhlenschoß gebiert, wurden abgebildet, unter ihnen auch der Bär. In der Höhle zu Trois Frères beispielsweise entdeckte man die Skizze eines verwundeten Bären, dem ein Blutstrom aus dem Rachen quillt. In derselben Höhle tanzt der »Zauberer« mit langem Bart, Hirschgeweih, Wolfsohren und Pferdeschwanz. Bärentatzen sind seine Hände. Wahrscheinlich ist er der »Herr der Tiere«, der Gefährte der Göttin.

Auch die Herrin der Höhle, die Gebärerin der Tiere und Gefährtin des Bären, wird in der jungpaläolithischen Kunst immer wieder dargestellt. Da findet man kleine, aus Elfenbein, Knochen oder Speckstein geschnitzte Frauenstatuetten, die von den Urgeschichtlern eher scherzhaft als »Venus-Figuren« bezeichnet werden. Es sind keine Mode-Schönheiten, sondern recht fettleibige Gestalten mit prallen Brüsten, fleischigen Hinterteilen und dicken Bäuchen. Ihre überbetonten Geschlechtsmerkmale lassen Gedanken an Mütterlichkeit, Schwangerschaft und Fruchtbarkeit aufkommen.

Der Zauberer von Trois Frères. (Ariège, Frankreich, jüngere Altsteinzeit)

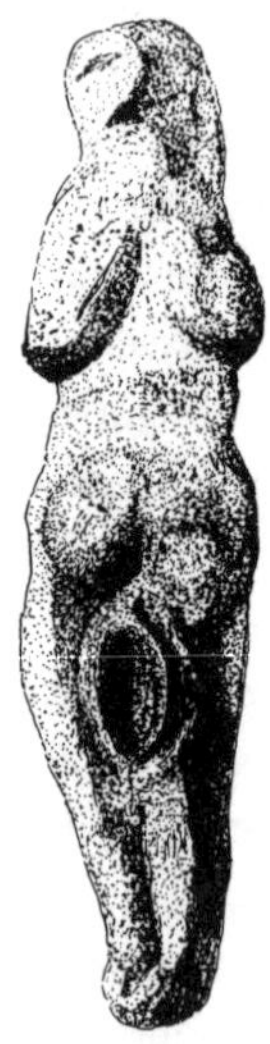

Eine von vielen »Venusfiguren«: die Göttin der Höhle, des Gebärens und der Bären. (Statuette von Montpazier)

Bärenahnen

»Frauen, hütet euren Schoß vor dem Bären!«
Sibirisches Sprichwort

Bei den Waldlandvölkern ist es nicht ungewöhnlich, dass sich Clans, Sippen oder auch ganze Stämme als Nachkommen mystischer Bärenahnen bezeichnen. Sie geben an, Bären in Menschengestalt zu sein. Auch in Homers *Odyssee* wird angedeutet, dass der Superheld Odysseus aus dem Bärengeschlecht stammt. »Bärenähnlich« wird sein Vater genannt, und seine Vorfahren gehen auf Cephalus zurück, der mit einer Bärin den Arkeisios, den »Bärensohn«, zeugte (Sanders 2002: 164).

Den weit verbreiteten Glauben, von einem wilden Tier abzustammen, nennen die Völkerkundler »Totemismus«[8] Mitglieder eines Clans oder einer Sippe, deren Ursprung sich von demselben Totemtier herleitet, dürfen selbstverständlich nicht untereinander heiraten – das wäre Inzest oder Blutschande.

Den Mitgliedern einer Sippe sagt man die Eigenschaften ihres Totemtieres nach. Adlerleute haben zum Beispiel Adlernasen und einen besonders scharfen Blick; Wolfleute sind tapfer, wild und ausdauernd; Ameisenleute sind immer beschäftigt; Büffelleute sind stur. Bärenleute sind dickschädelig aber klug, scheinbar langsam und brummelig, doch wehe dem, der sie reizt. Sie sind oft von kräftiger, stämmiger Statur und haben, wie ihre tierischen Verwandten, eine Schwäche für Süßigkeiten. Oft tragen die Angehörigen einer solchen Sippe Namen, die auf ihr Totemtier hinweisen.

Von den Ältesten, Priestern oder Schamanen dieser Clans glaubte man, sie können mit dem Totemtier kommunizieren oder sich gelegentlich sogar in dieses Tier verwandeln und dergestalt durch die Wälder streifen. Selbstverständlich wird ein Totemtier nicht gejagt wie anderes Wild. Das käme dem Mord an einem Verwandten gleich. Sein Fleisch ist tabu, es sei denn, das Tier wird an einem ganz besonderen Tag unter großem kultischem Auf-

8 Das eingedeutschte Wort *Totem* hat seinen Ursprung in der Sprache der Algonkin Indianer. *O-t-ote-man* bedeutet »sein eigener Bruder-Schwester-Verwandte«; der Wortstamm ote bezeichnet nicht nur den Verwandten innerhalb der Familie, sondern auch das mit dem Clan verwandte Tier (gelegentlich auch Pflanze oder Traumzeitgegenstand).

wand erlegt und dann zeremoniell gegessen. In einer solchen heiligen, totemischen Mahlzeit – die von Völkerkundlern gern mit dem Abendmahl der Christen verglichen wird – nehmen die Sippenmitglieder die Kraft, Klugheit und alle anderen Tugenden des heiligen Tieres in sich auf und verbinden sich auf diese Weise erneut mit dem Ahnengeist, der sie segnet und beschützt.

Der Götterbär

Auch viele alte europäische Geschlechter hielten sich für die Nachkommen eines Bärenahnen – etwa die Goten und die heidnischen Dänen. Dieser Bärenahn war jedoch kein gewöhnlicher Bär, wie man ihm im Wald begegnen würde, sondern der *Asbjörn* (englisch *Osborn;* althochdeutsch *Anspero),* der Asen- oder Götterbär selbst, der kein Geringerer als der mächtige Thor (Donar, Thunar) ist.

Thor ist der vollbärtige, rothaarige Gewittergott. Sein Feuersteinhammer lässt Blitze über den Himmel zucken und zermalmt mit krachenden Donnerschlägen die Schädel von Ungeheuern, Lindwürmern und jenen bösen Eis- und Frostriesen, die den Bauern das Leben schwer machen. Er ist der Held und Freund der Frühlingsgöttin, der die Winterstarre und die Unfruchtbarkeit aus dem Land vertreibt. Sein Hammer versprüht eine feurige Sternensaat in den Kosmos und lässt zugleich befruchtenden Regen auf die ausgetrocknete Erde fallen.

Es ist sicherlich kein Zufall, dass auch in Ostasien und Sibirien, beispielsweise bei den Ainu und Kamtschadalen, ein kosmischer Bär der Gewitterherr ist. Im Sturm und bei heulenden Winden hören sie sein Gebrüll, in mächtigen dunklen Gewitterwolken sehen sie seine Gestalt. Für die Navajo-Indianer war der Wirbelsturm ein mächtiger himmlischer Grizzlybär (Arens/Braun 1994: 48):

»Mit zuckenden Blitzen, die aus meinen Fußenden schießen, schreite ich …,
mit zuckenden Blitzen, die aus meiner Zungenspitze fahren, spreche ich …
Gefahr ist, wohin ich meine Füße setze.
Ich bin der Wirbelsturm.
Ich bin der Graubär.«

Fast überall gilt der Bär als zeugungskräftig. Auch der Götterbär Thor macht da keine Ausnahme. Er fördert die Fruchtbarkeit der Gärten und

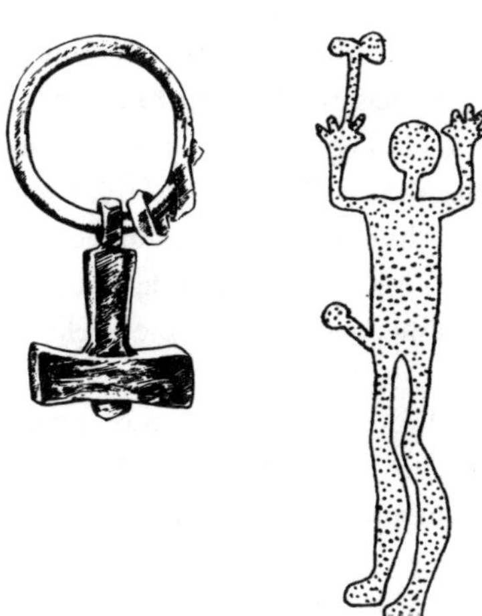

Links: Thors Hammer als Amulett, 10. Jahrhundert; rechts schwedische Felszeichnung aus der Bronzezeit, wahrscheinlich den Hammergott darstellend.

Felder und verhilft auch den Menschen zu ihren Kindern. Sein funkensprühender Hammer ist auch das männliche Zeugungsglied, das im weiblichen Schoß ein- und ausgeht, wie ein Bär in der Höhle der großen Göttin. Bei den germanischen Stämmen legte man daher bei der Hochzeitszeremonie, zur Weihung der Ehe, einen Hammer – Thors Hammer – in den Schoß der jungen Braut.

Thor, der Sohn des Himmelskönigs, wurde auch als *Jardar Bur*, Sohn der Erde, verehrt. Erdig derb ist er, wie ein Bär, und der größte und stärkste unter den Göttern (Asen). Sein Bärenhunger und sein Bärendurst sind berüchtigt. Nur ein Fürst oder ein grobschlächtiger Bauer, der die Erde beackert, kann so viel saufen und fressen. Er liebt auch, wie der Waldbär, den süßen Honig der Bienen – jedoch vor allem in Form des Mets, des Honigweins.

Im Laufe der Zeit wurden die Eigenschaften Thors auf den ersten der mächtigen Kerle, auf den König Karl übertragen. Wie der Bär der König der Tiere ist, so ist der Karl der von der Göttin auserkorene Herrscher der Menschen. Über diesen Karl, den Bären unter den Menschen, werden wir später mehr erfahren.

Kinder des Bären

In ganz Sibirien findet man Völker, die sich rühmen, von Bären abzustammen. So sollen etwa die Ainu die Nachkommen der Bärengöttin und eines Menschen sein, dem sie ihre Liebe schenkte. Einige Stämme berichten, sie seien die Nachfahren von Kindern, die man im Wald ausgesetzt hatte und die dann von Bärinnen gesäugt und großgezogen wurden. Wer Bärenmilch trinkt, wird unweigerlich stark und mutig – ein rechter Ahnherr für Sippen, die etwas auf sich halten! Die Orotschonen, ein Jäger- und Fischervolk an den Ufern des Amur, halten eine mystische Bärin, die in einer Höhle auf der dunklen Seite des Mondes lebt, für die Ahnherrin ihres Stammes. Sie säugt die ungeborenen Menschenseelen, bevor sie zur Erde in den weiblichen Schoß hinabsteigen. Stirbt ein Orotschone, dann kehrt seine Seele zu dieser Bärin zurück.

Die Ewenken (Tungusen), denen wir das Wort »Schamane« verdanken, sind ebenfalls ein sibirisches Volk, das von Fischfang, Jagd und Rentierzucht lebt. Von ihrer Ahnmutter, dem Mädchen Kheladan, erzählen sie folgende Legende:

Kheladan lebte vor vielen, vielen Jahren, zu einer Zeit, als die Jäger den Tieren noch mit zugespitzten Steinen nachstellten. Eines Tages wanderte die junge Frau tief in den Wald, wo ihr viele Tiere begegneten. Als sie den Bären traf, sagte dieser zu ihr: »Töte mich und zerlege meinen Leib! Und dann, wenn du dich schlafen legst, lege mein Herz ganz nah neben dich. Meine Nieren lege an die Herdstelle, wo es schön warm ist und wo die Geister ein- und ausgehen. Meinen Kopf lege auch neben das Feuer. Lege den Zwölffingerdarm und den After dir gegenüber an die Wand. Breite meinen Pelz über den Graben draußen vor der Tür, damit er gut trockne. Die Gedärme sollst du schließlich zum Trocknen an die Äste des Baumes neben der Tür aufhängen!«

Das furchtlose Mädchen tat wie ihr geheißen. Als sie am nächsten Morgen vom fröhlichen Gesang der Waldvögel aufwachte, entdeckte sie, dass statt eines blutigen Bärenherzens ein schöner, kräftiger Mann neben ihr lag. Neben der Herdstelle, wo sie die Nieren hingelegt hatte, lagen zwei hübsche, pausbäckige Kinder, die friedlich schliefen. Der Kopf des Bären hatte sich in einen anderen, älteren Mann verwandelt, der über die Kinder wachte. Und gegenüber, wo sie den Zwölffingerdarm und den After gelassen hatte, schliefen schnarchend eine alte Großmutter und ein Großvater.

Als sie die Tür der Jurte aufsperrte und in die Sonne hinausblinzelte, entdeckte sie, dass sich der zottige Pelz, den sie über den Graben gespannt hatte, in eine Herde fetter Rentiere verwandelt hatte. So viele Rentiere waren es, dass sie das ganze Tal füllten. Die Dünndärme, die in den Zweigen des Baumes hingen, waren zu Rentierhalftern geworden. So hatte das Bärenopfer ihrer Urahnin nicht nur das Geschlecht der Ewenken, sondern auch seine gesamte Lebensgrundlage hervorgebracht.

Andere Ewenkengruppen erzählen die Geschichte ihrer Ahnherrin etwas anders. Sie führen den Ursprung ihres Stammes nicht auf das Bärenopfer, sondern auf die Vermählung des Mädchens mit dem Bären zurück.

Einige Sagen aus Sibirien und Nordamerika erzählen, dass nicht die Menschen vom Bären abstammen, sondern umgekehrt, dass Bären aus den Menschen hervorgingen. In einer Sage der Altai-Türken blieben nach einer Sintflut zwei Menschen am Leben, ein alter Mann und seine Frau. Sie flüchteten in die bewaldeten Berge, aßen Rinden und Wurzeln und verwandelten sich allmählich in Bären. Das ist der Grund, warum die Bären eine fast menschliche Intelligenz besitzen.

Für die Cherokee-Indianer, die im südlichen Appalachen-Gebirge lebten, stammen die Menschen ebenfalls nicht von Bärenahnen ab, sondern die Bären von einem Menschenahnen. Die folgende Geschichte über den Ursprung der Bären hebt die Ähnlichkeit zwischen Bär und Mensch hervor (Mooney 1992: 148):

Vor langer Zeit gab es einen Cherokee-Clan mit Namen Ani-Tsua-guhi. Ein Junge des Clans hatte die Angewohnheit, den ganzen Tag im Wald und in den Bergen herumzuwandern. Er blieb immer öfter und immer länger fort. Nicht einmal die Mahlzeiten nahm er mehr zuhause ein. Die besorgten Eltern bemerkten, dass auf seinem Körper langes braunes Haar zu wachsen begann. (Das war die Wirkung der wilden Kost.)

»Warum stromerst du in den Wäldern und isst nicht einmal mehr mit uns?« fragten sie. Der Junge antwortete: »Ich finde reichlich Nahrung im Wald. Sie schmeckt auch viel besser als der Mais, die Bohnen und der Kürbis, den ihr kocht«, antwortete der Junge,« ihr seht, mir wächst ein Pelzmantel und bald werde ich hier unter den Leuten nicht mehr leben können. Ich ziehe fort. Wenn ihr wollt, könnt ihr mitkommen. Im Wald gibt es genug zu essen für uns alle und ihr werdet niemals mehr arbeiten müssen, niemals mehr ackern und säen und Unkraut jäten.«

Die Eltern berieten sich mit dem Häuptling des Clans. Sie überlegten und kamen zu dem Schluss: »Wir müssen hart arbeiten und trotzdem ist oft nicht genug zum Ernten da. Wir werden sieben Tage fasten und dann folgen wir dem Jungen.«

So kam es, dass der gesamte Clan der Ani-Tsua-guhi das Dorf verließ und in die Wildnis zog. Als die anderen Clans davon erfuhren, schickten sie Boten, um die Ani-Tsua-guhi zu überreden zurückzukommen. Als die Boten sie einholten, waren sie überrascht, dass die Ani-Tsua-guhi schon mit langen Haaren bedeckt waren, wie Tiere. Da sie seit Tagen schon keine durch Menschenhand veränderte Nahrung mehr zu sich genommen hatten, hatte sich schon ihr Wesen verändert. Zu den Boten sagten sie: »Wir kehren nicht um. Wir gehen dahin, wo wir immer zu essen haben. Ab jetzt wollen wir Janu (Bären) heißen. Ihr aber bleibt unsere Verwandten. Wenn ihr einmal hungrig seid, kommt in die Wälder und ruft uns. Dann werden wir helfen, dann werden wir euch unser eigenes Fleisch geben. Ihr braucht keine Angst zu haben, uns zu töten. Nur müsst ihr das Wiederbelebungsritual ausführen und die Stelle, wo unser Blut auf die Erde tropfte, mit Laub bedecken.«

Dann brachten sie den Boten die Gesänge bei, mit denen die Jäger die Bären rufen konnten. Noch heute besitzen die Cherokee diese magischen Gesänge. Die Boten kehrten nun in ihr Dorf zurück. Als sie sich ein letztes Mal umschauten, sahen sie, wie eine Schar Bären im Dickicht verschwand.

Die goldenen Bären

Sir Francis Drake, der im 16. Jahrhundert im Auftrag Ihrer Majestät, Elisabeth I. von England, die Weltenmeere umsegelte und zahllose spanische Galeonen um ihre Goldfracht erleichterte, gelangte unter anderem auch an die Küste Nordkaliforniens. Dort entdeckte er eine herrliche Parklandschaft, in der schlichte, freundliche Menschen lebten. So glücklich und gesund erschienen sie ihm, dass er sie »arcadian people« (arkadisches Volk) nannte und das schöne Land mit keinem anderen vergleichen konnte als mit dem klassischen Arkadien, jener griechischen Provinz, in der einfache Hirten in Frieden und Anmut lebten. Mit seiner Wortwahl hatte der alte Seeräuber (nichts anderes war Sir Francis Drake in den Augen der Spanier) genau ins Schwarze getroffen, denn Arkadien heißt »Land der Bären«. Und

Bären gab es außerordentlich viele in der nordkalifornischen Wildnis. Besonders schöne Bären waren es, mit goldgelb glänzendem Pelz. Die weißen Siedler, die später ins Land kamen, nannten sie die »goldenen Bären«. Dieses amerikanische Arkadien war ein gesegnetes Land mit mildem, regenreichem Klima. Seine mit blumigen Wiesen durchsetzten Eichen-, Manzanita- und Madronenwälder gingen in höheren Lagen allmählich in Tannenwälder über und boten Menschen und Bären – deren Geschmack gar nicht so verschieden ist – ein reichhaltiges Nahrungsangebot.

Eicheln von verschiedenen Eichenarten bildeten die Hauptnahrungsquelle für Menschen und Bären. Die Indianer sammelten die Früchte, zerrieben sie zu Mehl und füllten es in feinmaschige Körbe, die sie in fließendes Wasser hängten, um die unbekömmlichen Bitterstoffe und die Gerbsäure herauszufiltern. Das so behandelte Eichelmehl bewahrten sie über den Winter auf und verwendeten es, um Suppen zu kochen und »Brot« zu backen. Die Bären taten es sich leichter. Sie fraßen sich mit den rohen Eicheln einen dicken Wanst an und konnten sich dann den ganzen Winter über unbekümmert auf die faule Bärenhaut legen.

Das Nahrungsangebot war aber nicht auf Eicheln beschränkt. Zahlreiche Fischarten, Flusskrebse und Kleintiere sowie die nahrhaften Samen vieler Wildgräser, Wurzeln, wilde Zwiebeln, ölhaltige Pinienkerne, Pilze, Beeren, die erdbeerähnlichen Früchte des Madrone-Baumes, Kastanien und die süß-sauren Manzanitafrüchte bereicherten den Speisezettel und sorgten für eine Fülle, die es den Menschen erlaubte, ohne schwere Arbeit und ohne komplizierte Technologie nicht nur zu überleben, sondern ein wahrhaft gutes Leben zu führen.

Den goldenen Bären ging es ebenso. Auch sie konnten sich ohne jede Rivalität mit den Menschen ungehindert entwickeln und eine beträchtliche Population aufbauen. Es war wirklich ein Paradies – ein Arkadien. Die einheimischen Indianerstämme achteten die Bären und jagten sie nie, denn sie fühlten sich ihnen nah verwandt.

Bei den Pomo, einem Stamm kalifornischer Ureinwohner, war es der Bärengeist, der die jungen Leute in die verborgenen Geheimnisse des Lebens einweihte und ihnen ihre Aufgaben als Erwachsene offenbarte. Der jugendliche Pomo verbrachte vier Tage splitternackt und ohne Wasser und Nahrung im Wald. In dieser Zeit erschien ihm der Große Bär, prüfte seinen Mut, »tötete« ihn mit Tatzenschlägen, belehrte ihn und gab ihm schließlich das Leben zurück. Die Narben, die die Bärentatzen hinterließen, sollten den so Geprüften sein Leben lang an diese Begegnung erinnern und an die heiligen Lehren, die ihm erteilt worden waren.

Von den Shasta-Indianern, die noch weiter nördlich lebten, wird überliefert, dass sie prinzipiell keinen Unterschied zwischen Menschen und Bären machten. Menschen waren für sie lediglich eine Kreuzung zwischen dem Waldbär und dem Großen Geist. Der Bär war so etwas wie der Vater der Menschen. Wie es zur Menschwerdung kam, erfahren wir aus dem folgenden Mythos dieser Indianer:

Der Große Geist wanderte einst über die Erde, aber sie gefiel ihm nicht, denn sie war verödet und keine Tiere lebten auf ihr. Da hob er trockenes Laub auf und warf es, Zauberlieder singend, in die Luft, woraufhin die trockenen Blätter als bunte Vögel davonflatterten. Nun nahm er den Stock, der ihm als Wanderstab diente, und zerbrach ihn in viele Stücke. Die winzigen Splitter vom unteren Ende des Stabes streute er ins Wasser, wo sie als Fische davonschwammen. Die kürzeren und längeren Stücke verwandelte er in verschiedene Tiere, die nun Wälder, Berge, Steppen und Wüsten bevölkern.

Mit dem oberen Ende des Stabes, das sehr hart und dick war und als Griff gedient hatte, gab er sich besondere Mühe. Er formte daraus die Krönung seiner Schöpfung – den Bären.

Die Bären wurden so groß und stark, dass dem Großen Geist fast bange wurde vor seiner eigenen Schöpfung. Die Goldpelze gingen auf zwei Beinen. Sie konnten sprechen und waren mit ihren Händen genauso geschickt wie später die Menschen. Sie schlossen sich zu großen Sippen zusammen und lebten von der Jagd, indem sie anderen Tieren mit Keulen nachstellten.

Der Große Geist überließ ihnen die Erde und zog sich ins Innere des Berges, des Mount Shasta, zurück. Mitten in diesem Berg liegt ein sonnenhelles Land, in dem alle Götter und Geister zuhause sind. Die Seelen verstorbener Tiere kommen in dieses Land, um Kraft zu sammeln, bis sie schließlich in der äußeren Welt wiedergeboren werden. Unter all diesen Wesen fühlte sich der Große Geist recht wohl.

Eines Tages wütete ein derartig gewaltiger Orkan in der Außenwelt, dass selbst der riesige Berg bebte (Kalifornien ist Erdbebengebiet). Da sagte der Große Geist seiner jungen Tochter, sie solle hinausschauen und dem Wind befehlen sich abzuregen. Sobald das kleine rothaarige Mädchen aus der Felsspalte herausblickte, wurde es von dem wilden Wind ergriffen und zum Fuß des Berges geweht. Welch wunderbare

Dinge erblickte sie in der äußeren Welt! Sie staunte und bewunderte alles, bis sie erschöpft unter einem Baum einschlief.

So schlafend fand sie der Bär, der gerade von der Jagd kam. Er packte das hilflose Mädchen am Arm und nahm es mit zu seiner Hütte. Die Bärenfrau hatte Mitleid mit dem hübschen kleinen Wesen und gab ihm von ihrer Brust zu trinken, damit es wieder zu Kräften komme. Die Bären zogen das Kind zusammen mit ihren Jungen wie ihr eigenes auf.

Die Jahre vergingen und das Mädchen wuchs zu einer bezaubernd schönen Jungfrau heran. Der Sohn des Bären verliebte sich in sie und sie heirateten. Die Kinder, die aus dieser Verbindung hervorgingen, waren besonders schön. Sie alle hatten glatte, rötliche Haut und einen besonders feinen Geist – schließlich war ihre Mutter die Tochter des Großen Geistes. Zugleich hatten diese Kinder den Mut und die Stärke des Bärengeschlechts. Das ganze Bärenvolk war hocherfreut über die wohlgeratenen Kinder. Voller Stolz entsandten sie einen Boten, der dem Großen Geist mitteilen sollte, dass seine Tochter nun eine verheiratete Frau und Mutter geworden war.

Als der Große Geist das hörte, war er ganz und gar nicht erfreut, denn all das war ohne sein Wissen und Einverständnis geschehen. Er stürmte rasend vor Zorn zu den Bären hinab. Die alte Bärenmutter starb sogleich vor Schreck, und die anderen Bären wussten weder ein noch aus. Sie heulten und baten um Gnade. Das aber ging dem Großen Geist noch mehr auf die Nerven.

»Schweigt! Schweigt für immer!« verfluchte er sie, und seither können die Bären ihre Gedanken nicht mehr in Worten ausdrücken.

»Auf allen Vieren sollt ihr gehen wie gewöhnliche Tiere«, fuhr er fort, »und statt mit Keulen, sollt ihr nur noch mit Zähnen und Klauen kämpfen!«

Dann trieb er die neue Rasse, die halb Bär, halb Großer Geist war, von den Bären fort. Sie sollten von nun an getrennt leben. Er nahm seine Tochter und verschwand mit ihr im Berg Shasta.

Diese neuen Wesen – halb Tier, halb Gott – waren die ersten Menschen, und da sie von den Bären abstammen, achten echte Menschen den Bären und würden ihm niemals was zuleide tun.

Der heilige Berg Shasta, ein vom ewigen Schnee gekrönter, erloschener Vulkan von 4317 Meter Höhe, thront noch immer still und majestätisch über den Wäldern und Lavagebilden Nordkaliforniens. Die Kinder dieses Berges, die friedlichen arkadischen Indianer und die goldenen Bären, sind jedoch längst verschwunden. Für die Goldgräber, die 1848 wie Heuschrecken in das Land einfielen, waren die Rothäute nichts als lästige, unberechenbare Wilde, die der Zivilisation und dem Fortschritt im Wege standen.

Im Jahr des Goldrausches kam zum ersten Mal der mehrschüssige Hinterlader auf den Markt, eine technische Neuerung, die den Neuankömmlingen das grausame Geschäft der Eroberung wesentlich erleichterte. Für jeden erlegten Bären zahlte die Regierung zehn Dollar. Beim damaligen Wert des Dollar war das ein sattes Zubrot für die Jäger, von denen einige bis zu zweihundert Tiere im Jahr erledigten. Eine Giftkampagne – um 1870 wurden mit Strychnin vergiftete Köder ausgelegt – beschleunigte die Ausrottung. 1922 war das Werk vollendet: Der letzte goldene Bär Kaliforniens wurde erschossen. Ironischerweise wurde der goldene Bär im selben Jahr zum Wappentier Kaliforniens erkoren und ziert noch heute die Staatsflagge.

Der letzte freilebende Ureinwohner des Pazifikstaates wurde 1911 in einem Schlachthof vom Sheriff gestellt und ins Gefängnis gesteckt. Der halbverhungerte, zu Tode erschöpfte wilde Mensch war der letzte der kleinen Gruppe von Yane-Indianern, die sich unter einem Felsüberhang in der Wildnis vor den schießwütigen Weißen versteckt gehalten hatten. »Grizzlybär-Versteck« hatten sie ihre letzte Zuflucht genannt, als wollten sie mit diesem Namen den Geist des einst mächtigsten Bewohners des Landes beschwören. Der Völkerkundler Alfred Kroeber erfuhr aus der Boulevardpresse von dem wilden Menschen und nahm sich – im Namen der Wissenschaft – seiner an. Im Frühjahr 1916 starb der letzte Steinzeitmensch Kaliforniens im Völkerkundemuseum, wo er untergebracht war.

Die Hippies, die in den späten sechziger Jahren in Nordkalifornien ihre Landkommunen errichteten und ihr Marihuana anbauten, hegen noch

Kalifornische Staatsflagge.

immer die Überzeugung, dass Mount Shasta ein heiliger Berg ist. Ein bärtiger Waldbewohner erzählte mir, dass Bären und Indianer nun im Berg wohnen und eines Tages wieder erscheinen werden, wenn die Welt nicht mehr so böse ist.

Waldjungfrauen und wilde Bergmenschen

»Was uns an den jungen Bären so komisch vorkommt, ist ihre Menschenähnlichkeit in vielen Bewegungen, der gewichtige Sohlengang, das Aufrichten, die Benutzung der Vorderpranken als Hände.«
R. Gerlach, *Die Vierfüßler*

Für den heutigen Stadtmenschen ist der Bär lediglich ein Tier wie jedes andere. Man kennt ihn aus dem Zoo als tollpatschigen, gefräßigen, überdimensionalen Teddybären oder aus Büchern und Fernsehfilmen als eine drollige, eher dümmliche Cartoon-Figur. Oft verniedlicht, scheint der Bär selbst weniger interessant als all die Phantasien, mit denen man ihn belegt.

Mit der Idee vom »göttlichen Bären« weiß der moderne Städter ebenso wenig anzufangen wie der amerikanische Cowboy oder Rancher, der in diesem Tier geradezu die Verkörperung des Bösen sieht. Für ihn ist der Bär ein gefährliches Raubtier, das Rinder und Schafe reißt. Dabei wollen die Viehzüchter nicht wahrhaben, dass der Bär – ein Aasfresser – das Weidevieh meist gar nicht getötet, sondern das verendete Stück Vieh nur als Erster gefunden und sich eine Mahlzeit daraus gemacht hat. Aber gegen

Phantasieobjekt Bär. (Illustration auf einem Notenblatt, England, 1910)

das Schießeisen des Ranchers hat der Bär kein Argument, außerdem zahlt der Staat Schadenersatz für jedes gerissene Tier.

Die Naturvölker, von Kindesbeinen an mit dem Geheimnis der Wildnis vertraut, sehen im Bären vor allem einen Jäger, Fischer und Sammler, wie sie es selbst sind. Das Denken in Schubladen, in denen Menschen, Tiere, Pflanzen und Geister säuberlich voneinander getrennt liegen, das so genannte Zivilisierte pflegen, ist ihnen fremd. Sie sehen den Bären im Wald, aber auch in ihren Träumen und Visionen. Der Bärengeist erscheint in den Séancen der Schamanen, und sie wissen, dass der Bär eine Sprache spricht, die man verstehen kann, wenn man ganz still in das eigene Herz lauscht. Sie kennen den Bären, und für sie ist es kein Problem, in ihm eine »göttliche« Seele zu erkennen oder zumindest eine, die der des Menschen ganz ähnlich ist. So ist es für sie durchaus denkbar, dass ihre Ahnen Bären waren, dass sich eine Bärin der im Wald ausgesetzten Kinder annimmt oder sogar, dass sich ein Bär gelegentlich eine Menschenfrau raubt.

In der Tat, wer könnte dem Bären eine gewisse Menschenähnlichkeit abstreiten? Meister Petz geht nicht, wie die meisten anderen Säugetiere, auf den Zehenspitzen. Er ist ein Sohlengänger wie der Mensch und stellt den ganzen Fuß, von der Zehe bis hin zur Ferse, auf den Boden. Oft stellt er sich aufrecht wie ein Zweibeiner, und wenn er nach dem Winterschlaf seine Höhle verlässt, sind seine Sohlen weich und empfindlich – wie die eines Menschen, der im Frühling zum ersten Mal barfuss geht.

Er hat zwar einen dicken Pelz, aber in den Augen der sibirischen Jäger gleicht der gehäutete Bär in verblüffender Weise einem Menschen. Zieht

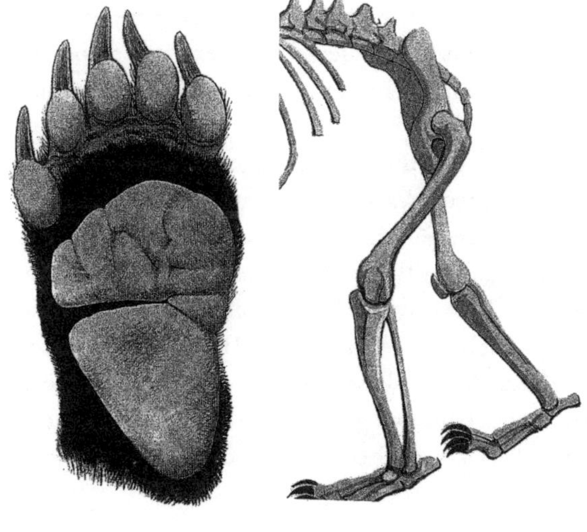

Sohle und Skelett der Hinterbeine und Fußknochen des Bären.

man einer erlegten Bärin ihren Pelzmantel aus, so sagen sie, gleicht sie einem Mädchen, besonders was Brust, Hüften und Schenkel betrifft.

Bären bauen sich bereits vorhandene Höhlen aus oder graben sich Löcher in Böschungen und bedecken diese mit Ästen, Erde und Grassoden. Im Inneren dieser Höhlen bereiten sie sich ein angenehm weiches Schlafplätzchen aus trockenem Moos, Laub oder Heu. Um die lästigen Zecken und Flöhe zu entmutigen, polstern sie ihr Bett mit Adlerfarn und würzig aromatischen Kräutern. Nicht viel anders haben es die nomadischen Steinzeitmenschen, die vorgeschichtlichen Indianer oder die sibirischen Waldvölker getan. Auch sie bauten sich halb unterirdische Wohnhütten für den Winter, die sie im Sommer verließen, um in ledernen, Tipi-artigen Kegelzelten zu wohnen.

Vielfraß und Feinschmecker

Der Speisezettel des Bären unterscheidet sich nur geringfügig von dem des Wildbeuters. Sein Gebiss verrät, dass er wie der Mensch ein Allesfresser ist. Beim Fressen führt Meister Petz seine Vorderpfote zur Schnauze – genau wie der Mensch seine Hände.

Der Bär ist ein regelrechter Feinschmecker mit einem Hang zu Süßem und Saurem. Waldhonig, süße und saure Beeren aller Art und den zuckerhaltigen Frühjahrssaft des Ahorns und anderer Bäume, deren Rinde er anritzt, schleckt er mit sichtlichem Behagen. Er wurde sogar beobachtet, wie er Kleeblüten und andere nektarreiche Blumen aussaugte. Als saure Gaumenkitzel kommen vor allem Ameisenlarven und -eier in Betracht. So gerne mag er Saures, dass er sich auf Abfallhalden sogar über weggeworfene Autobatterien hermacht. Dem säuerlichen Duft der Futtersilos auf den Farmen im Westen Nordamerikas kann er ebenso wenig widerstehen wie den Körben der Imker.

Wenn Meister Petz aus dem Winterschlaf erwacht, löscht er zuerst seinen immensen Durst mit frischem Wasser. Dann sucht er sich frisches, saftiges Gras, wilde Zwiebeln, sich gerade entrollende Farnwedel, junge Brennnesseln, Sauerampfer, Pfeilblattwurzeln, Schafgarbenschösslinge, Stinkkohl und anderes zartes Grünzeug. Nebenbei plündert er noch die Nester von Eichhörnchen. Manch halbverhungerter Trapper oder Waldläufer, den im strengen Winter der Rocky Mountains die Vorräte ausgegangen sind, hat ihm dabei zugeschaut und gelernt, wie man die karge Vorfrühlingszeit überlebt. Auch die Urmenschen, so glauben viele, haben sich einiges vom Bären abgeschaut.

Im Sommer ernährt sich der Bär weiterhin von Kräutern und Wurzeln, schlägt Fische mit gezielten Schlägen aus dem Wasser und holt sich Mäuse, Schnecken, Heuschrecken, Raupen, Froschlaich, Muscheln und anderes Kleingetier. Er kratzt in den Ritzen und dreht Steine um, unter denen sich Käfer und Würmer versteckt halten. Die Linsen seiner Augen wirken wie Vergrößerungsgläser – kein einziger dieser Winzlinge entgeht seinem scharfen Blick. Verhaltensforscher in den USA waren erstaunt über die Menge von Motten – bis zu 30 000 pro Tag – die ein Braunbär in den Sommermonaten verspeist.

Alles in allem ist dies eine ausgewogene, eiweißreiche Ernährung, die den Bären gut gedeihen lässt. Einen an das zellophanverpackte Supermarktangebot gewöhnten Stadtmenschen mag allein beim Gedanken an eine solche Kost das kalte Grauen packen, aber für die Naturmenschen, die den Lebensraum mit dem Bären teilen – etwa die Eingeborenen Sibiriens oder Nordamerikas – sind all dies willkommene und leckere Nahrungsmittel. Der Bär lebt vorrangig vegetarisch; 75 Prozent der Nahrungskalorien sind pflanzlichen, der Rest ist tierischen Ursprungs. Wie Ethnologen ermittelten, entspricht dieses Verhältnis auch der Diät der meisten Jäger- und Sammlervölker (Storl 1997: 13).

Auch das Fleisch toter Tiere nehmen die Bären genauso gerne für sich in Anspruch wie die Menschen. Aber während die Menschen es kochen, pökeln oder trocknen, vergraben es die Bären für einige Tage, um es gar und schmackhaft zu machen. In kleineren Portionen mögen Bären auch rohes Fleisch, ähnlich wie der Gourmet sein Steak oder die Inuit, für die ranziges rohes Fleisch mit frischen Maden darin eine besondere Delikatesse ist.

Begeisterte Jäger sind die gemütlichen Petze nicht. Anstatt sich bei der Jagd anzustrengen, nehmen sie lieber das Recht des Stärkeren für sich in Anspruch und stehlen den Wölfen, Pumas und sogar den sibirischen Tigern ihre frisch erlegte Beute. 1996 wurde beobachtet, wie ein Grizzlybär neun Wölfe von einem Hirschkadaver vertrieb. Und Studien in Yellowstone und Glacier National Park zeigten, dass Grizzlybären den Berglöwen (Pumas) bis zu einem Viertel ihrer Beute abjagen (Busch 2000: 85).

Im Herbst mästen sich die Bären mit Bucheckern, Nüssen, Eicheln, den Früchten der Eberesche, Wildobst, Pilzen und anderen Leckerbissen. Bis zu 200 000 Beeren – Verhaltensforscher haben sie gezählt – streift ein Bär pro Tag von den Büschen. In den Weinbergen des alten Roms wurden die Bären zur regelrechten Plage. Für sie war der Weinberg nichts anderes als eine ergiebige Nahrungsquelle.

Bären scheinen einen Gewichtsregulator zu haben, der ähnlich wie ein Thermostat funktioniert und Ernährungsforscher (beispielsweise an der Universität Iowa) brennend interessiert. Im Sommer halten sie ein gutes Normalgewicht und schleppen keine überflüssigen Pfunde mit sich herum. Im Herbst aber stellen sie ihren Stoffwechsel auf das Ansetzen von Speckmassen um. Die Forscher hoffen, aus dieser Studie Erkenntnisse zu gewinnen, die es auch dem Menschen möglich machen, sein Gewicht zu steuern.

Jeder Bär hat sein Heimatgebiet, mit dem er seit seiner Welpenzeit vertraut und innig verbunden ist. Im Gegensatz zu anderen Tieren, die die Grenzen ihres Territoriums markieren und verteidigen, hat der Bär kein festes Revier. Die so genannten Grenzbäume mit Kratzmarkierungen gehören ebenso in den Bereich der Fabel wie der Glaube, ein Bär werde als gestaltloser Klumpen geboren und erst von seiner Mutter in Form geleckt.[9] Es gibt jedoch Bäume an strategischen Stellen der Bärenwechsel, an denen Bären sich reiben, um so Geruchsbotschaften für ihre Artgenossen zu hinterlassen. Es sind die Litfasssäulen der Bärenwelt.

Genau wie die Wildbeuter, die nomadischen Jäger und Sammler, ziehen die Bären mit den Jahreszeiten von einem Ort zum anderen. Sie wandern mit der gestaffelten Reifezeit der Beeren und Wildfrüchte in die Berge und höheren Lagen; zur Zeit der Lachszüge begeben sie sich wieder hinab in die Flusstäler. Gibt es an einem Ort ein außerordentliches Nahrungsangebot, dann kommen auch viele Bären auf einmal dort zusammen. Sie verhal-

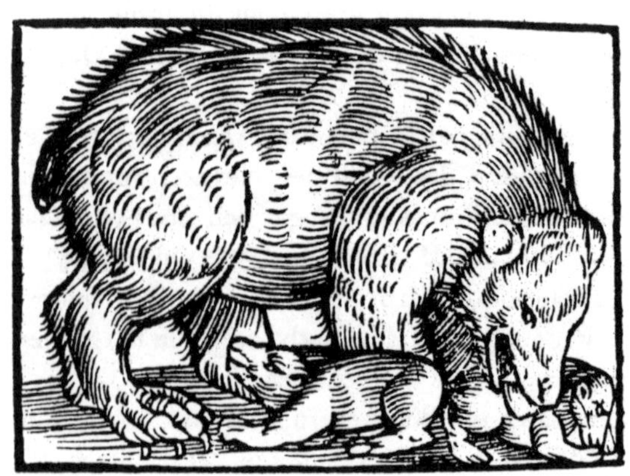

Symbol mütterlicher Fürsorge: Bärenmutter leckt Neugeborenes, um ihm, wie Fabel und Volksglaube berichten, seine Gestalt zu geben.

9 Die sprichwörtliche Redensart, »ein ungeleckter Bär« (auch französisch *un ours mal léché)* für einen groben ungehobelten Gesellen, geht auf den schon bei den Römern vorhandenen Glauben zurück, dass der Bär als ein gestaltloses, unförmiges Stück Fleisch geboren wird und dann erst durch die Mutter in die richtige Form geleckt wird (Röhrich Bd.I 2001: 145).

Bärenbegegnung im Wald. (Erik Werenskiold, 19. Jahrhundert)

ten sich jedoch nicht etwa wie Herdentiere, sondern ganz und gar individualistisch. Sie kennen einander persönlich und begrüßen sich. Zum Begrüßungsritual gehören Balgereien, die, auch wenn sie dem uneingeweihten Beobachter recht wild vorkommen, völlig aggressionslos sind. Auch die Jungen balgen sich auf diese Weise beim Spielen, und ebenso tun es die Bären-Liebespärchen. Eine Rangordnung, die auf Größe und Kraft basiert, ermöglicht ein friedliches Zusammenleben der Bären. Der Kleinere zollt dem Größeren gebührenden Respekt.

In ihrem Schlaraffenland, dem Beerenparadies oder der Fischfangstelle, dulden sie auch den Menschen. Alte Cheyenne-Indianer erzählten mir, dass einst Frauen, Kinder und Bären am selben Platz Beeren pflückten – gelegentlich sogar vom selben Strauch. Sie konnten sogar den Bären schmatzen hören. Probleme gab es keine, solange sie dem Bären höflich den Vortritt ließen. Wenn sich der Bär bei einer solchen Begegnung mit der Zunge über die Schnauze fährt, bedeutet das nicht, dass ihm beim Gedanken an Menschenfleisch das Wasser im Maul zusammenläuft, sondern dass er mit feuchter Nase seine Gäste besser erschnuppern kann. Nur Angstschweiß mag er absolut nicht riechen, denn das macht ihm als hochsensiblem Wesen ebenfalls Angst.

Der Bärenforscher Helmut Heft, der die Tiere viele Jahre lang in ihrer natürlichen Umgebung erforscht hat, berichtet, dass sich Bären normalerweise »achtsam und gönnerhaft« benehmen und den Menschen in Ruhe lassen. Der Bär sei »ritterlich«, er greife nie von sich aus an. Es sind die schießwütigen, abgestumpften Zivilisationsmenschen, die sich ihm gegenüber aggressiv benehmen. Wird er selbst angegriffen, verteidigt sich der Bär mutig und ist niemals feige. Nur in Gefangenschaft, hinter Gittern, wird er böse und hinterlistig. Die Grausamkeit und Blutrünstigkeit, die man ihm manchmal zuschreibt, liegt aber fast ausschließlich auf der Seite der Menschen. In Abwandlung des Sprichworts könnte man sagen: »Was der Mensch selber denkt und tut, das traut er auch dem Bären zu.«

Bärenliebe und Mutterrecht

Einige Jahre lebte ich in den Wäldern nahe der Küste Oregons. Das war noch bevor die um sich greifende Umweltzerstörung in Kalifornien Hunderttausende nach Norden in die damals noch fast unberührten Wälder Oregons trieb. Frei lebenden Bären konnte man dort öfter begegnen. Manchmal verirrte sich ein unerfahrener Jungbär, vom Duft der Mülleimer angelockt, in die Ortschaft, wo er unweigerlich mit einem Kugelhagel empfangen wurde. Ein Bekannter, ein Hippie-Aussteiger, der im Wald wohnte, jagte mit Pfeil und Bogen. Es gelang ihm einmal gerade noch, den angeschossenen Schwarzbären, der ihm in einen Baum nachkletterte, mit einem Pfeil zu erlegen; stolz trug er danach dessen Krallen als Halsband. Die Nachbarsfrau holte sich jeden Herbst einen Bären und verwandelte ihn in Hackfleisch und Bratwürste für die Gefriertruhe. Ich mochte mich dem mutwilligen Töten nicht anschließen, weil ich die Petze von einer anderen Seite kannte.

Einst hatte ich in einer abgelegenen Blockhütte am Rande eines Nationalparks in Wyoming gelebt, wo ich den ganzen Sommer über eine Bärenmutter mit ihren beiden Jungen beobachten konnte. Das Bild, das sich vor meinem Fenster bot, war ein Blick in ein Paradies, das wir Menschen längst verloren haben, ein Bild der Glückseligkeit und Liebe. Unter dem wachsamen Auge der Alten balgten sich die kleinen Wollknäuel nach Herzenslust, spielten Fangen, turnten auf wippenden Tannenzweigen, jagten Schmetterlingen nach und beschnupperten neugierig krabbelnde Käfer. Sie spielten mit derselben Hingabe mit Steinchen und Holzstücken, wie kleine Menschenkinder es mit ihren Spielzeugen tun. Besonders drollig stellten sie sich an, als gegen Anfang September der erste Schnee fiel. Sichtlich er-

Braunbärenmutter mit Jungen.

staunt beschnupperten sie die Flocken und versuchten, sie zu erhaschen. Am nächsten Tag rutschten sie ausgelassen im weißen Matsch den Hang hinunter. Ab und zu drückte die Mutter ihre Welpen zärtlich an sich, leckte sie ab und strich ihnen mit ihren Krallen durchs Fell, als wolle sie sie kämmen. Wenn gelegentlich ein einsamer Bergwanderer auftauchte, jagte sie die Kleinen mit einem »Hrr-Wuff« auf den Wipfel eines Baumes. Trieben sie es zu toll, dann brummte sie und gab ihnen einen Klaps. Überhaupt schien die Bärenmutter viel mit ihren Jungen zu »sprechen«. Verhaltensforscher haben bei Bären ein »Vokabular« von 30 bedeutsamen Lauten ausgemacht.

Bären haben keine feste Brunftzeit – genau wie Menschen. Sie säugen ihre Jungen ungefähr anderthalb Jahre lang – auch das entspricht der durchschnittlichen Stillzeit bei Menschen. Eine Bärin hat zwar sechs Zitzen, aber nur die beiden oberen schwellen an und geben Milch. Wenn die Jungen nach drei Jahren die Obhut der Mutter verlassen, um allein ihr Glück in der Welt zu versuchen, sucht sich die Bärin erneut einen Liebhaber.

Während der Paarungszeit, die in die lauen Frühsommertage fällt, geben sich die Bären recht verliebt. Sie tanzen und tollen umher vor lauter Lebensfreude. Die Bärin neckt ihren Verehrer und gibt sich anfangs ganz geziert, scheint also alle weiblichen Künste zu beherrschen. Der Auserwählte versucht, ihr durch Boxschläge gegen Büsche und andere Kraftprotzereien zu imponieren. Nachdem sie einige Tage mit solchen Spielereien verbracht haben, paaren sie sich. Und auch da sind sie nicht kleinlich. Sie treiben es zwei- bis dreimal am Tag und dann über eine halbe Stunde lang. Man sollte sich hüten, sie bei ihrem Liebesspiel zu stören. Besonders das Weibchen wird dann sehr böse, und ihr Liebhaber wird beweisen wollen, dass auch er kein Waschlappen ist.

Findet bei der Begattung keine Befruchtung statt, dann setzt der menstruelle Zyklus erneut ein. Er dauert, wie bei der Gattung *Homo sapiens*, achtundzwanzig Tage. Ist das Weibchen aber schwanger geworden, dann darf sich der Liebhaber umstandslos verabschieden.[10] Als Erzieher seiner Kinder kommt er nicht in Frage, dafür ist allein sie zuständig. Wenn es den Vorgeschichtlern sonst auch schwer fällt, Nachweise eines ursprünglichen Matriarchats zu finden – hier ist einer.

Wie Menschen, schlafen Bären nachts. Nur wo sie gnadenlos gejagt oder ständig gestört werden, entwickeln sie sich zu scheuen Nachttieren. Sie leiden an denselben Gebrechen wie Menschen: Erkältungen, Lungenentzündungen, Rheuma und Arthritis. An Zahnweh leiden aber nur die »Müllbären«, die Abfallhalden durchstöbern und sich an den süßen Speiseresten der Menschen die Zähne verderben.

Im Vergleich zu anderen Tieren sind Bären recht langlebig. Rund dreißig Jahre werden sie alt – die Steinzeitmenschen wurden angeblich auch nicht viel älter. Dabei werden sie recht weise und lebenserfahren. Das heutige Durchschnittsalter der Bären beträgt jedoch nur rund sechs Jahre, und die Todesursache ist keine natürliche: Rund 80 Prozent der Bären werden Opfer schießwütiger, geldgieriger oder von Angst besessener Menschen (Busch 2000: 46).

Fast alle Naturvölker schreiben dem Bären einen menschenähnlichen Verstand zu. Nur – so erläutern die Mongolen und Altaier – haben sie einen natürlichen, körperorientierten Verstand, wie ihn die Frauen besitzen.

Der Bär hat ein ausgezeichnetes Gedächtnis. Er soll Menschen, denen er nur einmal begegnet ist, jederzeit wiedererkennen können. Er besitzt echtes Denkvermögen – und Witz! Jägern schlägt er des Öfteren ein Schnippchen. Er verfälscht seine Spur, indem er von Stein zu Stein, von Riedgrasbüschel zu Riedgrasbüschel springt, rückwärts geht, Widergänge läuft oder Haken schlägt, in der Absicht, seine Verfolger in die Irre zu führen.

Mancher Jäger hat der Bärenjagd endgültig abgeschworen, nachdem er die menschenähnlichen Todesschreie des angeschossenen Bären vernommen hat, oder nachdem er durch das erbarmungswürdige, menschenähnliche Wimmern und Heulen eines Bärenbabys zur Besinnung gekommen ist. Kein Wunder also, dass für die meisten Naturvölker der Bär ein Tabu-Tier,

10 Die Schwangerschaft bei der Braunbärin dauert sieben Monate.

ein heiliges Tier ist. Für die Giljaken ist er ein »Bergmensch«, ein Gesandter des Waldgottes. Die Siebenbürger hielten ihn für eine Art »Waldmensch«, und die Theosophen und Anthroposophen glauben in ihm einen Nachfahren des »atlantischen Menschen« zu erkennen, der auf die Stufe eines Tieres herabgesunken ist. Der Anthroposoph Karl König drückt es so aus: » Der Bär meidet den Menschen; ich bezweifele aber, dass er Angst vor ihm hat. Er meidet ihn aus einer Art Scham, die gleichzeitig eine Form der Erhabenheit ist. Er empfindet seine tiefe Verwandtschaft mit dem Menschen. Er ahnt, dass auch er einmal aufrecht war, wie der Mensch es noch heute ist (König 1988: 98).

Begegnung mit Maheonhovan

»Der Bär besitzt Macht – spirituelle Macht.
Er kann sich selber heilen, und er kann andere Bären heilen.
Er ist ein großes Medizin-Tier.«
Aussage eines Cheyenne (nach Grinnell 1923: 105)

»Der Bär war für die Indianer Amerikas ein ganz besonderes Geschöpf.
In den Legenden aus der Tierwelt wird dem Bären
aufgrund seiner Fairness, Strenge und seines Mutes
die Rolle des Vorsitzenden der Tierversammlung zugeschrieben.
In den meisten Stämmen ist der Bärenklan Medizin-, Führungs-
und Verteidigungsklan.«
Sun Bear, *Medizinrad*

Im Auftrag der National Parks Administration hackten wir Pfade durch die endlosen, in grünes Zwielicht getauchten Regenurwälder. Ohne den aufgeschreckten Rehen, die vor uns flüchteten, oder dem geräuschlosen Vorbeischweben eines weißköpfigen Seeadlers viel Aufmerksamkeit zu schenken, fraßen wir uns über glitschige moosbedeckte Felsen und durch endlose triefende Haine von Riesenfarnen hindurch. Die Riesenfarne bildeten das unterste Stockwerk des Waldes, der aus gigantischen Hemlocktannen, Douglasien, Fichten und Zedern bestand. Unsere Arbeitsgruppe sollte die Olympic Wilderness nahe der Pazifikküste für den Tourismus erschließen. Wo bisher kaum ein Weißer seinen Fuß hingesetzt hatte, sollten nun Wege, Stege und Unterkünfte entstehen. Bei dieser Gelegenheit wurde ich das erste Mal Zeuge der sprichwörtlichen Bärenkraft.

An einem Rastplatz galt es eine Abfallgrube auszuheben. Geräumig und bärensicher sollte sie sein. Fast eine Woche lang schaufelten wir daran. Stämmige Fjordpferde schleiften die dicken Zedernstämme herbei, die wir dann, dicht aneinandergefügt und mit Querbalken befestigt, über die Grube legten. Nun war es so weit. Die ersten Abfälle – unsere eigenen – plumpsten in die Tiefe. Bären, deren Nasen nur mit denen von Spürhunden zu vergleichen sind, können, wie Verhaltensforscher ermittelt haben, einen Abfallhaufen auf eine Entfernung von dreißig Kilometern wittern, und da ihr Geschmack dem des Menschen ähnlich ist, war es kein Wunder, dass wir es schon in der ersten Nacht krachen hörten. Die mühevoll errichtete bärensichere Abfallgrube war dahin. Als wir aus dem Fenster unserer Hütte schauten, sahen wir gerade noch, wie ein Bär die schweren Stämme mit einem Ruck zur Seite zog und in die Grube rutschte, um dort beglückt die leeren Büchsen auszulecken, Steakknochen zu knacken und Obstschalen zu mampfen.

Bären sind keine feigen Hunde

Von der außergewöhnlichen Kraft der Bärenpranke war auch der alte Cowboy, dem ich in einer Bar in Montana begegnete, überzeugt. Er erzählte mir, während er eine Whiskeyflasche leerte, von einer Begegnung mit dem Herrn der Wälder. Der Grizzly, den er überrascht hatte, verpasste seinem Pferd einen derart gewaltigen Nackenschlag, dass es mit dem Reiter auf dem Rücken tot zusammenbrach. Der Cowboy konnte gerade noch seinen Colt ziehen und den Bären niederstrecken. »Nimm eine großkalibrige Flinte mit, wenn du ins Gebirge reitest«, riet er mir.

Guter Rat, aber überflüssig. Die Söhne des Ranchers, mit denen ich gelegentlich in das Gletschergebiet der hohen Rockys ritt, um einige Tage von der Arbeit auszuspannen, hatten sowieso immer griffbereit Schrotflinten im Halfter am Sattel hängen. Glücklicherweise wurden wir beim Reiten nie von einem Bären überrascht.

Tagsüber, wenn wir in den kristallklaren Gebirgsbächen Forellen angelten oder die Beine am Lagerfeuer ausstreckten, ließ sich Meister Petz kaum sehen. Nachts aber, wenn das Feuer, fast erloschen, noch sanft rubinrot glühte, hörte man ab und zu neugierig schnüffelnde Petze, die, vom Geruch des Proviants angezogen, ums Lager strichen.

Unvorsichtige Camper, die ihren mit Keksen, Äpfeln, Schokolade und Sandwiches gefüllten Rucksack nachts als Kopfkissen benutzen, können ein schlimmes Erwachen erleben. Der Bär, der nichts Böses im Sinn hat, aber eben einen Riesenappetit, schiebt einfach den Kopf des arglosen Schläfers beiseite, um an die Köstlichkeiten zu gelangen. Leider kennt er weder seine eigene Kraft noch die Zerbrechlichkeit des menschlichen Genicks. Deshalb bewahrt der kluge Camper keine Nahrungsmittel im Zelt auf, sondern spannt vorsichtshalber ein Seil zwischen zwei Bäume und hängt seine Verpflegung in sichere Höhe, außer Reichweite des Vielfraßes.

Wenn man öfter Gelegenheit hat, Bären zu begegnen und sie zu beobachten, wird man leicht unvorsichtig. Man glaubt, sie gut genug zu kennen.

Das dachte ich auch, bis ich einmal einen Sommerjob als Buletten-Brutzler in einer Imbissbude im Yellowstone-Park annahm. Am Morgen war gerade frisches Hackfleisch geliefert worden. Die Pappkartons, in denen es verpackt gewesen war, lagen noch am Nachmittag im Hinterhof. Als gerade mal keine Touristen nach Hamburgern und Cola anstanden, ging ich in den Hof, um die Kartons einzusammeln. Aber da war schon ein Schwarzbär, der genüsslich schmatzend die Pappe ableckte. Da ich den Anblick dieser Tiere gewöhnt war, gedachte ich, ihn wie einen streunenden Köter zu verscheuchen. Wild mit den Händen fuchtelnd, lief ich auf ihn zu und herrschte ihn an: »He, weg da!« Aber Bären sind eben keine feigen Hunde. Er schaute auf, musterte mich, legte die Ohren an, schnaufte wütend und versetzte einer der Kisten einen so gewaltigen Prankenschlag, dass sie wie ein von einem World-Cup-Kicker getroffener Fußball durch die Luft fetzte. Dann raste er auf mich zu. Ich kann schnell laufen und war als Schüler sogar Bester in Leichtathletik, aber so schnell wie ein Bär ist kein Mensch. Die scheinbar so gemütlichen und schwerfälligen Tiere sind, wenn es darauf ankommt, regelrechte Geschwindigkeitsdämonen. Auf kurzer Strecke sind sie fast so schnell wie ein Pferd. Sechzig Stundenkilometer schaffen sie völlig problemlos. Ich erreichte gerade noch die Hintertür, der Bär mir dicht auf den Fersen, als die Tür von der Köchin aufgerissen wurde, die den Vorfall beobachtet hatte. Aus einer Wasserpistole, die sie in der Hand hielt, sprühte ein dünner Strahl und traf den Bären unmittelbar auf die Nase. Das rettete mir in letzter Sekunde das Leben. Die Wasserpistole enthielt Am-

Schwarzbär oder Baribal.

moniak. Die Köchin hatte diese ungefährliche Waffe immer bereitliegen, und es war nicht das erste Mal, dass sie gegen die neugierigen Schnüffler zur Anwendung kam. Der Getroffene machte auf der Stelle kehrt und rannte davon. In sicherer Entfernung hielt er inne und rieb sich mit beiden Tatzen die arg beleidigte Nase. Auch wenn er mir den eigentlich verdienten Prankenhieb nicht hatte geben können, hatte der Bär mir dennoch eine gute Lektion in Sachen Respekt vor dem König des Waldes erteilt.

Licht in der Bärenseele

Ein tieferer Einblick in die unergründliche Bärenseele wurde mir jedoch erst durch eine spätere Begegnung im Hochland von Montana gewährt, von der ich nun berichten will.

Einen ganzen Tag lang war ich durch die sommerliche Wildnis gewandert, ohne auch nur einem einzigen Menschen zu begegnen. Der Duft des Steppenbeifuss würzte die Luft, Elche ästen in den sumpfigen Niederungen, Präriehunde pfiffen und Adler zogen ihre Kreise hoch oben am wolkenlosen tiefblauen Himmel. Als sich dieses Tiefblau mit der untergehenden Sonne in ein glühendes Rot-Lila-Gelb verwandelte und die Kojoten ihr Abendkonzert anstimmten, kletterte ich einen steilen Hang empor, wo eine einsame knorrige Ponderosa-Kiefer stand, unter der ich mein Nachtlager aufzuschlagen gedachte. Als ich die Wölbung des Hügels erreichte, standen plötzlich drei Grizzlybären unmittelbar vor mir – so nahe, dass ich sie hätte berühren können. Hoch aufgerichtet standen sie da, mit erhobenen Tatzen.

Ich war übermannt. Sämtliche Gedanken und Gefühle waren plötzlich wie weggewischt. Ich weiß nur noch, dass ich dem mir am nächsten stehenden Bären in die Augen blickte, und mir war, als schaute ich unmittelbar in die Sonne. Helles Licht flutete mir aus diesen Augen entgegen, und ich erlebte etwas, das man nur als einen Moment der Ewigkeit bezeichnen kann.

Plötzlich machte der Bär »wuff«, als sage er: »So!«, ließ sich auf alle viere nieder und trottete gemächlich an mir vorbei. Die anderen beiden folgten. Wahrscheinlich war es ein Muttertier mit zwei fast ausgewachsenen Jungen.

Die Cheyenne-Indianer, mit denen ich gut befreundet war, meinten später, ich sei dem Maheonhovan, dem »himmlischen Bären« in seiner irdischen Gestalt begegnet, dem Bären, den man sonst am Nachthimmel in der Nähe des Polarsterns sieht. Er sei der Wächter der wilden Tiere, kenne die

Urgeister und der weiße Bär. (Gemälde von Dick West, Cheyenne)

stärkste Medizin und könne sprechen. Den Menschen erscheine er als großer, weiß leuchtender Bär.

Damals war ich noch jung und glaubte noch zu sehr an die alleinige Gültigkeit der »objektiven Wissenschaft«, um diesen Indianergeschichten viel Bedeutung beizumessen. Dennoch musste ich oft an diese Begegnung denken. Sie rief mir die Märchen, die mir meine Großmutter erzählt hatte, wieder in Erinnerung. Auch da erscheinen leuchtende Bären. »Schneeweißchen und Rosenrot« erzählt von einem Bären, der den kalten Winter in der einsamen Waldhütte, in der die Mädchen mit ihrer Mutter wohnen, verbringt. Im Frühling, als sie ihn zur Tür hinauslassen, reißt er sich den Pelz an einem Nagel auf. Goldenes Licht blitzt unter dem Fell hervor! Im Märchen vom Bärenhäuter verbirgt sich ebenfalls unter einem rauen, verwilderten Äußeren eine strahlende Seele aus Gold. Auch sibirische Sagen kamen mir in den Sinn, in denen von dem Sternenlicht erzählt wird, das der Bär in seinem Inneren trägt. Von all dem werden wir später noch mehr erfahren.

Gerade heute, als ich die Zeilen über die Bärenbegegnung noch einmal durchlas, kam mit der Post ein Buch – »Tierisch gut« von Regula Meyer –, das sich mit dem Sinn und den Deutungsmöglichkeiten von Tierbegegnungen auseinander setzt. Ein guter Freund hatte es mir geschickt. Als

Erstes wird die Berührung durch den Bären besprochen. Da heißt es unter anderem: »Die Botschaft des Bären ist für den modernen Menschen eine Erinnerung an Wurzeln, nach denen er sich wieder zu sehnen beginnt, die aber beinahe verloren gingen. Der Bär ist die Verbindung zu unseren Urwurzeln. Er erinnert uns an unsere irdische Herkunft, er zeigt uns den Weg durchs menschliche Leben und verbindet uns mit unserer menschlichen Bestimmung.«

Der Bär verbindet mit den Ahnen, mit den Urmenschen, die ihn einst verehrten, und mit den Menschen, deren genetische Muster wir geerbt haben. »Genauso, wie wir den Bären aus unseren Wäldern vertrieben haben, versuchen wir, uns von den Ahnen und ihren Erfahrungen zu distanzieren und zu befreien. Der Mensch muss lernen, mit den Gesetzen der Natur zu leben und auch den inneren und äußeren Raubtieren ihren Platz zuzugestehen.«

Der Bär mahnt uns, wieder in das natürliche Bewusstsein einzusteigen. »Lassen Sie Instinkt, Intuition, Neugierde und Lebenskraft zu den Werkzeugen werden, die Ihren Hunger nach Leben lenken und die sie immer neue Freuden und Erfahrungen machen lassen. Und achten Sie darauf, wann es Zeit wird, in die tiefe, innere Dunkelheit zu sinken, um von den gemachten Erfahrungen in Stille und Ruhe zu zehren« (Meyer 2004: 20).

Großmuttergeschichten

»Der Bär ist weiser als der Mensch, denn er weiß, wie man den Winter überlebt, ohne zu essen.«
Spruch der Abenaki-Indianer

Im Reservat der Cheyenne machte sich der alte Medizinmann Bill Hoher Büffelstier Sorgen um seine Leute. Sie tranken zuviel Alkohol, stritten sich und wurden im Winter trotz der traditionellen Schwitzhüttenkur viel zu oft krank, litten an Erkältungen, Lungenentzündungen und Grippen. Auch ihm selbst ging es nicht mehr so gut. Das Herz drückte und lag ihm zu eng in der Brust. Zu den weißbekittelten Ärzten in der Stadt und zu ihren Pillen, Spritzen, Krankenhäusern und Operationen hatte er kein Vertrauen, denn er ging den »alten Weg«, den Weg seiner Vorfahren, und die holten ihre Heilkraft aus der Vision, durch Fasten, Wachen und Beten an abgelegenen »Orten der Kraft«. Dort erschienen ihnen die magischen, sprechenden Tiere, um ihnen die richtigen Medizinpflanzen zu zeigen. Heilkräuter, Wurzeln und Tabakrauch – das waren die Heilmittel, die dem alten Büffelstier sinnvoll erschienen.

Aber so viel heiliges Wissen war verlorengegangen. Das den Cheyenne von der Regierung zugewiesene Reservat lag weit entfernt von den Orten, wo sie einst ihre Medizinpflanzen gesucht hatten, und die alten Medizinleute, die diese Gewächse noch gekannt hatten, waren gestorben. Außerdem schienen viele Erkrankungen neuerer Art zu sein. Sie waren, ebenso wie das Feuerwasser, die Pferde und die Buchreligion, zusammen mit den Eindringlingen gekommen.[11] Auch viele neue Pflanzen – europäische Ackerunkräuter –, die nun in der Prärie und in den Bergen wuchsen, waren erst mit den weißen Siedlern aufgetaucht.

Bill Hoher Büffelstier hatte von meinen Heilkräutervorlesungen am College in Sheridan erfahren. »Vielleicht kann uns dieses Bleichgesicht etwas über die fremden Pflanzen und ihre Kräfte sagen«, meinte er und be-

11 Es handelt sich um so genannte Zivilisationskrankheiten wie Diabetes, Kreislaufstörungen, Krebs oder Karies, die in Stammeszeiten unbekannt waren und erst durch Stress, Armut und den Wechsel zu raffinierten, industriell erzeugten Supermarktprodukten auf die Indianer zukamen.

riet sich mit den Stammesältesten, die ihn beauftragten, mit mir in Kontakt zu treten.

Im Laufe der Zeit wurden wir Freunde. An Wochenenden durchwanderten wir die karstige Steppe und die Gelbkiefernwälder des Big Horn-Gebirges. Ich zeigte ihm, wie man aus den Blüten und Blättern des Weißdornstrauches (*Crataegus* spp.) einen herzstärkenden Tee bereitet. Er versuchte es, und tatsächlich ging es ihm daraufhin besser. Gegen die Grippeepidemien schlug ich Kunigundenkraut (*Eupatorium* spp., den Wasserdost) und andere Pflanzen vor, die stärkend auf das Immunsystem wirken. Als Gegenleistung erwartete ich, dass er mir nun seinerseits sein gesamtes Pflanzenwissen kundtat, und war enttäuscht, wie wenig er mir mitzuteilen bereit war. Ich hatte zwar gehört, aber nicht realisiert, dass die Indianer ihr Wissen nicht einfach so, ohne zwingenden Grund ausplaudern. Schon zu viel über diese geheimen Dinge zu reden, halten sie für respektlos. Das Geschwätz könnte den Pflanzen ihre Heilkraft nehmen.

Wenn man einem Indianer die Flinte von der Wand nähme oder den Kochtopf vom Herd, würde er nichts sagen. Man könnte sich sogar in sein Auto setzen und damit wegfahren, ohne ihn zu fragen oder danke schön zu sagen. Die Indianer hängen eben nicht so sehr an materiellen Dingen. Wenn es aber um ihr von den »machtvollen Geistwesen« *(Mayun)* persönlich offenbartes Medizinwissen geht, werden sie zu regelrechten Geizhälsen.

Es sind die Geisttiere der Tiefen, vor allem der Bär, aber auch der Dachs und der Büffel, die das Wissen über heilkräftige Pflanzen offenbaren können. Der Bär, der in der Vision wie die Sonne leuchtet und mit den Menschen sprechen kann, steht der Großmutter *Estscheheman* – sie lebt tief in der Erde und ist die Mutter aller Pflanzen – besonders nahe. Die Geisttiere der Höhen – Wölfe, Adler oder Kraniche – vermitteln dagegen die Geheimnisse der Wolken und des Himmels. Der Mensch, der von einem Geisttier mit einer Vision begnadet wurde, ist alleiniger Besitzer dieser Vision und der in ihr enthaltenen Macht. Er provoziert den Zorn des Geisttieres, wenn er leichtfertig damit umgeht.

Also musste ich meinen Wissensdrang zügeln und mich gedulden. Eines Tages aber, und zwar nachdem Hoher Büffelstier mit einem anderen Medizinmann vier Tage lang in einer Höhle auf dem Bear Butte, dem Bärenberg in Süd Dakota, gefastet hatte, erzählte er mir ein wenig und schenkte mir unter anderem eine Geschichte, die er von seiner Großmutter geerbt hatte. Wie das Medizinwissen, so haben auch die Märchen magische Kraft und gehören dem Erzähler persönlich. Nur er darf sie erzählen, es sei denn, er verschenkt sie. Die Geschichte, die er mir schenkte und die ich hier weitergebe, erzählt von dem Kulturheros Kleiner Bär und einer Frau aus dem Stamm der Cheyenne, die in jenen Tagen der magischen Urzeit lebten.

Es war Sommer. Die Männer jagten den Büffelherden in der Prärie nach, und die Frauen gingen in die Berge, um Wildobst und Beeren zu sammeln. Als die Frauen, munter singend und plaudernd, ihre Lederbeutel mit reifen Beeren füllten, sprang plötzlich ein riesiger Grizzlybär auf sie zu, ergriff eine von ihnen und schleppte sie weg. Die anderen rannten ins Lager, um die Männer zu holen, aber die waren noch nicht von der Büffeljagd heimgekehrt. Da begannen sie laut zu weinen und ihre Schwester zu beklagen, denn sicherlich war sie schon tot.

Unterdessen brachte der Bär die Frau in seine Höhle, wo sie das klägliche Wimmern eines Bärenwelpen vernahm. Der alten Bärin war etwas zugestoßen, und nun war das Kleine am Verhungern. Der Graubär schubste die Frau auf das Bärenbaby zu und machte ihr deutlich, dass sie sich um es kümmern solle. Sie gab dem kleinen Bären von ihrer Brust zu trinken und gewann ihn gleich lieb.

Damit die Frau nicht fliehen konnte, rollte der alte Bär jeden Morgen, nachdem er die Höhle verlassen hatte, einen gewaltigen Stein vor den Ausgang. Abends, wenn er wiederkam, brachte er ihr frisches Fleisch und Wurzeln mit, brummte sie freundlich an und ließ sie ansonsten in Ruhe.

Viele Monde kamen und gingen und der kleine Bär wurde größer und stärker. Eines Tages begann er plötzlich zu sprechen: »Liebe Mutter, warum weinst du immer?« fragte er sie. »Ach, kleiner Bär, ich möchte so gern nach Hause gehen, zu meinen Leuten«, sagte sie.

»Ich werde dir helfen«, sagte der kleine Bär. »Wenn mein Vater auf die Jagd geht, rolle ich einfach den Stein weg.«

Sie seufzte nur, denn sie glaubte kaum, dass dieser kleine Bär die Kraft hatte, den riesigen Felsbrocken wegzurollen. Aber schon am nächsten Morgen, nachdem sich der Alte entfernt hatte und durch den Spalt nur noch als winziger Punkt am Rande der Prärie zu erkennen war, schob er den Stein mühelos beiseite. Dann rannten sie so schnell sie konnten. Wenn sie zu einem Fluss kamen, schwammen sie eine längere Strecke, damit der alte Grizzly, der ihre Flucht bald entdeckt hatte, ihre Fährte nicht riechen konnte.

So wanderten sie viele Tage, bis sie schließlich das Lager der Cheyenne fanden. Dort wurde die vermisste Frau freudig begrüßt und alle bewunderten ihren Bärensohn. Nur die Hunde mochten ihn nicht und versuchten, ihn in die Fersen zu zwicken. Er bekam den passenden Namen – Kleiner Bär.

Bald schon spielte Kleiner Bär mit den anderen Kindern, und drei von ihnen wurden seine besten Freunde. Der erste, Schnellfuß genannt, konnte geschwinder rennen als alle anderen. Oft lief er, nur so zum Spaß, den Antilopen nach, fasste sie bei den Hörnern und steckte ihre Köpfe unter seinen Gürtel.

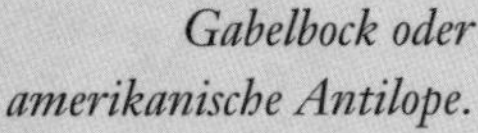

Gabelbock oder amerikanische Antilope.

Die Leute fanden das lustig und schauten ihm gerne dabei zu. Der zweite Junge, mit dem Kleiner Bär sich anfreundete, war besonders stark. Er fing gerne Büffel und schleuderte sie so hoch in die Luft, dass es Tage dauerte, bis sie als gebleichte Büffelskelette wieder aus den Wolken herabfielen. Noch heute trifft man hier und da in der Prärie auf einige dieser Knochen. Der dritte Freund trug einen Faustkeil bei sich, mit dem er jeden Stein zerschmettern konnte. Je größer der Stein, desto leichter, so schien es, konnte er ihn zertrümmern.

Einmal, als die vier Freunde weit in Richtung der untergehenden Sonne über die trockene Steppe gewandert waren, stießen sie auf einen riesengroßen Felsen, der sich von Horizont zu Horizont erstreckte und so hoch war, dass nur ein Adler über ihn hinwegfliegen konnte. Kleiner Bär, der der Anführer war, sagte: »Der Felsbrocken versperrt uns den Weg, also lasst uns hier Rast machen. Morgen soll Schnellfuß in Richtung Süden rennen, um nachzusehen, ob man ihn dort umgehen kann.«

Erst sehr spät am nächsten Abend kehrte Schnellfuß völlig außer Atem zurück. »Der Stein hat kein Ende«, stöhnte er. »Morgen werde ich versuchen, ihn im Norden zu umrunden.«

Aber auch am folgenden Abend kehrte er ganz erschöpft zurück und konnte keinen Erfolg melden. Der Felsbrocken schien tatsächlich weder Anfang noch Ende zu haben.

Nun meldete sich der Steinhämmerer zu Wort. »Ich werde den Felsen zerschlagen«, sagte er und schleuderte seinen Faustkeil mit aller Macht dagegen. Es gab einen ohrenbetäubenden Knall, und das gigantische Gebilde zerbarst in tausend Stücke. So entstand aus dem endlosen, unüberwindbaren Felsen das mächtige Gebirge, das man heute als Rocky Mountains bezeichnet. Menschen und Büffel konnten es nun zum ersten Mal überqueren. Steinhämmerers Faustkeil blieb im Felsen in dem Gebiet von Yellowstone Park stecken, wo man ihn noch heute bewundern kann. Es ist der Obsidian Mountain – ein ganzer Berg aus schwarzem Glas.

Prärieindianer.

Auch die Assiniboin (»das Volk, das mit heißen Steinen kocht«), nomadische Büffeljäger, die nördlich der Cheyenne zuhause sind, erzählen die Geschichte von einer Frau, die von einem Bären gefangen gehalten wurde. Auch diese Erzählung wird sich bei unserer Suche nach dem Geheimnis des Bären als Schlüssel erweisen.

Wieder war es im Hochsommer, Zeit der Beerenreife, als ein Bär über eine Gruppe von Sammlerinnen herfiel. Das Ungetüm raubte eine der Frauen – sie war schwanger – und schleppte sie in seine Höhle. Anstatt sie zu fressen, sperrte er sie in seine Höhle und hielt sie gefangen, indem er einen riesigen Felsbrocken vor den Eingang rollte.

Im Frühjahr gebar sie ein völlig behaartes Kind und nannte es Dickpelz. Der Kleine war ein kräftiger Bursche, und als er groß genug war, rollte er den Felsbrocken vom Höhleneingang weg und floh mit seiner Mutter. Als der alte Bär am Abend nach Hause kam und die Höhle leer fand, nahm er sofort die Verfolgung auf.

Nachdem sie mehrere Tage und Nächte lang gelaufen waren, sank die Frau erschöpft zu Boden. Der kleine Dickpelz lud sie jedoch auf seinen Rücken und trug sie bis ins Dorf der Assiniboin. Wie es die Sitte verlangte, mussten sie vier Tage im Fremdenzelt verbringen, aber dann wurde das Wiedersehen gefeiert. Der Ehemann der Frau war sehr froh, einen so starken Sohn zu haben.

Als Dickpelz mit den anderen Kindern spielen wollte, erschlug er unversehens mehrere von ihnen. Er war sich gar nicht bewusst, wie stark er war. Also wurde er aus dem Dorf verbannt und musste allein durch die Welt wandern. Nach einigen Jahren traf er zwei Männer, die ebenfalls sehr stark waren. Der eine hieß Stammschlepper, weil er große Baumstämme schleppen konnte. Der andere, der gern Fichtenstämme zu langen Seilen drehte, hörte auf den Namen Holzdreher. Mit diesen beiden Freunden baute Dickpelz eine Hütte im Wald, und sie richteten sich häuslich ein. Sie einigten sich, dass Stammschlepper daheim bleiben und kochen sollte, während Holzdreher und Dickpelz auf die Jagd gingen.

Als die beiden Jäger am Abend wieder zur Hütte zurückkamen, fanden sie Stammschlepper tot am Boden liegen. Ein bärenähnliches Waldungeheuer hatte ihn aus purer Mordlust umgebracht. Dickpelz, der von dem alten Bären Medizinkräfte erhalten hatte, sang ein Medizinlied und belebte den Getöteten wieder. »Morgen«, erklärte Dickpelz, »gehe ich mit Stammschlepper auf Jagd. Du, Holzdreher, bleibst hier und kochst!«

Am nächsten Morgen, als er gerade Feuerholz gesammelt hatte, brach das Waldungeheuer in die Hütte ein und versetzte dem unglücklichen Holzdreher einen tödlichen Hieb. Am Abend musste Dickpelz auch ihn wieder zum Leben erwecken.

Nun meinte Dickpelz, er müsse dem Spuk ein Ende setzen. »Morgen geht ihr beide auf die Jagd. Ich bleibe hier und koche«, sagte er.

Am nächsten Tag füllte Dickpelz Wasser in die Lederbeutel, in denen er – nach Assiniboin-Brauch – das Fleisch kochen wollte. Er war gerade dabei, die glühend heißen Steine aus dem Feuer zu holen, um sie in die Beutel zu legen, als das Ungeheuer seinen hässlichen Kopf durch die Tür steckte. Blitzschnell schlug Dickpelz zu. Das Untier rührte sich nicht mehr. »So ein schwächliches Ungeheuer«, dachte er. »Ich verstehe nicht, warum die anderen beiden es nicht einfach erschlagen haben.«

Bald darauf zogen die drei Gesellen weiter. Eines Tages kamen sie an ein großes Zeltlager. Der Häuptling empfing sie recht freundlich und erzählte ihnen, dass Unterirdische seine drei Töchter entführt hätten. Niemand, nicht einmal seine stärksten Medizinmänner hätten sie retten können. Wenn es ihnen gelingen würde, die Jungfrauen zu befreien, dann würde er sie ihnen als Frauen geben.

Dickpelz meinte, es wäre gut, eine Frau zu haben. Dann brauchte er nicht mehr selber zu kochen und zu nähen und hätte fröhlichen Zeitvertreib. Stammschlepper und Holzdreher dachten ebenso. Also machten sie sich auf den Weg zu der Öffnung, die in die Unterwelt führt. Stammschlepper schleppte große Stämme herbei, und Holzdreher drehte sie zu einem festen Seil zusammen. Dickpelz, dem jede Furcht fremd war, ließ sich daran hinunter. Ganz tief unter der Erde, am Ende des Schachts sah er Licht. Und da, im Reich der Unterirdischen, sah er drei schöne Jungfrauen sitzen. Sie weinten. Ein Berglöwe bewachte die erste, ein Adler behielt die zweite im Auge und ein menschenfressender Riese hielt sich in der Nähe der dritten auf.

Als die Mädchen den stattlichen Jüngling sahen, flehten sie ihn an, wieder umzukehren. Sie waren sicher, dass die Unterirdischen ihn töten würden. Er aber schleuderte den Berglöwen gegen die Felswand, dass ihm die Sinne vergingen. Dann ergriff er den Adler und drehte ihm den Hals zu. Wieder riefen ihm die Mädchen zu: »Rette dich! Flieh!«, denn in diesem Moment sprangen zwölf fürchterliche Riesen auf ihn zu. Dickpelz aber nahm eine Steinschleuder in jede Hand und tötete mit jeder Schleuder sechs der brüllenden Angreifer. Zum Zeichen ihrer Dankbarkeit schenkte jedes der Mädchen ihrem Retter ein Kleinod: Die älteste Häuptlingstochter gab ihm ihre Halskette, die mittlere ein buntes Tuch, und die jüngste gab ihm ihren Ring.

»Kommt schnell, meine Freunde werden uns hochziehen«, sagte Dickpelz und führte die Jungfrauen zu dem Schacht. Stammschlepper und Holzdreher zogen zuerst die älteste Tochter hoch. Sie waren fast geblendet von ihrer Schönheit. Die zweite Tochter, die sie als nächstes hochzogen, war genauso schön.

»Was sagst du? Wir nehmen diese beiden für uns und lassen Dickpelz und die dritte da unten«, sagte Holzdreher. Stammschlepper traute sich nicht ihm zu widersprechen und schnitt das Seil durch.

Dickpelz und die jüngste Häuptlingstochter, die schon halb oben waren, stürzten in die Tiefe. Zum Glück fing sie ein Adler auf. Der Adler war auch bereit, sie in die Oberwelt zu tragen, aber zuerst sollte ihm Dickpelz Fleisch besorgen, damit er sich für den überaus anstrengenden Flug stärken konnte. Dickpelz tötete drei Wapiti-Hirsche und gab sie dem Vogel zu fressen, der daraufhin die Kraft hatte, abzuheben und immer höher zu steigen. Aber kurz bevor sie die Oberwelt erreicht hatten, verließen den Adler die Kräfte und er sackte wieder ab. Da schnitt sich Dickpelz Fleischstücke aus seinem eigenen Leib und fütterte den Riesenvogel damit.

Als sie endlich in der Oberwelt angekommen waren, liefen sie schnell ins Dorf. Dort herrschte Hochbetrieb. Die Hochzeit der beiden Betrüger mit den älteren Häuptlingstöchtern war gerade in vollem Gange. Die Mädchen waren schon mit den Hochzeitsfarben bemalt und trugen ihre herrlichen, mit bunten Stachelschweinstickereien reich verzierten Hochzeitsgewänder. Der eigens für den Festschmaus erlegte Büffel brutzelte bereits über dem Feuer, und Pferde, Decken und andere Geschenke wurden verteilt. Dickpelz und die jüngste Häuptlingstochter waren gerade noch rechtzeitig erschienen. Holzdreher und Stammschlepper wurden kreideweiß, als hätten sie Geister gesehen, und flohen auf der Stelle.

Als der Häuptling fragte, wer denn nun seine Töchter gerettet hätte, zog Dickpelz schweigend die Halskette, das bunte Tuch und den Ring hervor. Da ordnete der Häuptling an, dass die Hochzeitszeremonie fortgesetzt werden sollte. Und so heiratete Dickpelz alle drei Jungfrauen.

Die Höhle, der Bär und die Frau

»All die anderen waren schon nach unten gegangen,
haben die Brombeerschläge verlassen, aber ein Mädchen
verschüttete ihren Korb und sammelte ihre Beeren
im Dunklen ein.
Ein großer Mann stand da im Schatten, nahm ihren Arm,
führte sie in sein Haus. Er war ein Bär.
In dem Haus unter dem Berg
gebar sie glatte dunkle Kinder mit scharfen Zähnen
und lebte in dem hohlen Berg viele Jahre.«
Gary Snyder, Myths & Texts

In den beiden Indianergeschichten, die wir eben gehört haben, begegnet uns wieder das bereits angesprochene Motiv der Höhle, des Bären und der Frau. Diese Frau erweist sich immer wieder als Mutter eines außergewöhnlichen Helden, eines Vollbringers wunderbarer Taten. Niemand, der sich für die Mythen und Märchen der Völker etwas eingehender interessiert, kann diese Geschichten achselzuckend übergehen. Er wird vielmehr sofort erkennen, dass dieses Motiv alt ist, uralt. Es reicht bis in die alte Steinzeit und zu den Anfängen menschlicher Kultur zurück.

Ist es möglich, dass die Geschichten, die sich Menschen vor Tausenden von Jahren an den Lagerfeuern erzählten, bis zum heutigen Tag überliefert wurden? Vieles spricht dafür. Die Chippewa-Indianer erzählen beispielweise von riesengroßen, mit dichtem rötlichem Pelz versehenen »Büffeln«, die ihre Vorfahren, »zu einer Zeit, als es Pfeile und Bogen noch nicht gab«, mit Speeren jagten. Ein solcher Büffel sah recht wunderlich aus: Eine enorm lange Nase, die sich wie eine Schlange bewegte, wuchs aus der Mitte seines Gesichts. Diese Schlangennase endete in einer greifenden Hand, mit der er Gras und Blätter rupfte und als Futter in sein Maul stopfte. Nicht auf dem Schädel, wie bei gewöhnlichen Büffeln, befanden sich die Hörner, sondern zwei lange weiße Spitzen ragten zu beiden Seiten der Nase aus seinem Maul.

Nun könnte man diese Chippewa-Erzählung als Ausgeburt einer kindlich-primitiven Phantasie abtun. Schaut man aber genauer hin, dann erkennt man, dass hier ein Mammutelefant beschrieben wird, ein Tier, das in Nordamerika vor ungefähr zehntausend Jahren ausstarb. Bei der Geschichte handelt es sich also um eine bis heute tradierte Urerinnerung. Und so wird es auch mit den Geschichten von den Höhlenfrauen und ihren Bärensöhnen sein. Das Motiv muss bereits zu einer Zeit von beträchtlicher Bedeutung gewesen sein, zu der die Vorfahren der Indianer noch in der eiszeitlichen Alten Welt lebten, also noch bevor sie die Beringstrasse, die damals noch eine Landbrücke war, nach Nordamerika überquerten. Ganz ähnliche Geschichten erzählen nämlich auch Asiaten und Europäer. Von Ehen zwischen Bären und Frauen ist da die Rede, aus denen bärenstarke Söhne und Töchter hervorgehen. Auch von geraubten oder ausgesetzten Kindern, die von Bärenmüttern in Höhlen aufgezogen werden, wird erzählt.

Ein russisches Märchen handelt von einer Frau, die beim Pilzsammeln von einem Bären überrascht wurde und einen Sohn von ihm empfängt. Das Kindlein, das sie gebiert, ist oberhalb des Bauchnabels Mensch und unterhalb Bär. Ivan Medviedko – Hans Honigesser – nennt die Frau ihren Sohn, der sich als besonders klug erweist und schließlich sogar den Teufel überlistet und ihm einen Wagen voll Gold abluchst.

In den Französischen Alpen, den Pyrenäen und im Wallis geht die Sage von einer Frau um, die, von einem Bären entführt und in eine Höhle gesperrt, bald ein behaartes Baby zur Welt bringt. Der Kleine, Jean de l'Ours genannt, ist überaus mutig, stark und klug. Schon als Einjähriger versucht er, den Stein wegzurollen, der ihn und seine Mutter in der Höhle gefangen hält. Es gelingt ihm aber erst im dritten Jahr. Die Frau geht zu ihrer Familie zurück, er aber möchte im Wald bleiben. Auf seinen Wanderungen besiegt er böse Hexen, erschlägt furchtbare Riesen und befreit schließlich eine Jungfrau.

In Bern erzählt man den Kindern noch heute das Märchen von einem armen Mädchen, das von seiner Stiefmutter derart geplagt wurde, dass es in den Wald floh. Es wollte lieber von den wilden Tieren zerrissen werden, als weiterhin diese Quälereien erdulden. Frierend, hungernd und ohne eine Hoffnung irrte das Mädchen in der Wildnis umher, als plötzlich ein Bär vor ihm stand. Anstatt es zu fressen, zog er es freundlich brummend am Kleid, bis sie zu seiner Höhle gelangten. Er brachte trockenes Moos, damit die junge Frau sich setzen konnte, und gab ihr Honig, frische Erdbeeren und andere Köstlichkeiten, um ihren Hunger zu stillen. Sie verstand den Wunsch des Bären, dass sie bei ihm bleiben solle. Also richtete sie sich in der Höhle häuslich ein, putzte und kochte und schlief bei ihm, wenn die

Nächte kalt waren. Nach und nach schenkte sie einer Reihe recht stämmiger Söhne das Leben. Diese hatten ihr Aussehen und dazu die Kraft und den Mut des Bären geerbt. Als sie erwachsen waren, machten sie sich im ganzen Land wegen ihrer Gutmütigkeit beliebt. Beim Kaiser erwarben sie Verdienste als tapfere Krieger, und aus den bäuerlichen Schwingfesten (Ringkämpfen) gingen sie stets als Sieger hervor. Sie waren die Urväter des Geschlechts der Berner.

An dieser Geschichte könnte etwas dran sein, meint augenzwinkernd der Berner Volkskundler Sergius Golowin. Wenn die Wissenschaftler schon behaupten, dass der Mensch vom Tier abstammt, dann sicherlich nicht von irgendwelchen lächerlichen Affen – auf jeden Fall nicht die echten Berner!

Die Kraft der Bärenmilchgesäugten

Die Geschichten sind sich einig: Wer vom Bären gezeugt oder mit Bärenmilch gestillt wurde, erhält Bärenkräfte.[12] Selbst Zeus, der olympische Gott, sog – so eine altgriechische Sage – seine Kraft aus den Brüsten zweier Bärinnen, die ihn in einer Höhle im Gebirge bei Kyzikos aufzogen.

Zu den mit Bärenmilch Gesäugten gehört auch die arkadische Königstochter Atalante. Das Mädchen wurde nach der Geburt von ihrem Vater ausgesetzt, aber von einer Bärin gefunden und aufgezogen. Sie wuchs zu einer stattlichen und mutigen Jungfrau heran. Mit eigener Hand erlegte sie die lüsternen Zentauren (Mischwesen mit menschlichem Oberkörper und Pferdeleib), die ihr nachstellten. Auch den rasenden kalydonischen Eber, ein Ungeheuer, von der Jagdgöttin Artemis ausgesandt, um die Welt zu verwüsten, verwundete das tapfere Bärenmädchen mit seinem Speer.

Auch das Märchen von Hans Bär, das wir in diesem Zusammenhang nicht vergessen wollen, erzählt von einem typischen Bärenmilchgesäugten:

Ein armer Köhler und seine Frau, die in einer Hütte tief im Wald wohnten, hatten einen Sohn, den sie Hans nannten. Schon als Säugling war er so stark, dass er unversehens beim Spielen drei Hunde erwürgte. Selbstverständlich schimpften die Eltern mit ihm, aber insgeheim waren sie stolz, ein so kräftiges Kindlein zu haben.

12 Bärenmilch ist tatsächlich besonders reichhaltig und nahrhaft. Sie ist zehnmal nahrhafter als Kuhmilch und enthält 33 Prozent Milchfett, 11 Prozent Eiweiß und etwa 10 Prozent Kohlehydrate, sie liefert zwischen 6 und 13 Kilojoule pro Gramm (Busch 2000: 63).

Eines Tages, als der kleine Hans vor der Hütte spielte, tappte eine grimmig brummende Bärin daher. Herzlose Jäger hatten ihre beiden Jungen erschossen. Um sich zu rächen, wollte sie ein Menschenkindlein fressen. Der Junge wehrte sich aber so tapfer, dass es die Bärenmutter rührte. Unwillkürlich musste sie an ihre eigenen Wildfänge denken. Also packte sie den kleinen Hans am Nacken und trug ihn wie ihr eigenes Kind fort in ihre Höhle. Sie labte ihn mit ihrer eigenen Milch und spielte ausgelassene Spiele mit ihm, so dass er vor Freude quiekte. Jedes Mal aber, wenn sie die Höhle verließ, rollte sie vorsichtshalber einen großen Stein vor den Eingang. Mit der Zeit gewann sie das Kind immer lieber und hoffte sogar, es würde bei ihr bleiben und sie versorgen, wenn sie selber eines Tages alt würde.

Hans gedieh prächtig. Eines Tages maß er seine Kräfte an dem Stein. Er schob und drückte, bis er wegrollte. Nun wanderte er mit großen Augen ziellos durch den Wald. Zufällig kam er an der Köhlerhütte seiner Eltern vorbei. Diese erkannten ihn sofort und dankten dem lieben Gott, dass er noch am Leben war. Sie nahmen ihn in ihre Obhut und versuchten ihm manierliches Betragen und das notwendige Wissen beizubringen, damit er in der Welt zurechtkomme. Als er groß genug war, begab er sich auf Wanderschaft, um einen Brotherrn zu finden. Bald wurde er als Knecht auf einem Herrengut aufgenommen.

Es war gerade Obsternte. Man brauchte viele kräftige Hände, um die Birnen und Äpfel von den Bäumen zu schütteln. Leider zerbrachen dem neuen Knecht die Äste und Baumstämme, wenn er seine bärenstarken Hände an sie legte. Der erzürnte Arbeitgeber schickte ihn nun zum Holzen in den Wald. Da würde er sich austoben können. Das Hacken und Sägen schien dem neuen Knecht aber zu langsam zu gehen. Er überlegte kurz, wie er es sich einfacher machen könnte, dann riss er die Bäume einfach aus dem Boden und stapelte sie sorgfältig auf. Den anderen Holzknechten wurde angst und bange. Sie ersannen eine List, um ihn umzubringen. Nur so wähnten sie sich vor ihm sicher.

»Hans«, riefen sie mit falschem Zungenschlag, »steig hinunter in den Brunnen. Da unten ist ein Schatz, den nur ein ganz Starker wie du heraufbringen kann.« Hans, der ebenso gutherzig und gefällig wie naiv war, stieg unbekümmert in den Brunnenschacht. Als er unten war und nach dem Schatz suchte, warfen die anderen ihm schwere Wackersteine auf den Kopf. Er aber dachte, es hagele. Schließlich schoben sie ein Mühlrad heran und ließen es in den Brunnen fallen. Es fiel ihm um den Hals. Unverrichteter Dinge stieg er wieder hinauf. Als er die erschrockenen Gesichter der anderen Knechte sah, lachte er lauthals und sagte: »Mit diesem steifen Kragen sehe ich wohl wie ein strenger Pfaffe aus!«

Als sein Herr von der Begebenheit erfuhr, erschrak er heftig. »Dieser dumme Knecht macht alle anderen verrückt und womöglich ist er obendrein noch gefährlich«, dachte er bei sich. Um ihn loszuwerden, drückte er dem Hans einen Batzen Gold in die Hand und schickte ihn fort.

Auf seinen weiteren Wanderungen hörte Hans alle möglichen Geschichten und Gerüchte. Eine Nachricht machte ihn besonders nachdenklich: Im Lande hause ein fürchterlicher Riese, der es sich in den Kopf gesetzt habe, die schöne Tochter des Königs zu heiraten. Das arme Königskind sei völlig verzweifelt und ihr Vater, der König, wisse keinen Rat. Schon drei seiner edelsten Ritter waren von dem Unhold erschlagen worden.

Hans Bär hatte keinen Zweifel, dass er mit dem Riesen fertig werden würde. Mit seinem Goldbatzen kaufte er sich das beste Schwert und machte den Riesen ausfindig. Als der Unhold Hans sah, verhöhnte er ihn und schüttelte sich vor Lachen. Aber das Lachen verging ihm schnell. Mit einem gelungenen Streich schlug Hans dem Grobian den Kopf ab, so dass ihm das schwarze Blut wie ein Springbrunnen aus dem Hals quoll.

Zum Dank für seine Tat gab der König dem tapferen Hans die schöne Königstochter zur Frau. Hans war glücklich, und auch die Prinzessin freute sich, denn ihr Gemahl war nicht nur stark, sondern auch sehr ansehnlich.

Als der alte König bald darauf starb, wurde Hans sein Nachfolger. Als Erstes holte er seine Eltern aus der Köhlerhütte und ließ sie im Schloss wohnen. Dann fuhr er mit seiner Königin in den Wald und suchte die Bärenhöhle auf. Er kam gerade noch rechtzeitig, denn seine Bärenmutter lag im Sterben. Sie war schon zu schwach, um sich auch nur Beeren holen zu können. Als sie Hans erkannte, brummte sie glücklich. Dann legte sie zutraulich ihren großen Kopf in den Schoß der jungen Königin und starb. Es war ihr letzter Wunsch gewesen, ihren Pflegesohn noch einmal zu sehen.

Eine bärige Frau Holle

Die Frau, die tief unter der Erde wohnt und die die Cheyenne »Unsere Großmutter« (Estscheheman) nennen, kennen wir auch. Es ist die Frau Holle, »die Frau der Höhle«, die im Mittelalter auch mit der »Abgöttin« Diana *(Dea Ana,* »die göttliche Ahnfrau, die Urgöttin) oder der Artemis, der Göttin der Wildnis, oder auch mit des »Teufels Großmutter« identifiziert wurde. Ihr Reich ist die Anderswelt, wo die Seelen der Tiere und der Menschen auf Wiedergeburt harren. Sie ist die paläolithische »Herrin der Tiere«, und der Bär ist ihr Lieblingsgefährte. Sie selber hat etwas Bärenhaftes an sich: Sie konnte als holde junge Frau erscheinen oder als hässliche alte Hexe, meistens aber wird sie mit wirrem, zerstrubbeltem Haar und großen Zähnen beschrieben. Die Pforten zu ihrem lichtvollen, grünen Reich, voller blühender Wiesen und Wälder, sind die Höhlen, die Brunnen und Quellen oder auch der tiefe Wald.

Das Märchen »Frau Holle«, das uns die Gebrüder Grimm aufgezeichnet haben, ist sehr alt. Das Wissen der alten europäischen, heidnischen Waldlandvölker über Tod und Wiedergeburt und die Ursache des individuellen Schicksals ist darin erhalten. Es wird erzählt von einem Mädchen, das fleißig spinnend am Rande eines Brunnens sitzt. Sie ist so fleißig, dass ihre Hände bluten, deswegen entgleitet ihr die Spindel – der Lebensfaden. Das Mädchen stürzt in die Tiefe des Brunnenschachts und findet sich auf einer sonnigen Blumenwiese wieder. Nun wandert sie durch die Anderswelt – die Welt der Toten. Auf ihrem Weg trifft sie auf einen Baum mit reifen Äpfeln. Als der Baum sie darum bittet, pflückt sie diese, damit sie nicht verderben. Aus einem Ofen holt sie Brotlaiber, damit diese nicht verbrennen.[13] Sie ist gut und fleißig. Der Frau Holle hilft sie, die Federdecken schütteln, so dass es auf der Erde ordentlich schneien kann. Nach ihrem selbstlosen Dienst wird sie wieder ins Leben, auf diese Seite des Seins, entlassen. Sie schreitet durch das Tor zwischen den Welten, wobei Gold auf sie herabregnet.

Ihre faule Stiefschwester ist neidisch. Auch sie möchte ein goldenes Schicksal besitzen. Absichtlich wirft sie ihre Spindel in den Brunnen. Zum Ernten der Äpfel und zum Herausnehmen des Brotes aus dem heißen Ofen ist sie zu faul. Bei der Frau Holle ist sie nur am ersten Tag fleißig, schon am

13 Diese Tätigkeiten symbolisieren die Aufgaben der Toten in der Anderswelt. Die reifen Äpfel und Brotlaiber stellen die Menschen dar, die im Begriff sind, auf der Erde wiedergeboren zu werden, und die von den Toten sorgfältig gepflegt werden müssen. Mehr dazu in Hexenmedizin von Claudia Müller-Ebeling, Christian Rätsch und Wolf Dieter Storl (AT Verlag, Aarau, Schweiz).

dritten Tag will sie morgens nicht aufstehen. Als sie schließlich durch das Tor schreitet, tropft dann, anstatt Gold, schwarzes Pech auf sie herab. Pech wird sie haben im Leben.

Ein ähnliches Märchen wird von den Paläosibirern erzählt. Hier aber ist die Herrin des Schicksals und der Anderswelt – dargestellt als eine Höhle im tiefen Wald – eine Bärin. Nana Nauwald hat die Geschichte aufgezeichnet (Nauwald 2002: 87):

Der Bruder erlaubte es seiner Schwester nicht, ihm beim Schnitzen seiner Jagdpfeile zuzusehen, denn dann würden sie ihren Zauber verlieren und zerbrechen. Als die neugierige Schwester dennoch die Pfeile ansah, stieß er sie, so dass sie von dem Haus, das auf Pfählen stand, herunterstürzte. Da lief sie in den Wald, verlor dort den Weg und kam schließlich an eine Bärenhöhle. Ein Bärenmädchen kam heraus und sprang vor Freude in die Höhe, denn nun hatte sie eine Spielgefährtin. Vor lauter Lust packte sie das Mädchen mit ihren Zähnen am Rockzipfel und zog daran. Auch die alte Bärenmutter kam heraus.

»Lass sie in Ruhe«, sprach diese, »du hast ihr Kleid zerrissen. Lass sie ins Haus kommen.« Das Mädchen trat ein und setzte sich hin, ihr Kleid zu flicken. Die alte Bärin sah ihr zu und dachte: »Sie näht recht gut, sie arbeitet tüchtig« und fügte laut hinzu: »Bald werden meine Söhne heimkehren. Versteck dich, denn sie sind zudringlich und könnten dir wehtun.« Da versteckte sich das Mädchen.

Kurze Zeit darauf kamen fünf junge Bären in die Höhle. »Oho, hier riecht es nach Menschen!« brummten sie.

»Ach was«, sagte die Mutter, »ihr lauft überall umher und schnuppert herum, und wenn ihr nach Hause kommt, redet ihr von allerlei Gerüchen. Esst euer Abendbrot und geht schlafen.«

Nach dem Abendessen legten sich die Bärensöhne schlafen. Da sprach die alte Bärin zu ihrem Gast: »Geh jetzt fort, sonst finden sie dich am Morgen.« Das Mädchen machte sich leise auf den Weg.

Um Mitternacht weckte die alte Bärin ihren jüngsten Sohn auf und sprach zu ihm: »Du solltest wirklich nicht so fest schlafen. Während du schliefst, kam ein niedliches Mädchen ins Haus, und jetzt ist sie schon wieder fort. Sie würde eine passende Braut für dich sein. Geh und versuche, ob du sie zurückbringen kannst.«

Da machte sich der junge Bär auf die Verfolgung, doch das Mädchen war bereits nahe bei ihrem Dorf. Die Leute kamen heraus, sie zu begrüßen, doch als sie sahen, dass ein Bär hinter ihr her war, schossen sie einen Pfeil auf ihn, der ihn erlegte. Das Mädchen häutete darauf den Bären, doch sobald dessen Fell herunter war, kam ein hübscher junger Mann zum Vorschein, der um das Mädchen warb und sie heiratete.

Nun hatte das Mädchen eine Base, die ein regelrechter Taugenichts war. Diese beneidete sie um das Glück, das sie in der Fremde gemacht hatte. Auch sie besaß einen Bruder, der Pfeile schnitzte und es ihr verbot, diese anzublicken. Trotzdem sah sie die Pfeile an. Da aber den Pfeilen nichts weiter geschah, ergriff sie die Pfeile und zerbrach sie absichtlich. Und da ihr Bruder sie nicht herunterstieß, sprang sie freiwillig von dem Pfahlbauhaus herab.

Nachdem sie eine lange Wanderung durch die Wälder gemacht hatte, fand sie die Bärenhöhle. Das Bärenmädchen kam heraus, zerrte sie am Kleid, so dass es zerriss. Da kam die alte Bärin und bat sie, in die Höhle zu kommen. Als das Mädchen sich hinsetzte um ihr Kleid zu flicken, bemerkte die alte Bärin, dass es mit der Nadel sehr ungeschickt war. Als die Bärensöhne heimkamen, sagte die Bärin zum Mädchen, es solle sich verstecken. Zuerst wollte sie es nicht tun, aber die Bärin überredete sie dazu. Die Söhne legten sich schlafen. Da sprach die Bärin: »Jetzt mach dich fort!« Im Stillen dachte die Bärin bei sich: »Diese da ist doch wirklich eine ganz Schlimme«, und sie weckte keinen von ihren Söhnen auf. Ein großer zottiger Hund lag vor dem Höhleneingang, den hieß die Bärin dem Mädchen zu folgen.

Als sie zum Dorf kam, rief sie: »Ein Bräutigam folgt mir!« Da kamen die Leute heraus. Den Hund, der ihr folgte, erlegten sie mit Pfeilen. Doch als man ihn häutete, kam gar nichts zum Vorschein – der Hund war und blieb Hund.

Bär mit Fisch im Maul. (Schnitzerei der paläosibirischen Korjaken)

Der Vegetationsdämon

»›Wie ist wohl der Bär geboren,
wie der Goldpelz aufgewachsen?
Ist auf Stroh der Bär geboren,
in der Badestube aufgewachsen?‹
Sprach der alte Väinemöinen
selber darauf solche Worte:
›Ist nicht auf dem Stroh geboren,
auch nicht in der Scheunentenne;
dort ist ja der Bär geboren,
kam zur Welt die Honigtatze –
nah dem Monde, bei der Sonne,
auf des großen Bären Schultern,
bei den Lüftejungfrau'n allen,
an der Schöpfungstöchter Seite.‹«
Kalevala, 46. Rune

Die archetypische Vorstellung, die die Höhle, den Bären und die Frau in einem großen mythologischen Gewebe verknüpft, überlebte die Jäger der Altsteinzeit. Das göttliche Weib, die Urmutter der Jagdtiere, Heilpflanzen und Schamanen, wurde von den ersten sesshaften Hackbauern übernommen. Sie wurde zur Mutter Erde, deren Füllhorn die Felder mit Getreide, Obst und anderen Feldfrüchten überschüttet.

»Mutter Erde« war – um es in heutiger Sprache auszudrücken – die Personifizierung der Natur. Unser Begriff *Natur*, eine späte Wortschöpfung lateinischer Kirchengelehrter, wäre den Urvölkern, besonders den eher »mutterrechtlichen« Pflanzern, kaum verständlich gewesen. Sie dachten nicht so abstrakt, sondern eher bildhaft. Sie sahen ihre Welt als durchaus lebendig und beseelt. Und was wir unverbindlich Natur nennen, war für sie die Große Mutter, die Gebärerin, die Ernährerin, aber auch die Totenmutter, die ihre Geschöpfe wieder zu sich nimmt, sie betrauert und beweint, um sie dann im großen Kreislauf der Dinge erneut zu gebären.

Die ersten Pflanzer, also auch die europäischen Megalithbauern, ritzten mit primitiven Steinwerkzeugen die jungfräuliche Haut dieser Mutter auf und pflanzten Knollen oder säten Getreidekörner in sie hinein – ein Vorgang, der für sie eine Art sexuelle Zeugung darstellte.

Blutige Opfer

Da die Mutter Erde eine Frau war, die schwanger werden und vielfältig gebären sollte, brauchte sie einen ihr ebenbürtigen Liebhaber und Begatter. Und wer wäre dafür wohl besser geeignet als der wilde Bär, der ungestraft in ihrem unterirdischen Reich ein- und ausgeht? Wie wir bereits gesehen haben, galt der Bär schon bei den Jägern als potent, triebhaft und fertil. Daher wurde er als Sohn und Geliebter der Göttin auch in den neolithischen Fruchtbarkeitskult integriert. Natürlich ist sein Verhältnis zu ihr inzestuös, die reinste Blutschande, aber immerhin handelt es sich um Götter, denen oftmals erlaubt ist, was sich für Sterbliche verbietet.

Im Gegensatz zum selbstdomestizierten Menschen, mit all seinen gekünstelten Verhaltensweisen, lebt der Bär im harmonischen Einklang mit der Natur und ihren jahreszeitlichen Rhythmen. Er erscheint mit den lauen Lüften und dem ersten zarten Grün des Frühjahrs und verschwindet, wenn die bunten Herbstblätter fallen und sich die Vegetation ins unterirdische Wurzelreich zurückzieht. Er folgt seinen Trieben, ganz wie der ursprüngliche, wilde, von der Zivilisation unberührte Mensch. Schon deswegen eignete sich der Bär dazu, von vielen Stämmen als Urahn der Menschen verehrt zu werden. Er ist noch mit der ursprünglichen, ungezügelten Schöpferkraft, mit den reinen Quellen des Lebens verbunden. Da das Primitive und Ursprüngliche überall auch als das Potente und Fruchtbare gilt, ist der Bär natürlich der rechte Buhle der Göttin.

»Fruchtbarkeitskult« ist ein oft gebrauchtes, aber recht nebulöses Lieblingswort der Volks- und Völkerkundler. Es bezeichnet lediglich die rituell gehandhabte Sorge um das Wohlergehen und das Gedeihen von Mensch und Vieh und um das tägliche Brot (eigentlich den täglichen Körnerbrei, denn Brot wurde noch nicht gebacken). Um das sicherzustellen, brauchte man magische Hilfe und alte, erfahrene Leute, die um das Geheimnis der Göttin und ihres Buhlen wussten. So bildete sich unter den ersten sesshaften Bauern eine Priesterkaste, die das Wissen sorgfältig hütete. Als Ritualexperten wirkten sie mit strengen Zeremonien, Riten und Opfern, in denen oft viel Blut vergossen wurde, auf den Prozess ein. Nicht selten opferten die Priester den Sohn und Geliebten der Göttin, damit sein Blut – dieser rote Saft des Lebens – ihrem Schoß neue Gebärkraft geben könne. Die Erfahrung nährte ihre Überzeugung, dass Blut mit Fruchtbarkeit und Erneuerung zu tun habe, denn Blut fließt bei der Entjungferung sowie bei der Geburt, und der Beginn der Menstruation ist gleichzeitig auch der Beginn der fruchtbaren Zeit im Leben einer Frau, ebenso wie das Aussetzen der Menstruation das Ende der Fruchtbarkeit ankündigt.

Es ist möglich, dass jungsteinzeitliche Pflanzer, Pfahl- und Megalithbauern in ausgeprägten Ritualen Bären opferten, um die Fruchtbarkeit der Felder, der Tiere und der Menschen sicherzustellen. Einiges deutet darauf hin, dass sie – wie es einige ostsibirische Stämme bis vor kurzem taten – Jungbären als verehrte Gäste in ihren Dörfern aufzogen. In Nordeuropa fand man aus Bernstein geschnitzte Bärenfiguren aus dieser Zeit, im Balkan erscheinen Terrakottafiguren von Frauen mit Bärenköpfen und Bärenjungen an der Brust[14], und vielerorts, insbesondere bei den jungsteinzeitlichen Pfahlbauern an den Schweizer Seen, wurden mehrfach durchbohrte, polierte Bärenzähne gefunden.

Sandsteinfigürchen aus einem jungsteinzeitlichen Gräberfeld bei Tomsk, Sibirien.

Bald jedoch traten andere Tiere an die Stelle des Bären als Begatter der großen Göttin: Ziegenböcke, Eber, Widder, Stiere. Besonders der kraftstrotzende, träufelnde Stier wurde als Opfertier und Verkörperung männlicher Fruchtbarkeit gewählt. (Der spanische Stierkampf ist ein Überbleibsel dieser archaischen Opferrituale.) Der Stier ist, trotz all seiner Wildheit, ein dome-

14 Marija Gimbutas, eine bekannte litauische Archäologin, hat Hunderte von Terracotta-Figuren untersucht, die aus der jungsteinzeitlichen Vinca-Kultur, die vom 6. Jahrtausend bis ins 3. Jahrtausend v.u.Z. in Südosteuropa entlang des Donaubeckens bis hin zum Schwarzen Meer existierte. Auf kultischen Tongefäßen ritzten diese ersten Bauern Zickzacklinien, die den Fluss des Wassers, wie auch die Markierungen der Bärenkrallen darstellen. Für Gimbutas stellt sich eine Verbindung dar zwischen dem Wasser, von dem alles Leben abhängt, und dem Bären, der die Quellen und die Fruchtbarkeit der Erde hütet. »Gegen Ende dieser Zeit nahm dann der Bär teilweise menschliche Gestalt an. Die Terracotta-Figuren besaßen nun die Gestalt einer bärenköpfigen Frau. Manchmal saß diese auf einem Thron mit Halbmonden geschmückt und hielt, wie eine Madonna, ein Bärenjunges oder trug es in einem Sack auf ihrem Rücken. Bei vielen dieser Figuren berührt die linke Hand ihre Brust, was wiederum für eine Assoziation des Bären mit dem Wasser spricht, zumal Milch und Wasser in der antiken Mythologie häufig miteinander verbunden sind« (Sanders 2002: 153). Diese alte Bärengöttin ist eine frühe Erscheinung der Großen Göttin, der Amme der Götter und der Göttin der Höhle und der Wiedergeburt. Aus diesem Bärenkult entwickelte sich, nach Gimbutas, dann später an der attischen Küste der Kult der Göttin Artemis. Hinter der Geschichte Iphigenies, die durch Artemis vom Opfertod gerettet wurde, indem die Göttin einen kleinen Braunbären anstelle des Mädchens auf dem Altar zurückließ, verbirgt sich vermutlich der Umriss eines Rituals, bei dem der Bär geheiligt und getötet wurde.

stiziertes Tier und den Bauernvölkern zugänglicher. Mit beachtenswertem Trieb begattet er ganze Rinderherden. In einigen der so genannten matriarchalischen Pflanzergesellschaften wurden der Großen Göttin im Rahmen orgiastischer Feste sogar Jünglinge in der Blüte ihres Lebens geopfert.

Kornbär und Erbsenbär

Obwohl die Fruchtbarkeitskulte mit der Zeit neue Formen annahmen, konnten sie den alten Bärenkult nicht ganz verdrängen. Noch in der heutigen traditionellen Bauernkultur spielt der Bär als Fruchtbarkeitsbringer eine Rolle. In diesem Zusammenhang bezeichnen die Volkskundler den Bären als einen »Vegetationsdämon«.

Die Nordgermanen gaben dem Bauerngott Thor, der im fruchtbaren Gewitterregen in einem von Böcken gezogenen Wagen über die Felder braust, den Beinamen Björn (»Bär«). Noch immer heißt es in Schweden, wenn der Wind durchs Kornfeld fegt: »Da geht der Kornbär.« In Sachsen gilt der Kornbär als Sohn der Kornmutter. Vielerorts befindet sich der »Bär« in der letzten Garbe, die bei der Ernte geschnitten und gebunden wird. In Niederösterreich kommt der Bär immer in den Hof, der zuletzt mit der Ernte fertig ist. Derartige Erntebräuche waren und sind – trotz Einführung des Mähdreschers – weit verbreitet.

Die Wintersonnwendzeit, die Zeit der Raunächte, in der der Kosmos die Erde befruchtet und das Lebenslicht neu geboren wird, war immer zugleich ein Fest der Fruchtbarkeit. Äpfel, Nüsse und auch der Honigkuchen, den der Weihnachtsmann bringt, stellen – in der Sprache der Mythologie – die Lebenserneuerung, die Saat für zukünftige Ernten dar. Der Honigkuchen und die Plätzchen gingen aus dem Symbolgebäck (den »Gebildbroten«) des vorchristlichen germanisch-keltischen Mitwinterkultes hervor. Der Teig wurde in Form von Manns- und Weibsbildern – wie etwa der Berner *Grittibänz*, die Nikoläuse oder die Spekulatius-Engel – oder auch in Tierform, etwa dem Jul-Eber oder dem Glücksschwein, dem Hahn, dem Künder des aufdämmernden Lichtes, dem Sonnenträger Hirsch, dem Rind, dem Schimmel des Schimmelreiters und eben auch dem Bären, gebacken. Meistens wurde dieses sakrale Gebäck aus den Körnern der zuallerletzt geernteten Garbe gebacken. Diese Brote, die in sich die konzentrierte, erdentsprossene Lebenskraft darstellten, eigneten sich ebenso wie Äpfel und Nüsse als Speisen für die Verstorbenen. Sie verbinden mit den Ahnen, die in den Erdentiefen bei der Großen Göttin – in unserm Kulturkreis bei der Frau Holle – auf ein neues Dasein warten.

Die Kornmutter, ein typisches weihnachtliches Gebildbrot.

In diesen Nächten um Weihnachten erscheint hier und da der Bär – oder ein entsprechendes wildes Wesen –, meist in Begleitung eines heiligen Mannes, wie des Nikolaus, oder des Knechts Ruprecht. Auch hier bedeutet der Bär, ebenso wie die Rute aus Haselzweigen, die der Alte trägt, die Kraft der Fruchtbarkeit. Erst in dem prüden, spießbürgerlichen Zeitalter des Biedermeiers, dem wir belehrende Bücher wie Der Struwwelpeter verdanken, hat man die derbe Symbolik umgedeutet. Die Rute des alten Wald- und Wintergeistes wurde zum Mittel der brachialen Züchtigung unartiger Kinder. Ursprünglich jedoch war sie die Lebensrute, mit der Frauen und Stallvieh »gepfeffert«, »gefitzelt« oder »gefaselt« wurden, um sie empfänglich zu machen. In diesen Nächten, wenn die Geister der Fruchtbarkeit umgehen, opferte man auch den Bären etwas Gutes: In Norwegen trug man die Reste der Weihnachtsgrütze in den Wald, damit der Bär sie fressen konnte; in Nordböhmen schüttete man die Knödel und Soße und was sonst noch vom Christmahl übrig geblieben war, für ihn unter die Obstbäume.

Besonders aber in der »wilden« nachweihnachtlichen Fastenzeit tritt der alte Bärengeist erneut in Erscheinung. Kirche und Aufklärung, die gegen diesen Überrest heidnischer Fruchtbarkeitskulte eiferten, hatten alle Hände voll zu tun, um dem wilden, oft unzüchtigen Treiben Einhalt zu gebieten.[15] Ohne Erfolg! Junge Burschen mit rußgeschwärzten Gesichtern, wilden Tiermasken und mit Pelzen vermummt, trieben allerhand Schabernack und stellten den mannbaren Frauen nach.[16] Dabei kam besonders der mit den Kräften der Erde verbundene Bär zu seinem Recht. Er verkörpert jene wilde Energie aus den Regionen jenseits der zivilisierten Gesittung, ohne die Sexualität und Fruchtbarkeit kaum zu bewirken sind.

Einst war es in vielen Dörfern eherner Brauch, dass alles Getreide vor Beginn der Fastenzeit gedroschen sein musste. Der Bauernbursche, der die

15 Die Kirche versuchte die Symbolik umzudeuten. So ließ sich Papst Innozenz III. am Fastensonntag 1207 ein Fastnachtsspiel vorführen, in dem ein Bär als Sinnbild des Teufels, junge Stiere als Zeichen für den Übermut menschlicher Lust und ein Hahn als Symbol der Geilheit getötet wurden (Becker-Huberti 2001: 240).

16 In Bern wird zu Beginn der Fastnacht der schlafende Bär geweckt und aus dem Käfigturm befreit.

letzte Getreide- oder Erbsengarbe ausgedroschen hatte, wurde vermummt, in Stroh gewickelt und zum Erbsenbär – auch Stroh-, Hafer- oder Roggenbär – erkoren.[17] Auf allen Vieren gehend, wurde dieser »Tanzbär« von einem Bärenführer oder »Zigeuner« im lustigen Umzug mit Musik, viel Lärm und Spaß durchs ganze Dorf geführt. Man brachte ihn in die Scheunen und Ställe, damit er böse Hexen vertreibe und mit seinen scharfen Krallen den Schadenzauber aus sämtlichen Ritzen und dunklen Ecken kratze. Hier und da verlangte es der Brauch, dass sich der Bär solange weigere, einen verhexten Stall zu betreten, bis der Bauer dem Bärenführer eine Münze in die Hand drückte oder den richtigen Spruch hersagte. Bei jeder Gelegenheit brummte dieser Petz die angeblich leichten Mädchen an, denn schließlich symbolisierte er auch den schwer zu zügelnden männlichen Trieb. In manchen Dörfern Mitteldeutschlands trottete der Erbsenbär auch einfach von Haus zu Haus und bettelte um milde Gaben.

Vielerorts wurde dem Bären nach dem Rundgang der Prozess gemacht. Er wurde angeklagt, unweigerlich schuldig befunden und enthauptet, wobei aus verborgenen Schweineblasen viel Blut floss. Anderswo wurde er als »alter Winter« verbrannt, um den Weg für den Frühling freizumachen. Wieder anderswo gab es zur Fastnachtszeit »Bärenjagden«, wobei ein als Bär verkleideter Mann im Wald von einer Meute »Hunde« und anderen Narren aufgestöbert und erlegt wurde. Im Rheinland brüllt und tobt der Bär als Verkörperung der wilden, närrischen Zeit zum letzten Mal am Aschermittwoch. Frauen rupfen ihm noch schnell einige Halme Stroh aus dem Pelz, um diese ihren Hühnern und anderem Federvieh unter die Brutnester zu legen. Dann wird auch dieser Bär zu Asche verbrannt. Im mittelalterlichen Rom soll während des Karnevals ein Bär herumgeführt und anschließend getötet worden sein. Dabei soll es sich um einen echten Bären gehandelt haben.

In einigen Gemeinden der welschen Schweiz und im Harz erscheint der Bär noch einmal als »Maibär« oder »Pfingstbär«. So wird beispielsweise in Ragaz ein zwei Meter hohes, mit Blumen und Bändern geschmücktes Gebilde von lärmenden Jugendlichen durch die Straßen getragen. Auch dieser »Bär« erfährt ein unrühmliches Ende. Er wird in den Fluss gestürzt. Auch in diesem Fall siegen Zivilisation und Ordnung über Wildheit und Chaos,

17 Auch in England kannte man den Strohbären *(straw bear)*, einen in Stroh gehüllten Jugendlichen oder Mann, der am *Plow Monday*, dem »Pflugmontag«, dem ersten Montag nach den zwölf Heiligen Nächten, wenn die regelrechte Arbeit wieder anfing, von Haus zu Haus zog, den Frauen einen Schreck einjagte und wie ein Bär brummend um Gaben bettelte (Simpson/Roud 2000: 345).

Der Fastnachtsbär auf Heischegang in einem böhmischen Dorf.

aber erst nachdem die Bestie ihre unbändige fertile Kraft und ihren Fruchtbarkeitssegen gespendet hat.

Schließlich wollen wir nicht alte skandinavische und russische Hochzeitsbräuche unerwähnt lassen, denn auch da erscheint der Honigschlecker und wird geopfert. Er wird von einem Vermummten dargestellt, der beim Hochzeitsfest auf allen Vieren am Boden kriecht.

Was hier als ländlicher Aberglaube und kaum mehr verstandenes Brauchtum weiterlebt, ist sicherlich ein Nachklang der ersten bäuerlichen Religionen. Die herausgeputzte junge Braut ist die Wiederverkörperung der Großen Göttin, und ihr Begleiter, der wilde Bär, ist der Bringer der Fruchtbarkeit. Wie es auch in vielen Märchen geschildert wird, bedeutet seine Tötung nicht sein Ende, sondern ist vielmehr die Bedingung für seine wundersame Verwandlung. Indem er geopfert wird, erfährt er die Erlösung von seinem Tierdasein. Als stattlicher Bräutigam feiert er seine Auferstehung als Mensch.

Im jahreszeitlichen Zyklus symbolisiert der Bär, der Gefährte der Mutter Erde, das mit dem Lauf der Sonne verbundene sterbende und wiederauferstehende Leben. Er opfert sich in die Erde hinein, befruchtet sie und wird transformiert wiedergeboren. Die antiken Mysterienkulte der Großen Göttin – Ceres, Kybele, Isis, Nana und so weiter – und ihres geschundenen Liebhabers und Sohnes – Adonis, Attis, Tammuz, Osiris, Baldur und so weiter – sind das ferne Echo neolithischer Bauernkulte. Sie leben sogar, oft zur Unkenntlichkeit verzerrt, in der modernen Dekadenz weiter, losgelöst von der feuchten empfänglichen Erde und den kosmischen Rhythmen: Wer hat schon mal über die tiefere Bedeutung des Elvis-Presley-Kultes nachgedacht? Sein Haus, Graceland (»Gnadenland«), wo er als feinstoffliche Erscheinung immer wieder gesichtet wird, ist bis zum heutigen Tag eine von hysterischen Fans umlagerte Kultstätte.

»Baby, let me be your teddy bear.
Put your chain around my neck,
and lead me anywhere,
oh, let me be your teddy bear.«[18]

So lautet der Refrain des Schlagers, den Elvis »the Pelvis« (»Hüftbecken«), sang und dabei seine Hüften ganz langsam rhythmisch bewegte, als ob er nicht seine Gitarre, sondern ein Mädchen da hätte. Aber es war, wie er selbst sagt, immer seine »Mom«, die er vergötterte.

Auch das Christentum ist Erbe dieser neolithischen Imagination. Auch hier wird der Sohn der Gottesmutter – dessen Fleisch und Blut unser Brot und Wein ist – blutig geopfert, von der Mutter beweint, und sein Leichnam wird in eine mit einem schweren Stein verschlossene Höhle gelegt. Dann wird der Stein weggerollt und er erfährt die Wiederauferstehung und Verklärung, deren erster Zeuge die ewige Frau ist.

18 Sinngemäße Übersetzung: Liebling, lass mich dein Teddybär sein; leg deine Kette um meinen Hals und führe mich wohin immer du willst; ach, lass mich dein Teddybär sein.

Der Bärenkönig der Kelten

»Al primo di febbraio l'è fuori l'orso della tana;
se l'è nuvolo dall'inverno siamo fuori
e se sereno per quaranta giorni si ritorna dentro.«
Almanacco Grigioni Italiana, 1937

Vom Osten, aus den Steppen Westasiens, waren die kriegerischen Viehnomaden gekommen. Ihre blanken Bronzeschwerter und Streitäxte, vor allem aber ihre von Rossen gezogenen Streitwagen versetzten die spätmegalithischen Hackbauern in Angst und Schrecken. Die stolzen Eindringlinge brachten Rinderherden mit, deren Besitz ihnen als Inbegriff des Reichtums galt. Sie brachten auch kriegerische Himmelsgötter und eine Verehrung des Lichts. Nicht einmal ihre Leiber gaben sie der Mutter Erde zurück – sie verbrannten ihre Toten zu Asche.

Diese indoeuropäischen Stämme, aus denen dann auch die Kelten hervorgingen, unterjochten bald ganz Mitteleuropa. Sie begannen Eisenerz zu schürfen und Eisenschwerter zu schmieden, und sie dehnten ihre Herrschaft bis an die Atlantikküste, nach Britannien und Spanien aus. Ihre Krieger, die den starken, todesmutigen Bären als Totemtier verehrten, bemächtigten sich der Erdbefestigungen ihrer Vorgänger und feierten darin ihre Gelage. Ihre Priester, die ihrerseits den sensiblen, nervösen Hirsch als Totemtier verehrten, zogen sich in die Wälder zurück und sind uns als »Waldweise«, als Druiden bekannt. Diese Druiden bemächtigten sich der Steinkreise und Menhire, die einst der Erdgöttin geweiht waren und lasen an

Keltisches Bärenamulett aus Lancashire. (Nordengland, gefertigt aus Glanzkohle/Gagat)

den Schatten, den die Riesensteine warfen, die kosmische Zeitordnung ab, die Tagundnachtgleichen und die Sonnenwenden.

Die rechten Zeiten zu kennen – wann der Ackerboden bestellt werden muss, wann gesät und geerntet werden muss und wann das Vieh auf die Frühlingsweide kommt –, ist von lebenswichtiger Bedeutung für ein bäuerliches Volk. Und da die Kelten sich mit ihren Vorgängern mischten und selber zu sesshaften Bauern wurden, gerieten sie in den Bann der zeitmessenden Steine, in den Bann der Großen Göttin. Sie erkannten in der alten Erdenmutter die Tochter des Himmelsgottes Dagda, die Weiße Göttin, wieder. Die Schatten, die die Steine warfen, maßen die Schritte ihres Wandels über die Erde, die Stationen ihres Lebens – ihr Erscheinen im Frühjahr, ihre Hochzeit im Wonnemonat Mai, ihre Niederkunft mit den Früchten der Scholle im Herbst, ihr Verschwinden mit den grauen Nebeln des Spätherbstes.

Als ihren Helden und Geliebten nahm sich die Weiße Göttin den Ersten unter den Kriegern, deren Totem der Bär war. Sie nahm sich den Stammesfürsten, denn nur ein König, nur der tapferste und beste unter den Menschen, war ihrer würdig. Der Bär galt als König der Tiere, und folgerichtig wurde der König unter den Menschen, ihr Gatte, ebenfalls »Bär« genannt. *Artur*, *Arto*, *Mato*, *Matus* und dergleichen lauteten die keltischen Bezeichnungen für den schreckenserregenden Herrscher der Wälder. Und ebenso benannten die Menschen ihre Stammesfürsten, von dem zauberkräftigen König *Math* der Iren bis hin zu dem legendären Herrn der Tafelrunde, dem König der Könige, *Artus*.

Krieger im Kampf mit bärenartigem Ungeheuer.

König Artus mit Merlin. (Arnulfus de Kay, »Plusieurs romans de la Table Ronde«, 1286)

Die Stärke der königlichen Lenden, seine männliche Potenz, sahen die Kelten als Unterpfand für das Gedeihen und Fruchten der Erde an. Er war der Pflug und sie die jungfräuliche Scholle. Würde er schwach und alt, so glaubte man, würden auch die Felder und Herden unfruchtbar. Dann war es an der Zeit, ihn abzusetzen oder rituell zu opfern, damit die gnadenlose Holde sich einen neuen König wählen konnte.

Wie der Bär, der mit dem herbstlichen Absterben des sommerlichen Grüns in die Höhle verschwindet, so verschwand der alte König in die »Anderswelt«, in das Reich der Toten, um irgendwann mit verjüngter Kraft wiedergeboren zu werden. Auch wenn er scheinbar sein Leben lässt, ist der König unsterblich. *Rex quondam et futuris*, »der ehemalige und künftige König« – so wurde König Artus, der Bärenkönig, betitelt, denn er kehrt immer wieder, um die Göttin aufs Neue zu lieben.

Die vorchristliche Kultur, die mit derartigen Bildern lebte, erscheint uns heute recht fremd, und doch ist vieles davon noch immer lebendig. Sehen wir nun, wie kaum mehr verstandene ländliche Bräuche und Jahreszeitfeste im alten Kult der Weißen Göttin und ihres Bärenliebhabers wurzeln.

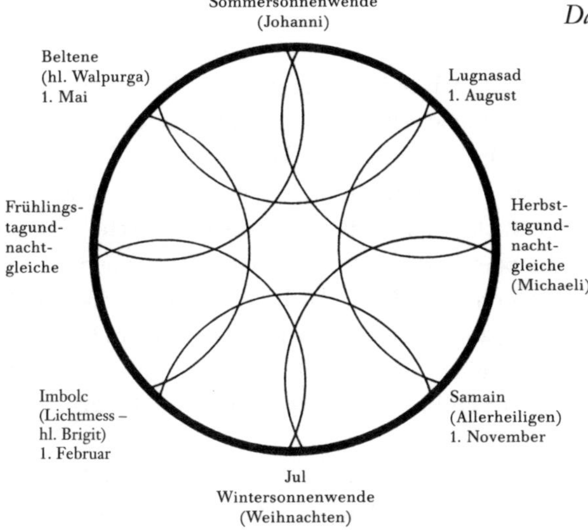

Das keltische Jahresrad.

Das Rad mit acht Speichen

Die Kelten teilten den bäuerlichen Jahreskreis in acht Zeiträume und feierten jeden Übergang von einem Zeitraum zum nächsten mit Feuerfesten und Opfern. Der Frühlingstag und der Herbsttag, an denen Tag und Nacht gleich lang sind, sowie der längste Tag im Sommer und die längst Nacht im Winter bildeten die vier solaren Kardinalpunkte, das Jahreskreuz. Die sich daraus ergebenden vier Jahresviertel wurden ihrerseits wiederum halbiert, so dass die Vollmondtage im Februar, im Mai, im August und im November ebenfalls Bedeutung erhielten.[19] Acht Speichen also hatte das Jahresrad, in acht Schritten tanzte die Göttin über die Erde.

Besonders die so genannten Hexentage hatten bei den Kelten einen hohen Stellenwert. Sie galten als »Zwischenräume«, als »Übergangszeiten«, Zeiten, in denen die zwingenden Kräfte des alten Zeitraumes abgelaufen und die des neuen noch nicht angelaufen waren. In dieser kurzen Pause war alles in der Schwebe. Totengeister, Götter, Elfen und andere ätherische Wesen aus der »Anderswelt« konnten dann in die Menschenwelt hineinhuschen, Gestalt annehmen und Künftiges offenbaren. Der Bär, der keine Kalendersteine braucht, um die Phasen der kosmischen Gezeiten zu erkennen, feierte die Feste der Göttin auf seine Weise mit.

19 Diese »Kreuzvierteltage« oder »Hexenfeiertage«, wie man sie heute nennt, hat man inzwischen vom im Sonnenjahr schwankenden Mondlauf abgekoppelt und auf den 1. oder 2. des Monats im Kalender fixiert.

Das Lichtfest

Auf den Februarvollmond fällt der erste dieser heiligen Tage. Die keltischen Iren nannten das Fest Imbolc. Obgleich die Natur noch in winterlicher Starre verharrt, werden die Tage schon merklich länger, und unmerklich steigt bereits der Saft in die Bäume. In diesem neuen Licht erscheint die Göttin als die schöne Lichtjungfrau Brigit (indogermanisch **bhereg, »strahlend«)*, als die Bertha oder Percht. Mit ihr steigen die Elementarwesen und Fruchtbarkeitsgeister aus der Erde. Auch der Bär, ihr in Bärenfell gehüllter göttlicher Gefährte, kommt aus der Tiefe hervor.[20] Der Dickpelz, noch recht steif und schlaftrunken, steckt an diesem Tag, angeblich zum ersten Mal, seine Nase aus der Höhle, um zu sehen, wie weit der Frühling schon gediehen ist.

Die Kelten begrüßten Brigit mit einem Feuerfest und befragten Orakel. So beliebt war die Holde, die als Muse Dichter, Heiler und Zauberer inspiriert, dass selbst die Christen nicht auf ihr Fest verzichten mochten. Sie tauften das Imbolc-Fest in Maria Lichtmess um. An diesem heiligen Tag weihten sie die – aus Bienenwachs gezogenen – Kerzen, die sie im kommenden Jahr für die Gottesdienste brauchten.

Noch immer gibt es alte Bauern, die am Lichtmesstag ihre Obstbäume schütteln und wachrütteln und den Bienen im Stock die frohe Botschaft verkünden. »Bineli freued ich (euch), Liechtmess isch do!« sagt ihnen der Badnische Imker. Eine Bauernregel besagt: »Scheint an Lichtmess die Sonne, geraten die Bienen gut.« Vielerorts wird nun der »Wintermaien« – der Tannen- und Stechpalmenschmuck der Weihnachtszeit – endgültig abgeräumt. Auch soll das Dreschen und Spinnen an diesem Tag beendet sein, denn jetzt kommt der Erbsen- oder Kornbär, der, wie wir gesehen haben, die neue Fruchtbarkeit bringt.

Auch gilt der Tag noch immer als Lostag. Es wird orakelt, wer heiratet, wer sterben muss und wie die Ernte ausfallen wird. Um zu erfahren, wie lange der Winter noch anhalten wird, hält man Ausschau nach jenen Tieren, die in Erdhöhlen ihren Winterschlaf halten. Vom Dachs und vom Fuchs ist da die Rede, aber diese dienen nur als Ersatz für den Bären.

»Ist es zu Lichtmess schön und warm, muss der Bär noch sechs Wochen in seiner Höhle bleiben«, heißt es vielerorts. *»So mängi Stund der Bär z*

20 In Arles-sur-Tech in den Pyrenäen ist es seit undenklichen Zeiten Volksbrauch, dass am 2. Februar ein als Bär verkleideter Dorfbursche aus seiner Höhle, die sich in der Stadtmitte befindet, herausstürmt und überall seine Braut, die »Rosetta«, sucht. Wenn er sie findet, werden beide verheiratet.

Liechtmess dr Doope cha sunne, so mängi Wuche wird's no Winter« (Ebenso viele Stunden wie sich der Bär da oben sonnen kann, so viele Wochen wird es noch Winter geben), sagen die Bauern im Baselland (Hauser 1973: 114). »Sieht der Bär am Lichtmesstag seinen Schatten, muss er noch vierzig Tage in die Höhle« – so lautet die Regel ebenfalls in England und Frankreich. Sechs Wochen oder vierzig Tage dauert es bis zur Frühlingstagundnachtgleiche. Dann hat Meister Petz seinen Winterschlaf endgültig abgeschüttelt und der Bann des Winters ist gebrochen.

Der Bär, der die Fruchtbarkeit bringt, und die Bienen, aus deren Waben goldgelb leuchtende Kerzen gemacht werden, sind die Lieblingstiere der weißen Brigit. Als Gegensätze gehören sie – im bildhaften bäuerlichen Denken – zusammen: der massige, geile, faule Petz und die winzigen, keuschen, fleißigen Immen.[21] Vor allem wegen des Honigs, den sie aus den Blüten saugen, ohne diese zu zerstören, achtete und verehrte man die Bienen. Für die alten Europäer war der Honig, der erst im 17. Jahrhundert durch den Rohrzucker ersetzt wurde, der einzige Süßstoff. Er war so heilig,

Frühlingsgöttin auf dem Bär.

21 »Der Bär ist das Tier des Winters. Er hat sich den dichten Pelz angelegt und zieht sich vor den hereinbrechenden Schnee- und Kältemassen in seine Höhle zurück. Er kann aber auch als Eisbär den Kampf mit dem Winter aufnehmen. Deshalb liebt er den Honig, die schönste Gabe der Sommersonne, um durch die darin wirkende Kraft der Eiseskälte zu widerstehen« (König 1988: 107).

dass er als Opfergabe für die Götter und Ahnen verwendet wurde, und nur in den Weihenächten des Mitwinters durften Honigkuchen als segenspendende Kultspeise gegessen werden. Die Indogermanen sahen Honig als Überbleibsel eines fernen, goldenen Zeitalters an, als Tau, der vom Weltenbaum herabträufelt. Wahrlich eine königliche Speise, für den Auserwählten der Weißen Göttin, den honigschleckenden König der Tiere im Wald, ebenso wie für den König der Menschen. Dieser trank mit seinen Edlen den aus Honig gebrauten Met, während die Bauern, Knechte und Gesinde sich mit Gerstenbier zu begnügen hatten.

Maiwonne und Augustfeuer

Wenn alles grünt und blüht, wenn die Sonne freundlich mild scheint und die Bienenkönigin mit großem Gefolge zum Hochzeitsflug ausschwärmt, feiert auch die Naturgöttin Hochzeit. Wenn der Weißdorn blüht und der laue Maivollmond die Landschaft erhellt, ist sie die strahlende Braut des schönen Sonnengottes. Dem göttlichen Paar zu Ehren tanzen Burschen und Mädchen um den mit bunten Bändern geschmückten Maibaum und verlieben sich ineinander.

Auch die Bärin im Wald verliebt sich im Wonnemonat Mai, wenn sie nicht gerade Junge hat. Ausgelassen und voller Lebensfreude tummeln sich Bär und Bärin auf blühenden Auen und grünen Wiesen. Bis zur Sommersonnenwende, von den Christen Johanni genannt, dauert die Bärenhochzeit. Dann ist die Bärin schwanger.

Vierzig Tage nach der Sommersonnenwende ist wieder ein magischer Zeitpunkt erreicht: das Feuerfest *Lugnasad* (angelsächsisch *Hlaf-mass*, *Lam-*

Dea Artio. (Bronze, Muri bei Bern, 2. Jahrhundert v.u.Z.)

mas, »Fest des Brotlaibs«) in den Vollmondtagen des Feuermonats August. Es ist die Zeit des Kornschnitts, der Auftakt zur Erntezeit. Und wieder taucht der Bär auf, diesmal in Gestalt der letzten Garbe, als Kornbär. Die Göttin tritt jetzt als Kornmutter auf. Sie ist keine scheue Jungfrau mehr oder blanke Braut, sondern eine Matrone, deren Füllhorn von Obst und Getreide überquillt. Wir erkennen sie in der Gestalt der *Dea Artio* wieder, der keltisch-römischen Bärengöttin, deren Bronzestatue 1832 in Muri bei Bern gefunden wurde. Majestätisch sitzt sie auf einem Thron, vor ihr ihr Begleiter, ein großer Bär, und neben ihr der gefüllte Fruchtkorb.

Für die Kelten war das Augustfeuer der Höhepunkt des Sommers. Die Göttin schüttet ihren Segen aus, beginnt sich aber gleichsam langsam von der äußeren Welt abzuwenden und der Anderswelt zuzuwenden. Unter der Obhut der Kirche wurde dieses alte Fest zu Mariä Himmelfahrt. In dieser Zeit, wenn die Gottesmutter die irdische Welt verlässt, haben die Kräuter ihre stärksten Kräfte – wahre Bärenkräfte, was ihre Heilwirkung anbelangt. Während der Messe an Mariä Himmelfahrt lassen sich die Bäuerinnen und Kräutersepps in der Alpenregion ihre Heilpflanzenbündel segnen.

Die so genannten Hundstage, jene drückend schwül-heißen Tage, in denen das Gras verdörrt, das Wasser in den Tümpeln fault oder verdunstet, und garstige Bremsen dem Weidevieh zusetzen, fallen in diesen Zeitraum. Sie beginnen Ende Juli, wenn der Hundsstern (Sirius) über den Horizont steigt, und enden, wenn gegen Ende August der Arkturus, der hell leuchtende Bärenwächter, aufsteigt. Der Bärenwächter läuft neben dem Ochsentreiber Bootes her und beschützt das mit den Gaben der Göttin, Getreide und Wein, schwer beladene Gespann vor dem hungrigen Raubtier, dem Großen Bären *(Arctos major)*. So jedenfalls sahen es die alten Griechen, wenn sie im August in den Nachthimmel blickten.

Die Erntezeit zieht sich bis über die Herbsttagundnachtgleiche hinaus. Auch die Bären im Wald ernten viel und feiern wahre Fressorgien. Dabei werden sie fett und träge wie alternde Liebhaber. Bald wird die Zeit kommen, wo die Göttin sie zur Jagd freigibt oder zu sich in ihre Höhle ruft.

Die Nacht der Mütter

In den Novembertagen begann für die Kelten *Samain* (irisch *Samhain;* gallisch *Samon*, englisch *Halloween)*, das Ende der helleren Jahreshälfte, die Zeit, in der sich die Vögel zu Schwärmen zusammenfinden, um nach Süden zu fliegen, und die Herden in die Ställe zurückkehren. Es ist die Zeit der Toten, die Zeit der stillen grauen Nebel, des Schweigens, die Zeit der Jagd und des Schlachtens. Der Bär, der haarige Fruchtbarkeitsdämon, und die Naturgeister steigen in die Wurzelwelten hinab.

Als runzeliges altes Weib zieht sich auch die Göttin nun in die Unterwelt zurück, oder, nach anderen keltischen Versionen, wird sie ihrem Gatten, dem Sonnenbär, Sonnengott oder Sonnenhirsch untreu und vermählt sich mit dem schwarzen Gott der Unterwelt und herrscht in seinem Geister- und Totenreich. (Im keltisch-walisischen Sagenkreis um König Artus taucht dieses Motiv ebenfalls auf: Der dunkle Mordred verwundet den alten Bärenkönig tödlich und macht dessen Frau, die »weiße Fee«, Guinevere, zu seiner Geliebten.)

Im November, wenn die Tage immer kürzer und düsterer werden und bereits der erste Schnee fällt, werden die Waldbären ganz müde. Bald liegen sie gemütlich schlafend auf weiches Moos, trockenes Gras und Laub gebettet in ihren Höhlen oder ihrem Bau. Ihr Winterschlaf ist jedoch keine Winterstarre, wie etwa bei den Nagetieren, sondern eher eine Art Trance, ähnlich der, die indische Yogis im Samadhi-Zustand erleben. Auch diese bringen es fertig, ohne Nahrung zu sich zu nehmen, den Winter über in eingeschneiten Höhlen in abgelegenen Himalayatälern zu überleben. Herzschlag und Atmung des Bären verlangsamen sich. Ihr Puls sinkt auf zwölf Schläge pro Minute, und ihre Körpertemperatur fällt von 38 °C auf 32 °C. Sie scheiden weder Kot noch Urin aus und leben auf Sparflamme vom gespeicherten Fett.[22] Im Frühling schließlich wiegen sie um einen Drittel weniger als im Herbst.

Zur Wintersonnenwende, um die Weihnachtszeit, bringen dann die Bären ihre Jungen zur Welt – ein bis drei nackte, blinde, hilflose Wesen, nicht größer als neugeborene Hundewelpen. 500 Gramm, so viel wie eine Tafel Butter, wiegen sie.

Die »Nacht der Mütter« nannten die Kelten und Germanen diese heilige Zeit, in der, tief in der Erde, das Sonnenkind, das neue Lebenslicht, wiedergeboren wird. Auch das Jesuskind wurde, der ersten Überlieferung nach, in einer unterirdischen Steinhöhle in Bethlehem und nicht in einem Stall geboren.

22 Der Stoffwechsel des winterschlafenden Bären reduziert Körperfett und andere Kohlehydrate, so dass dabei Wasser entsteht – eine Einrichtung, die dem Vertrocknen des Organismus (Dehydrierung) entgegenwirkt. Harnstoffe werden in einem Recycling-Verfahren dem Blute entzogen und wieder zu Eiweiß synthetisiert. Auch wird die für die Hirnfunktion wichtige Glukose aus dem Abbau von Eiweißen gewonnen (Busch 2000: 53f.). Wissenschaftler der Raumforschung versuchen diesen Mechanismus besser zu verstehen, in der Hoffnung, Astronauten während langer Flüge ins All in einen ähnlichen Dämmerzustand versetzen zu können. Die Medizin erhofft sich durch Studien dieser Art, Komazustände besser zu verstehen.

Den alten Europäern wurde immer wieder vor Augen geführt, dass das Leben des Bären sich synchron mit dem heiligen Jahreszyklus entwickelt. Wie die Vegetation, im Einklang mit der Sonne, erscheinen sie im Frühling und verschwinden wieder im Herbst. Bären sind eben natürliche Söhne und Töchter der Erde und haben sich nicht so weit von ihren Ursprüngen entfernt wie die Gattung Homo Sapiens. Will man Rudolf Steiner glauben, dann waren auch die Frühmenschen der nördlichen Breitengrade noch ganz in die natürlichen Rhythmen des Sonnenjahres eingebunden. Auch bei ihnen fand die Begattung vor allem im Frühsommer statt, so dass die meisten Kinder neun Monate später zur Zeit der Wintersonnenwende geboren wurden.[23] Das änderte sich allmählich, als sich diese Menschen aus den natürlichen Rhythmen herauslösten und die kulturelle Anpassung

Tiere, inklusive Bär. (Keltisches Kreuz von Drosten, St. Vigeans, Forfarshire)

23 Rudolf Steiner: *Das Miterleben des Jahreslaufs*, 3. Vortrag. Dornach, 1923.

(Kleidung, Werkzeuge, kulturelle Institutionen) zunehmend die biologische Anpassung (Instinkte) ersetzte.

Wir haben uns ausführlicher mit den alten Kelten und ihrer Bärenmythologie beschäftigt, da es sich hier um unsere eigenen kulturellen Wurzeln handelt. Aber auch andere Völker brachten den jahreszeitlichen Wandel in der Natur mit dem Bären in Beziehung. Für die Abenaki-Indianer in Maine spiegelte sich in den Jahreszeiten der Lebenslauf des kosmischen Bären. Im Frühling erscheint er und wird den ganzen Sommer über von Jägern mit Hunden durch den Himmel gejagt. Das Sternbild Krone stellt seine Höhle dar; die Deichsel des Großen Wagens, Arkturus und einige Sterne des Bootes gelten als die Jäger und Hunde. Wenn ihre Pfeile den kosmischen Bären im Herbst niederstrecken, dann färbt sich auf der Erde das Laub blutig rot, gelb und orange. Der erste Schnee gilt als das Fett des Bären, das zur Erde tropft, wenn die Jäger den Talg ausschmelzen. Nachdem die Himmelsjäger dann sein Fleisch gegessen und seine Knochen sorgfältig wieder aneinandergefügt haben, wird der Bär wieder lebendig und hält Winterschlaf. Im Frühling beginnt das ewige Drama der Bärenjagd von neuem.

Der Hüter der Schätze

»Zwei Freunde, beide knapp bei Kasse,
Besuchen in der nächsten Gasse
Den Kürschner, und sie bieten an
Zum Kauf ein Bärenfell dem Mann.
Er fragt: ›Wo ist das Fell, Ihr Herren?‹
›Das, Meister, lasst Euch gar nicht scheren,
Den Pelz, den sehet Ihr sehr bald!
Der Bär? Der streift jetzt noch im Wald …‹
›Ein Fell man nicht zu Markte trägt,
Bevor den Bären man erlegt!‹«
La Fontaine, *Fabel 20*

Erinnern Sie sich, lieber Leser, noch an das Märchen von Schneeweißchen und Rosenrot, die mit ihrer alten Mutter einsam im tiefen Wald wohnten? Sie brauchen nicht extra im verstaubten Bücherregal nach Grimms Hausmärchenbuch zu kramen, denn wir werden hier die Geschichte nacherzählen, da sie uns ein weiteres Geheimnis des Bären enthüllen kann.

Eine arme Witwe lebte einsam in einem Hüttchen, und vor dem Hüttchen war ein Garten, darin standen zwei Rosenbäumchen (Weißdornbäume), davon trug das eine weiße, das andere rote Rosen. Und sie hatte zwei Kinder, die glichen den beiden Rosenbäumchen, und das eine hieß Schneeweißchen, das andere Rosenrot.

Eines Abends, als schon die kalten rauen Herbstwinde über die Tannen fegten und ein lustiges Feuer im Kamin brannte, klopfte es an die Tür. Die Mutter sprach: »Geschwind, Rosenrot, mach auf, es wird ein Wanderer sein, der Obdach sucht.« Rosenrot ging und schob den Riegel weg und dachte, es wäre ein armer Mann, aber der war es nicht, es war ein Bär, der seinen dicken, schwarzen Kopf zur Tür hineinsteckte. Rosenrot schrie laut und sprang zurück; das Lämmchen blökte, das Täubchen flatterte auf und Schneeweißchen versteckte sich hinter der

Mutter Bett. Der Bär aber fing an zu sprechen und sagte: »Fürchtet euch nicht, ich tue euch nichts zuleide, ich bin halb erfroren und will mich nur ein wenig bei euch wärmen.«

»Du armer Bär«, sprach die Mutter, »leg dich ans Feuer und gib nur Acht, dass dir dein Pelz nicht brennt.« Dann rief sie: »Schneeweißchen, Rosenrot, kommt hervor, der Bär tut euch nichts, er meint's ehrlich.«

Da kamen die beiden heran, und nach und nach näherten sich auch das Lämmchen und das Täubchen und hatten keine Furcht. Der Bär sprach: »Ihr Kinder, klopft mir den Schnee ein wenig aus dem Pelzwerk«, und sie holten den Besen und kehrten dem Bär das Fell rein; er aber streckte sich ans Feuer und brummte ganz vergnügt und behaglich. Nicht lange, so wurden sie ganz vertraut und trieben Mutwillen mit dem unbeholfenen Gast. Sie zausten ihm das Fell mit den Händen, setzten ihre Füßchen auf seinen Rücken und wälgerten ihn hin und her, oder sie nahmen eine Haselrute und schlugen auf ihn los, und wenn er brummte, so lachten sie. Der Bär ließ sich's gerne gefallen, nur wenn sie's zu arg machten, rief er: »Lasst mich am Leben, ihr Kinder: Schneeweißchen, Rosenrot, schlägst dir den Freier tot.«

Schneeweißchen und Rosenrot auf dem Bären.

Der Bär tötet den bösen Zwerg.

Als es Schlafenszeit war und die anderen zu Bett gingen, sagte die Mutter zu dem Bär: »Du kannst da am Herd liegen bleiben, so bist du vor Kälte und bösem Wetter geschützt.« Sobald der Tag graute, ließen ihn die Kinder hinaus und er trabte durch den Schnee in den Wald hinein. Von nun an kam der Bär jeden Abend zu der bestimmten Stunde, legte sich an den Herd und erlaubte den Kindern, Kurzweil mit ihm zu treiben, so viel sie wollten; und sie waren so gewöhnt an ihn, dass die Tür nicht zugeriegelt ward, bis der schwarze Gesell angelangt war.

Als das Frühjahr herangekommen und draußen alles grün war, sagte der Bär eines Morgens zu Schneeweißchen: »Nun muss ich fort und darf den ganzen Sommer nicht wiederkommen.«

»Wo gehst du denn hin, lieber Bär?« fragte Schneeweißchen.

»Ich muss in den Wald und meine Schätze vor den bösen Zwergen hüten. Im Winter, wenn die Erde hart gefroren ist, müssen sie wohl unten bleiben und können sich nicht durcharbeiten, aber jetzt, wenn die Sonne die Erde aufgetaut hat, dann steigen sie herauf, suchen und stehlen; was einmal in ihren Händen ist und in ihren Höhlen liegt, das kommt nicht so leicht wieder an des Tages Licht.« Schneeweißchen war ganz traurig über den Abschied, und als sie ihm die Tür aufriegelte und der Bär sich hinausdrängte, blieb er an dem Türhaken hängen und ein Stück seiner Haut riss auf, und da war es Schneeweißchen, als hätte es Gold durchschimmern sehen, aber es war seiner Sache nicht gewiss. Der Bär lief eilig fort und war bald verschwunden.

Nach einiger Zeit schickte die Mutter die Kinder in den Wald, Reisig zu sammeln. Da fanden sie draußen einen großen Baum, der lag gefällt am Boden und an dem Stamme sprang zwischen dem Gras etwas auf und ab, sie konnten aber nicht unterscheiden, was es war. Als sie näher kamen, sahen sie einen Zwerg mit einem alten verwelkten Gesicht und einem ellenlangen, schneeweißen Bart. Das Ende des Bartes war in eine Spalte des Baumes eingeklemmt, und der Kleine sprang hin und her wie ein Hündchen an einem Seil und wusste nicht, wie er sich helfen sollte... Die Kinder gaben sich alle Mühe, aber sie konnten den Bart nicht herausziehen, er steckte zu fest.

»Ich will laufen und Leute herbeiholen«, sagte Rosenrot.

»Wahnsinnige Schafsköpfe«, schnarrte der Zwerg, »wer wird gleich Leute herbeirufen, ihr seid mir schon um zwei zu viel; fällt euch nichts Besseres ein?«

»Sei nur nicht ungeduldig«, sagte Schneeweißchen, »ich will schon Rat schaffen«, holte ein Scherchen aus der Tasche und schnitt das Ende des Bartes ab. Sobald der Zwerg sich frei fühlte, griff er nach einem Sack, der zwischen den Wurzeln des Baumes steckte und mit Gold gefüllt war, hob ihn heraus und brummte vor sich hin: »Ungehobeltes Volk, schneidet mir ein Stück von meinem stolzen Barte ab! Lohn's euch der Kuckuck!« Damit schwang er seinen Sack auf den Rücken und ging fort, ohne die Kinder nur noch einmal anzusehen.

Einige Zeit danach wollten Schneeweißchen und Rosenrot ein Gericht Fische angeln. Als sie nahe bei dem Bach waren, sahen sie, dass etwas wie eine große Heuschrecke nach dem Wasser zu hüpfte, als wollte es hineinspringen. Sie liefen heran und erkannten den Zwerg.

»Wo willst du hin?« fragte Rosenrot, »du willst doch nicht ins Wasser?«

»Solch ein Narr bin ich nicht«, schrie der Zwerg, »seht ihr nicht? Der verwünschte Fisch will mich hineinziehen!«

Der Kleine hatte dagesessen und geangelt, und unglücklicherweise hatte der Wind seinen Bart mit der Angelschnur verflochten. Als gleich darauf ein großer Fisch anbiss, fehlten dem schwachen Geschöpf die Kräfte, ihn herauszuziehen, der Fisch behielt die Oberhand und riss den Zwerg zu sich hin. Zwar hielt er sich an allen Halmen und Binsen, aber das half nicht viel, und er war in beständiger Gefahr, ins Wasser gezogen zu werden. Die Mädchen kamen zu rechter Zeit, hielten ihn fest und versuchten, den Bart von der Schnur loszumachen, aber vergebens. Bart und Schnur waren fest ineinander verwirrt. Es blieb nichts übrig, als das Scherchen hervorzuholen und den Bart abzuschneiden, wobei ein kleiner Teil desselben verloren ging. Als der Zwerg das sah, schrie er sie an: »Ist das Manier, ihr Lurche, einem das Gesicht zu schänden? Nicht genug, dass ihr mir den Bart unten abgestutzt habt, jetzt schneidet ihr mir den besten Teil davon ab, ich darf mich vor den Meinigen gar nicht sehen lassen. Dass ihr laufen müsstet und die Schuhsohlen verloren hättet!« Dann holte er einen Sack Perlen, der im Schilfe lag, und ohne noch etwas zu sagen verschwand er damit hinter einem Stein.

Es trug sich zu, dass bald hernach die Mutter die beiden Mädchen nach der Stadt schickte, Zwirn, Nadeln, Schnüre und Bänder einzukaufen. Der Weg führte sie über eine Heide, auf der hier und da mächtige Felsenstücke zerstreut lagen. Da sahen sie einen großen Vogel in der

Luft schweben, der langsam über ihnen kreiste, sich immer tiefer herabsenkte und endlich nicht weit bei einem Felsen niederstieß. Gleich darauf hörten sie einen durchdringenden, jämmerlichen Schrei. Sie liefen herzu und sahen mit Schrecken, dass der Adler ihren alten Bekannten, den Zwerg, gepackt hatte und ihn forttragen wollte. Die mitleidigen Kinder hielten das Männchen fest und zerrten sich so lange mit dem Adler herum, bis er seine Beute fahren ließ.

Als der Zwerg sich von dem Schrecken erholt hatte, schrie er mit seiner kreischenden Stimme: »Konntet ihr nicht säuberlicher mit mir umgehen. Gerissen habt ihr an meinem dünnen Röckchen, dass es überall zerfetzt und durchlöchert ist, unbeholfenes und täppisches Gesindel, das ihr seid!« Dann nahm er einen Sack mit Edelsteinen und schlüpfte wieder in seine Höhle. Die Mädchen waren seinen Undank schon gewöhnt, setzten ihren Weg fort und verrichteten ihr Geschäft in der Stadt. Als sie beim Heimweg wieder auf die Heide kamen, überraschten sie den Zwerg, der auf einem reinlichen Plätzchen seinen Sack mit Edelsteinen ausgeschüttet und nicht gedacht hatte, dass so spät noch jemand daherkommen würde. Die Abendsonne schien über die glänzenden Steine, sie schimmerten und leuchteten so prächtig in allen Farben, dass die Kinder stehen blieben und sie betrachteten.

»Was steht ihr und habt Maulaffen feil?« schrie der Zwerg, und sein aschgraues Gesicht ward zinnoberrot vor Zorn. Er wollte mit seinen Scheltworten fortfahren, als sich ein lautes Brummen hören ließ und ein schwarzer Bär aus dem Walde herbeitrabte. Erschrocken sprang der Zwerg auf, aber er konnte nicht mehr zu seinem Schlupfwinkel gelangen, der Bär war schon in seiner Nähe. Da rief er aus Herzensangst: »Lieber Herr Bär, verschont mich, ich will Euch alle meine Schätze geben, sehet, die schönen Edelsteine, die da liegen. Schenkt mir das Leben, was habt Ihr an mir kleinem, schmächtigem Kerl? Ihr spürt mich nicht zwischen den Zähnen; da, die beiden gottlosen Mädchen packt, das sind für Euch zarte Bissen, die fresst in Gottes Namen.« Der Bär kümmerte sich um seine Worte nicht, gab dem boshaften Geschöpf einen einzigen Schlag mit der Tatze, und es regte sich nicht mehr.

Die Mädchen waren fortgesprungen, aber der Bär rief ihnen nach: »Schneeweißchen und Rosenrot, fürchtet euch nicht, wartet, ich will mit euch gehen.« Da erkannten sie seine Stimme und blieben stehen, und als der Bär bei ihnen war, fiel plötzlich die Bärenhaut ab und er stand da als ein schöner Mann, ganz in Gold gekleidet. »Ich bin eines Königs Sohn«, sprach er, »und war von dem gottlosen Zwerg, der mir meine Schätze gestohlen hatte, verwünscht, als ein wilder Bär in dem Walde zu laufen, bis ich durch seinen Tod erlöst würde. Jetzt hat er seine wohlverdiente Strafe empfangen.«

Schneeweißchen ward mit ihm vermählt und Rosenrot mit seinem Bruder, und sie teilten die großen Schätze miteinander, die der Zwerg in seiner Höhle zusammengetragen hatte. Die alte Mutter lebte noch lange Jahre glücklich bei ihren Kindern. Die zwei Rosenbäumchen aber nahm sie mit, und sie standen vor ihrem Fenster und trugen jedes Jahr die schönsten Rosen, das eine weiß, das andere rot.

Der Krösus des Tierreiches

Im Märchen von Schneeweißchen und Rosenrot wird deutlich, dass der Bär trotz seiner wilden Erscheinung nicht nur edel, sondern auch reich ist – unermesslich reich. Wie könnte es auch anders sein? Kennen wir ihn nicht schon als Gefährten der reichen Erntegöttin, die ihr Füllhorn über Felder und Wiesen ausschüttet und Speicher, Fässer und Truhen zum Überfließen bringt? Der König der Tiere begegnet uns hier als Hüter der Schätze, als Besitzer von Kostbarkeiten, Edelsteinen, Perlen und Goldklumpen. Da ihm das Erdinnere nicht verschlossen ist, hat er Zugang zu den geheimen Kammern, in denen Edelsteine wachsen und reifen, vergrabene Goldschätze lagern und Silberadern das Gestein durchziehen. So ist es verständlich, dass ein Bär dem heiligen Magnus (St. Mang) unterirdische Gold- und Silberadern aufzeigen konnte und damit den Klöstern im Allgäu zu Wohlstand verhalf. Es ist auch kein Zufall, dass der Legende nach die Schatzkammer unter dem Rathaus der Stadt Bern einst eine Bärenhöhle war. Die älteste Silbermünze Berns, der Batzen, im 13. Jahrhundert erstmals geprägt, zeigt einen schreitenden Bären und darüber den gekrönten Kopf eines Königs. Die Bezeichnung Batzen verbreitete sich im ganzen deutschsprachigen Raum, und Etymologen sind der Ansicht, dass dieses Wort auf Betz oder Petz zurückzuführen ist (Röhrich 2001, Bd. I: 158).

Sogar im Nervenzentrum der modernen Finanzwelt, an der Wallstreet, der Frankfurter oder der Zürcher Börse ist das Brummen des Bären noch zu hören. Den Börsenspekulanten erweist der Petz jedoch einen echten Bärendienst – ein *bear market* ist eine Baisse, eine *bear operation* eine Baisse-

Der Batzen, Berner Münze, 13. Jahrhundert.

spekulation, ein *bear sale*, ein Leerverkauf. Der Begriff der Börsianer geht auf das paneuropäische Sprichwort zurück: Man soll das Fell des Bären nicht verkaufen, ehe man ihn gefangen hat.[24]

Meister Petz ist fabelhaft reich, ohne sich dafür abrackern zu müssen und ohne zu geizen oder zu knausern. Der Reichtum fällt ihm einfach zu. Er ist ein Teil seines Wesens. Auch wenn er sich auf die faule Bärenhaut legt, geht ihm das Gold nicht aus. Schließlich ist er ein König. Die Astrologen schreiben ihm einen jupiterhaften Charakter zu. Jupiter, der goldgekrönte Planetenkönig, Herrscher über Blitz und Donner, ist Spender von Fülle, Wohlstand und Lebensfreude, die sich negativ in Völlerei, Trägheit und Fettsucht äußern kann. Kaum ein Tier ist so jupiterhaft wie der Bär! Wie Meister Petz zu diesem Segen kam, versucht eine Geschichte aus Lappland zu erklären:

Als der Heiland noch auf Erden wandelte, kam er einst an einen reißenden Fluss, den er nicht überqueren konnte. Da bat er ein Pferd, das am Ufer weidete, es möge ihn doch auf den Rücken nehmen und hinübertragen. Das Ross wieherte stolz und wandte sich ab.

Kurz darauf traf der Heiland auf einen Bären, der im Strom fischte. Auch ihn fragte er, ob er ihn hinübertragen würde. Ohne zu zögern, als sei er der Christophorus selber, trug der Bär den Heiland über das Wasser.

24 In Frankreich heißt es: Qu'il ne faut jamais, vendre la peau de l'ours qu'on ne l'ait mis par terre.

Da sagte Christus zu dem Pferd: »Da du dich geweigert hast, mir auch nur diesen kleinen Dienst zu erweisen, wirst du dein Leben mit schwerer Arbeit, mit Wagenziehen, Pflügen und Lastentragen verbringen müssen, und das bei magerer Kost!«

Zum Bären gewandt verkündete er: »Und dir, lieber Bär, sei ein angenehmes Leben ohne Arbeit gegönnt. Den ganzen Winter darfst du schlafen, und im Sommer sind die besten Leckerbissen, Beeren, Honig und andere Schätze der Natur dein!«

Krishna demütigt den Bärenkönig

Auch die Inder wissen um den Reichtum des Bären. Sie wissen dass Jambavat[25], der Bärenkönig, einen nie versiegenden Schatz an Gold und Edelsteinen, aber auch an Weisheit besitzt. Und weil er so weise ist, war er schon immer ein Verehrer des Gottes Vishnu, des Erhalters des Universums. Jedes Mal, wenn Boshaftigkeit und Unrecht überhand nahmen und Vishnu in seiner Gnade die Gestalt eines Erdenwesens annahm, um die Welt zu retten, stand Jambavat ihm zur Seite.

Als Vishnu in der Verkörperung eines Zwerges erschien, um das Weltall mit drei Riesenschritten zu durchmessen und es damit der Willkürherrschaft des dämonischen Königs Bali zu entreißen, war es der Bär, der ins große Horn stieß und aller Welt den Sieg des Guten über das Böse verkündete. Als Vishnu ein anderes Mal auf die Erde kam, um als Rama den

Krishnas Kampf mit dem Bärenkönig.

25 Gelegentlich auch als Jambavan wiedergegeben.

zehnköpfigen Dämonenkönig von Sri Lanka, Ravana, zu stürzen, marschierte der Bärenkönig mit seinem Heer von Waldbären an der Seite des mächtigen Affenheeres nach Süden und errang den Sieg.

Nur einmal kam Jambavat, von Besitzgier geblendet, dem großen Gott in die Quere. Es ging um einen fabelhaften Edelstein, ein Juwel, das so hell wie die Sonne leuchtet. Syamantaka – so heißt der Stein – bringt täglich eine Wagenladung Gold aus sich hervor, und für den, der sich in seiner Nähe befindet, verschwinden alle Ängste vor bösen Vorzeichen, wilden Tieren, Feuergefahr, Räubern und Hungersnöten. Dies ist die Geschichte vom Raub des Juwels:

Syamantaka, der Wunderstein, gehörte einst dem Sonnengott. In Anerkennung seiner Hingabe schenkte dieser ihn seinem treuesten Anbeter, der das Geschenk zunächst hoch erfreut entgegennahm. Bald jedoch beschlichen ihn Zweifel. Er glaubte, der Macht des Steines nicht gewachsen zu sein. Zudem fürchtete der Sonnenanbeter, dass Vishnu, der diesmal in Gestalt des Hirten Krishna auf Erden wandelte, ihm das Kleinod abnehmen könnte, denn Krishna liebte Edelsteine ebenso wie Frauen. Also gab er das Geschenk an seinen stärkeren Bruder Prasena weiter.

Das Juwel hatte aber eine weitere Eigenschaft: Es brachte den Guten Glück, den Bösen aber Unglück. Prasena hatte einen schlechten Kern, und kaum hatte er den Edelstein empfangen, brach das Unglück über ihn herein. Ein Löwe fiel in an, fraß ihn auf der Stelle auf und trug den hell leuchtenden Sonnenstein im Maul davon.

Da kam Jambavat des Weges, der dem Löwen zeigen wollte, wer nun wirklich der Herr der Tiere sei. Er versetzte der Raubkatze einen Prankenhieb, dass sie taumelte. Dann schloss er sie in seine Bärenarme und drückte sie an sich, bis ihr die Luft für immer wegblieb. Zufrieden brummend tappte er, den leuchtenden Stein im Maul, in seinen unterirdischen Palast. Niemand, es sei denn Gott selber, würde ihm seine Beute wegnehmen können.

Inzwischen machte sich der Sonnenanbeter Sorgen um seinen Bruder Prasena. Dieser war ebenso spurlos verschwunden wie das Juwel. Er fragte sich, ob der schwarzhäutige Hirte Krishna den Edelstein an sich gerissen und gar seinen Bruder deswegen umgebracht hatte. Krishna aber beteuerte seine Unschuld und versprach, er würde versuchen, den magischen Stein wiederzufinden. Sogleich machte sich Krishna auf und folgte den Fußspuren des glücklosen Prasena. Nach einer Weile entdeckte er, wie sich diese Spuren in einem Gewühl aus staubiger Erde aufzulösen schienen und sich in die Spuren eines Löwen verwandelten. Bald lösten sich auch diese auf und verwandelten sich in die Spuren eines Bären, denen er bis zum Eingang einer Höhle folgte. Er trat in das unterirdische Reich des Bärenkönigs und forderte den Edelstein, den Jambavat inzwischen seinem Sohn zum Spielen gegeben hatte. Ein schrecklicher Kampf entbrannte. Nach sieben Tagen glaubten Krishnas Freunde und Anbeter, der göttliche Mensch würde nie wieder lebendig aus der Bärenhöhle herauskommen. Weinend und wehklagend scherten sie sich die Haare und legten weiße Trauerkleider an.

Erst am einundzwanzigsten Tag ergab sich der Bärenkönig der göttlichen Übermacht und rückte mit seiner Beute heraus. Als zusätzliche Geste der Versöhnung gab er Krishna noch seine hübsche Tochter zur Frau. Schließlich gehören dem blauen Gott – der das höhere Selbst eines jeden Menschen symbolisiert – nicht nur alle Schätze, sondern auch jedes Frauenherz (jede Seele).

Salmoxis und die Unsterblichkeit

Die Geten und Daker, die einst die östliche Balkanhalbinsel beherrschten, verehrten einen Bärengott, den sie Salmoxis[26] nannten – der Name bedeutet angeblich »Bärenhaut«. Dieser Gott, der die Menschen gelegentlich mit Donnergebrüll und Blitzen beunruhigte, galt als Spender aller Güter. Alle fünf Jahre sandten diese Völker ihrem Bärengott einen Abgesandten, der ihm die Anliegen der Menschen vortragen sollte. Um den Boten auf den Weg zu bringen, ergriffen die Priester den Auserwählten bei den Hand- und Fußgelenken, schwangen ihn auf und ab und schleuderten ihn hoch in die Luft. Drei aufrecht gehaltene Speere fingen ihn wieder auf. Starb er sofort, so galt das als gutes Omen, dann war Salmoxis den Menschen wohlgesinnt (Eliade 1993 Bd. IV: 57).

Der hellenische Geschichtsschreiber Herodot machte diesen Bärengott zum Menschen. In ethnozentrischer Selbstverherrlichung der eigenen Kultur behauptet er, Salmoxis sei ein Sklave des großen griechischen Philosophen Pythagoras gewesen. Von ihm hätte er die Lehre von der Unsterb-

26 Griechische Schreibweise: Zalmoxis.

lichkeit der Seele erfahren. Wie sonst wären primitive Barbaren auf eine derartig erhabene Idee gekommen?

Salmoxis, obwohl Sklave, sei unverschämt reich gewesen. Nach seiner Rückkehr zu den barbarischen Dakern, habe er eine riesige Festhalle bauen lassen, in der er seine Stammesgenossen mit köstlichen Weinen und üppigen Speisen bewirtet habe. Während der Gelage habe er sie unterwiesen und ihnen erzählt, dass ihre Seelen unsterblich seien und an einen Ort kämen, wo sie ewig leben und die kostbarsten Güter besitzen sollten.

Eines Tages soll er in ein unterirdisches Gemach verschwunden sein. Da er nicht wieder hervorkam, meinten die Barbaren, er sei gestorben, und betrauerten ihn unter Wehklagen. Nach drei vollen Jahren stieg er jedoch – wie ein Bär aus der Hibernation – gesund und munter wieder aus der Erde hervor. Seither, so berichtet Herodot, glaubte dieses Volk an das ewige Leben.

Die Griechen waren die ersten Anthropozentriker, die Erfinder des Humanismus. Sie vermenschlichten ihre Götter und stellten den Menschen in den Mittelpunkt allen Geschehens. In dieser Hinsicht haben wir ihr Erbe angetreten. Es ist jedoch wahrscheinlich, dass dieser Salmoxis, der Gott der alten Geten und Daker, eben jener alte Bär ist, der im Reich der Totengöttin ein- und ausgehen kann und der so unermesslich reich ist, weil ihm alle Schätze der Tiefe verfügbar sind. Das von Herodot beschriebene Gelage und der dreijährige Aufenthalt in der Unterwelt gehörten wahrscheinlich zu einem alten Einweihungsritual. Salmoxis, so heißt es nämlich, habe unter der Erde große Weisheit erlangt und die Fähigkeit, das Wetter vorherzusagen.

Auch die Ostsibirer wissen um des Bären Reichtum. Auch sie schicken alle paar Jahre einen Boten zum heiligen Bärengeist, um sich Glück und materiellen Segen zu erbitten. Es ist jedoch kein Mensch, den sie – wie einst die Geten und Daker – ins Jenseits senden, sondern ein Waldbär, der in einem aufwendigen Ritual geopfert wird.

Meister des Feuers

Die Kaska, die am Nordhang der Rocky Mountains in dem kalten subarktischen Nadelwaldgürtel zuhause sind, sichern ihren Lebensunterhalt, indem sie die Karibu-Hirsche jagen, verschiedene Pelztiere trappen und die Fische, die sich im eiskalten Gletscherwasser tummeln, angeln. In diesem unwirtlich kalten Land ist kaum etwas kostbarer als ein warmes Feuer. Eine der Geschichten, die sich dieser Athapascan-Stamm am Lagerfeuer erzählt, handelt von dem Bär, der vor langer Zeit der Meister des Feuers war. Er besaß einen Stein, der weit wertvoller war als alle funkelnden Edelsteine. Es war ein Feuerstein, aus dem er jederzeit Funken schlagen und ein Feuer zünden konnte (Campbell 1991: 277).

Damals, in der Urzeit, hatten die Menschen noch kein Feuer. Einzig der Bär konnte, dank des Feuersteins, seine Glieder in den eisigen Wintertagen damit erwärmen. Der Bär hütete seinen Besitz sorgfältig, indem er den Stein fest geschnürt an seinem Gürtel trug. Eines Tages, als er gemütlich an seinem warmen Feuer lag, kam ein keiner Vogel in seine Höhle. »Was willst du hier?« brummte er unfreundlich.

»Ich bin fast erfroren«, piepste das Vögelchen, »lass mich doch bitte an deinem Feuer sitzen und mich aufwärmen.«

»Nun, gut«, antwortete der Bär, »aber während du auftaust, kannst du mir die Läuse aus dem Pelz picken.«

Der kleine Gast hüpfte überall auf dem Bärenpelz herum und pickte hier und da. Ab und zu aber pickte er an den Fasern der Schnur, die den Feuerstein sicherte. Als er schließlich sämtliche Fasern durchtrennt hatte, schnappte sich der Vogel den Stein und flog davon. Vor dem Höhleneingang lauerten andere Tiere in gewissen Abständen, denn sie hatten den Diebstahl schon lange im Voraus geplant.

Der erzürnte Bär jagte den kleinen gefiederten Dieb, der alle Mühe hatte, seine schwere Beute zu tragen. Gerade als der Bär im Begriff war, ihn zu schnappen, da fing schon das nächste Tier den Stein auf und rannte so schnell es konnte. Als der Bär es einholte, warf das Tier den Stein zum nächsten Tier. Und so ging es den ganzen Tag. Der Stein wurde, wie in einem Staffellauf, von einem Tier zum anderen gereicht, bis er zuletzt zum Fuchs kam. Dieser rannte einen steilen Berg hoch, so dass der arme Bär völlig außer Atem war. Dem Fuchs entglitt der Stein, so dass er einen Felsen hinabfiel und in viele Stücke zerbrach. So kamen die Menschen, die unterhalb des Felsens kampierten, in den Besitz des Feuers.

Bärendarstellungen der Indianer des Nordwestens; links Tsimschian, rechts Haida. (Franz Boas, 1927)

Bärenhäuter und Schwellenhüter

»Die Berserker, sie sind bereit,
Die Wölfe in Eskorte,
Ob Mittelalter, neue Zeit,
Es bleibt dieselbe Sorte.

Sie kamen wieder von da oben.
Doch diesmal nicht, sich auszutoben.
Vielmehr ihre Kraft zu geben
Dieser Erde und ihr Leben.

Die Berserker tun wieder mit,
Damit es ERDZEIT werde.
Sie bringen alle Götter mit
Und weih'n sich Mutter Erde.

Norbert J. Mayer, Auszug aus dem Gedicht *Die Berserker sind angesagt!*

Positivistische Wissenschaftler würden sich kaum dem Glauben der Naturvölker und der alten Märchenerzähler anschließen, dass sich unter der Erdkruste oder im Inneren der Berge ein Lichtreich befindet, in dem Gold wie Sand und Edelsteine wie Kiesel herumliegen, in dem weiße Hirsche mit goldenen Geweihen neben Bären friedlich grasen und die Verstorbenen und Ungeborenen liebliche Reigen tanzen. Seelenkundler dagegen vermuten, es handle sich dabei um keinen materiellen, geographisch auffindbaren Ort, sondern um die vom Tagesbewusstsein abgeschirmten Bereiche des Unbewussten. Dort, unterhalb der Oberfläche, befindet sich, ganz real, die ursprüngliche Quelle aller Lebenskraft, Schönheit und Weisheit – eben jene Reichtümer der Seele, die der Bergung harren.

Nur großen Schamanen und edlen Geistern und Göttern, wie beispielsweise Salmoxis oder Krishna, ist es gestattet, die Höhle zu betreten, auf den lichten Auen der Anderswelt Schätze zu finden und wieder in die diesseitige Welt zurückzukehren. Dem Ungeläuterten versperren schreckliche »Hüter der Schwelle« den Weg. Feuer-, gift- und gallespeiende Drachen und Sphingen, Höllenhunde mit tellergroßen, glühenden Augen oder Riesenbären mit erhobenen Pranken und weit aufgesperrten Rachen hüten die Kostbarkeiten vor frevelhaftem Zugriff. (Für die Alten waren diese Ungeheuer ganz reale Wesen. Psychoanalytiker sehen in ihnen Gestalt gewordene psychische Verdrängungen oder Ängste.)

Auch der Teufel ist an solchen geheimnisvollen Orten niemals fern. In Goethes bekanntestem Werk beschwört der hoch gelehrte Doktor Faust den Sohn der Mutter Nacht, den Höllengeist Mephistopheles. Dieser entpuppt sich als der alte Erddämon, der über alle Erdenschätze verfügt und alle Erdenweisheit besitzt. Der Dichter hat ihn berechtigterweise als schwarzen Pudel erscheinen lassen – in vielen alten Religionen galt der schwarze Hund als Hüter der Schwelle zur Unterwelt. In den mittelalterlichen Volkserzählungen, die das ausschweifende Leben des verdorbenen Doktor Faustus schildern, kommt Mephistopheles jedoch meist als schwarzer oder feuriger Bär oder als Bär mit Menschenkopf hinter dem Ofen hervor.

Wer zu dem verborgenen Hort der Schätze gelangen will, muss mit diesem Bären fertig werden. Er muss gewillt sein, alle falschen zivilisatorischen Raffinessen, die Verlogenheit und die gekünstelten Manieren abzulegen. Er muss in Drachenblut baden oder in die Bärenhaut schlüpfen. Er muss unverdorben, rein und instinktsicher werden wie der Bär oder der »edle Wilde«. Nur so wird er das Kleinod des Lebens finden. Nur so wird er die in den Tiefen gefangen gehaltene Jungfrau befreien und freien können.

Diesen Weg des Helden ist der junge Krieger gegangen, von dem im Märchen »Der Bärenhäuter« erzählt wird:

Es war einmal ein junger Kerl, der ließ sich als Soldat anwerben, hielt sich tapfer und war immer der Vorderste, wenn es blaue Bohnen regnete. Solange der Krieg dauerte, ging alles gut, aber als Friede geschlossen war, erhielt er seinen Abschied, und der Hauptmann sagte, er könne gehen, wohin er wolle. Seine Eltern waren tot, und er hatte keine Heimat mehr, da ging er zu seinen Brüdern und bat, sie möchten ihm solange Unterhalt geben, bis der Krieg wieder anfinge. Die Brüder aber waren hartherzig und sagten: »Was sollen wir mit dir? Wir können dich nicht brauchen; sieh zu, wie du dich durchschlägst.«

Der Soldat hatte nichts übrig als sein Gewehr, das nahm er auf die Schulter und wanderte in die Welt. Er kam auf eine große Heide, auf der nichts zu sehen war als ein Ring von Bäumen. Dahin setzte er sich ganz traurig nieder und sann über sein Schicksal nach. »Ich habe kein Geld«, dachte er, »ich habe nichts gelernt als das Kriegshandwerk, und jetzt, weil Friede geschlossen ist, brauchen sie mich nicht mehr. Ich sehe voraus, ich muss verhungern.«

Auf einmal hörte er ein Brausen, und plötzlich stand ein unbekannter Mann vor ihm, der einen grünen Rock trug, recht stattlich aussah, aber einen garstigen Pferdefuß hatte. »Ich weiß schon, was dir fehlt«, sagte der Mann, »Geld und Gut sollst du haben, so viel du willst, aber ich muss zuvor wissen, ob du dich nicht fürchtest, damit ich mein Geld nicht umsonst ausgebe.«

»Ein Soldat und Furcht, wie passt das zusammen?« antwortete er, »du kannst mich auf die Probe stellen.«

»Wohlan«, antwortete der Mann, »schau hinter dich.«

Der Soldat kehrte sich um und sah einen großen Bären, der brummend auf ihn zutrabte. »Oho«, rief der Soldat, »dich will ich an der Nase kitzeln, dass dir die Lust zum Brummen vergehen soll.« Er legte an und schoss den Bär auf die Schnauze, dass er zusammenfiel und sich nicht mehr regte.

Bärenhäuter, Bär und Grünrock

»Ich sehe wohl«, sagte der Fremde, »dass dir's an Mut nicht fehlt, aber es ist noch eine Bedingung dabei, die musst du erfüllen.«

»Wenn mir's an der Seligkeit nicht schadet«, antwortete der Soldat, der wohl merkte, wen er vor sich hatte, »sonst lass' ich mich auf nichts ein.«

»Das wirst du selber sehen«, antwortete der Grünrock, »du darfst dich in den nächsten sieben Jahren nicht waschen, dir Bart und Haare nicht kämmen, die Nägel nicht schneiden und kein Vaterunser beten. Dann will ich dir einen Rock und Mantel geben, den musst du in dieser Zeit tragen. Stirbst du in den sieben Jahren, so bist du mein, bleibst du aber leben, so bist du frei und bist reich dazu für dein Lebtag.«

Der Soldat dachte an die große Not, in der er sich befand, er wollte es wagen und willigte ein. Der Teufel zog den grünen Rock aus, reichte ihn dem Soldaten hin und sagte: »Wenn du den Rock an deinem Leibe hast und in die Tasche greifst, so wirst du die Hand immer voll Geld haben.« Dann zog er dem Bären die Haut ab und sagte: »Das soll dein Mantel sein und auch dein Bett, denn darauf musst du schlafen und darfst in kein anderes Bett kommen. Und dieser Tracht wegen sollst du Bärenhäuter heißen.« Hierauf verschwand der Teufel.

Der Soldat zog den Rock an, griff gleich in die Tasche und fand, dass die Sache ihre Richtigkeit hatte. Dann hing er die Bärenhaut um, ging in die Welt, war guter Dinge und unterließ nichts, was ihm wohl und dem Geld wehe tat. Im ersten Jahr ging es noch leidlich, aber im zweiten sah er schon aus wie ein Ungeheuer. Das Haar bedeckte ihm fast das ganze Gesicht, sein Bart glich einem Stück groben Filztuch, seine Finger hatten Krallen, und sein Gesicht war so mit Schmutz bedeckt, dass wenn man Kresse hineingesät hätte, sie aufgegangen wäre. Wer ihn sah, lief fort, weil er aber allerorten den Armen Geld gab, damit sie für ihn beteten, dass er in den sieben Jahren nicht stürbe, und weil er alles gut bezahlte, so erhielt er doch immer noch Herberge. Im vierten Jahr kam er in ein Wirtshaus, da wollte ihn der Wirt nicht aufnehmen und wollte ihm nicht einmal einen Platz im Stall anweisen, weil er fürchtete, seine Pferde würden scheu werden. Doch als der Bärenhäuter in die Tasche griff und eine Handvoll Dukaten herausholte, da ließ der Wirt sich erweichen und gab ihm eine Stube im Hintergebäude; doch musste er versprechen, sich nicht sehen zu lassen, damit sein Haus nicht in bösen Ruf käme.

Als der Bärenhäuter abends allein da saß und von Herzen wünschte, dass die sieben Jahre herum wären, so hörte er in einem Nebenzimmer ein lautes Jammern. Er hatte ein mitleidiges Herz, öffnete die Türe und erblickte einen alten Mann, der heftig weinte und die Hände über dem Kopf zusammenschlug. Der Bärenhäuter trat näher, aber der Mann sprang auf und wollte entfliehen. Endlich, als er eine menschliche Stimme vernahm, ließ er sich bewegen, und durch freundliches Zureden brachte es der Bärenhäuter dahin, dass er ihm die Ursache seines Kummers offenbarte. Sein Vermögen war nach und nach geschwunden, er und seine Töchter mussten darben, und er war so arm, dass er den Wirt nicht mehr bezahlen konnte und ins Gefängnis gesetzt werden sollte. »Wenn ihr weiter keine Sorgen habt«, sagte der Bärenhäuter, »Geld habe ich genug.« Er ließ den Wirt herbeikommen, bezahlte die Schulden des Alten und steckte dem Unglücklichen noch einen Beutel voll Gold in die Tasche.

Als der alte Mann sich aus seinen Sorgen erlöst sah, wusste er nicht, womit er sich dankbar erweisen sollte. »Komm mit mir«, sprach er zu ihm, »meine Töchter sind Wunder von Schönheit, wähle dir eine davon zur Frau. Wenn sie hört, was du für mich getan hast, so wird sie sich nicht weigern. Du siehst freilich ein wenig seltsam aus, aber sie wird dich schon wieder in Ordnung bringen.«

Dem Bärenhäuter gefiel das wohl und er ging mit. Als ihn die Älteste erblickte, entsetzte sie sich so gewaltig vor seinem Antlitz, dass sie aufschrie und fortlief. Die Zweite blieb zwar stehen, betrachtete ihn von Kopf bis zu den Füßen, dann aber sprach sie: »Wie kann ich einen Mann nehmen, der keine menschliche Gestalt mehr hat? Da gefiel mir der rasierte Bär noch besser, der einmal hier zu sehen war und sich für einen Menschen ausgab, der hatte doch einen Husarenpelz an und weiße Handschuhe. Wenn er nur hässlich wäre, so könnte ich mich an ihn gewöhnen.«

Die Jüngste aber sprach: »Lieber Vater, das muss ein guter Mann sein, der Euch aus der Not geholfen hat; Euer Wort muss gehalten werden.« Es war schade, dass das Gesicht des Bärenhäuters von Schmutz und Haaren bedeckt war, sonst hätte man sehen können, wie ihm das Herz im Leibe lachte, als er diese Worte hörte. Er nahm einen Ring von seinem Finger, brach ihn entzwei und gab ihr die eine Hälfte, die andere behielt er für sich. In ihre Hälfte aber schrieb er seinen Namen und in seine Hälfte schrieb er ihren Namen und bat sie, ihr Stück gut aufzuheben. Hierauf nahm er Abschied und sprach: »Ich muss noch drei Jahre wandern, komm' ich aber nicht wieder, so bist du frei, weil ich dann tot bin. Bitte aber Gott, dass er mir das Leben erhält.«

Die arme Braut kleidete sich ganz schwarz, und wenn sie an ihren Bräutigam dachte, so kamen ihr die Tränen in die Augen. Von ihren Schwestern ward ihr nichts als Hohn und Spott zuteil. »Nimm dich in Acht«, sprach die älteste, »wenn du ihm die Hand reichst, so schlägt er dir mit der Tatze darauf.«

»Hüte dich«, sagte die zweite, »die Bären lieben die Süßigkeit, und wenn du ihm gefällst, so frisst er dich auf.«

»Du musst immer nur seinen Willen tun«, hub die älteste wieder an, »sonst fängt er an zu brummen.« Und die zweite fuhr fort: »Aber die Hochzeit wird lustig sein, Bären, die tanzen gut.«

Die Braut schwieg still und ließ sich nicht beirren. Der Bärenhäuter aber zog in der Welt herum, tat Gutes, wo er konnte, gab den Armen reichlich, damit sie für ihn beteten. Endlich, als der letzte Tag von den sieben Jahren anbrach, ging er wieder hinaus auf die Heide und setzte sich in den Ring von Bäumen. Nicht lange, so sauste der Wind, und der Teufel stand vor ihm und blickte ihn verdrießlich an; dann warf er ihm den alten Rock hin und verlangte seinen grünen zurück. »So weit sind wir noch nicht«, antwortete der Bärenhäuter, »erst sollst du mich reinigen.« Der Teufel mochte wollen oder nicht, er musste Wasser holen, den Bärenhäuter waschen, ihm die Haare kämmen und die Nägel schneiden. Hierauf sah er wie ein tapferer Kriegsmann aus und war viel schöner als je vorher.

Als der Teufel abgezogen war, war es dem Bärenhäuter ganz leicht ums Herz. Er ging in die Stadt, tat einen prächtigen Samtrock an, setzte sich in einen Wagen, mit vier Schimmeln bespannt, und fuhr zu dem Haus seiner Braut. Niemand erkannte ihn, der Vater hielt ihn für einen vornehmen Feldobrist und führte ihn in das Zimmer, wo seine Töchter saßen. Er musste sich zwischen den beiden ältesten niederlassen; sie schenkten ihm Wein ein, legten ihm die besten Bissen vor und meinten, sie hätten nie einen schönern Mann auf der Welt gesehen. Die Braut aber saß in schwarzem Kleide ihm gegenüber, schlug die Augen nicht auf und sprach kein Wort. Als er endlich den Vater fragte, ob er ihm eine seiner Töchter zur Frau geben wollte, so sprangen die beiden ältesten auf, liefen in ihre Kammer und wollten prächtige Kleider anziehen; denn jede bildete sich ein, sie wäre die Auserwählte. Der Fremde, sobald er mit seiner Braut allein war, holte den halben Ring hervor und warf ihn in einen Becher mit Wein, den er ihr über den Tisch reichte. Sie nahm ihn an, aber als sie getrunken hatte und den halben Ring auf dem Grund liegen fand, so schlug ihr das Herz. Sie holte die andere Hälfte, die sie an einem Band um den Hals trug, hielt sie daran, und es zeigte sich, dass beide Teile vollkommen zueinander passten. Da sprach er: »Ich bin dein verlobter Bräutigam, den du als Bärenhäuter gesehen hast, aber durch Gottes Gnade habe ich meine menschliche Gestalt wieder erhalten.« Er ging auf sie zu, umarmte sie und gab ihr einen Kuss. Indessen kamen die beiden Schwestern in vollem Putz herein, und als sie sahen, dass der schöne Mann der jüngsten zuteil geworden war, und hörten, dass das der Bärenhäuter war, liefen sie voll Zorn und Wut hinaus; die eine ersäufte sich im Brunnen, die andere erhängte sich an einem Baum. Am Abend klopfte jemand an der Tür, und als der Bräutigam öffnete, so war's der Teufel im grünen Rock, der sprach: »Siehst du, nun habe ich zwei Seelen für deine eine.«[27]

Das Märchen spricht von tapferen Seelen, die nicht vor ihrer eigenen unverdorbenen, instinktiven Seite, ihrer Bärennatur, zurückschrecken. Es erzählt auch von geläuterten, demütigen Seelen, wie die der jüngsten Tochter, die es wagen, sich dem Bären anzuvertrauen und seiner Spur durch das dunkle Labyrinth des Lebens zu folgen, um schließlich zur Ganzheit, zur Vermählung der Gegensätze (der Hochzeit von Animus und Anima, der männlichen und weiblichen Seite unseres Wesens) zu gelangen. Solchen Seelen wird es an nichts mangeln. Selbst mit dem Teufel werden sie fertig, denn auch er ist nur ein Diener des göttlichen Menschen.

Bärenspuren.

27 Dieses Märchen, das die Gebrüder Grimm aufgezeichnet haben, hat seinen Vorläufer in der Erzählung »Der Erste Beernhaeuter« (1670) im Simplicissimus von Grimmelshausen. In dieser Geschichte ist der Protagonist ein junger »Teutscher Lands-Knecht«, der zum Bärenhäuter wird.

In diesem Sinn mag es schon stimmen, dass es Glück verheißt, wenn man auf Bärenspuren stößt. Das glauben die Zigeuner, die Siebenbürger und viele Naturvölker, die nicht oder kaum zwischen der inneren und der äußeren Wirklichkeit unterscheiden.

Deutungen

Kommen wir noch einmal zu dem Märchen von Schneeweißchen und Rosenrot zurück. Auch hier ist der Held ein Bärenhäuter, denn schließlich ist der Bär, der da spät am Abend in einer Herbstnacht an der Tür des Häuschens erscheint, in Wirklichkeit ein Mensch, ein junger Mann, der nach einer Zeit der Prüfung als wildes Waldtier seinen Berserkerpelz abwirft, in die Gesellschaft zurückkehrt, sich verheiratet und sein wahres Erbe antritt. Die Tiefenpsychologie würde in dieser Geschichte den seelischen Prozess der Individuation, des Findens des wahren Selbst, erkennen: Traditionell wurde in unserem Kulturkreis des Menschen wahres Selbst, sein innewohnender göttlicher Geist, als ein edler Königssohn dargestellt. Seine Bestimmung ist es, die schöne Jungfrau – sie verkörpert die menschliche Seele – aus Gefangenschaft oder sonstigen Zwängen zu befreien, sich mit ihr zu vermählen, um dann, mit ihr zusammen als Königspaar, das Land – symbolisch für das Leben des Menschen – mit Gerechtigkeit und Weisheit zu regieren. Ehe es jedoch so weit ist, spielt sich ein Drama ab. Das boshafte niedere Ich, das zu kurz gekommene Ego – dieser »gottlose Zwerg« – beneidet das Selbst um seine Schätze: um das Gold der Weisheit, um die Perlen der aus Tränen der Läuterung hervorgegangenen Reinheit, um die Edelsteine des kristallklaren Geistes. Der listige Gnom verzaubert den Königssohn in ein wildes Tier und eignet sich dessen Schätze unrechtmäßig an. Als Bär im zotteligen Pelz erfährt der Held die Wildnis und den Wald – das dunkle Unbewusste: Er lernt das Ursprüngliche, das Wilde, das älter ist als die Zivilisation, kennen. Und in dieser Wildnis stößt er auf die weibliche Anima. Sie ist seine Braut, die andere Hälfte seiner Seele. Aber erst wenn er den giftigen Zwerg – dieses treffende Symbol der niederen, egoistischen Intelligenz und der materialistischen Sichtweise – überwindet, kann der Bär seine Vermummung abwerfen. Die Seele erkennt dann, dass sich unter dem rauen Äußeren ein verwunschener Königssohn, ihre andere Hälfte, befindet. Durch die Vermählung der beiden Hälften findet der Mensch zur Ganzheit seines Wesens.

Ein Kulturanthropologe würde das Märchen, in Hinblick auf die Kulturgeschichte Europas, in folgender Weise deuten: Die drei Frauen,

Schneeweißchen, Rosenrot und die alte Mutter, die tief im Wald leben, stellen die dreifaltige Göttin, die weibliche Trinität dar, die man einst im gesamten indogermanischen Kulturkreis kannte. Die Volksmärchen, die die Gebrüder Grimm und andere Märchensammler aufgeschrieben und so dem Vergessen entrissen haben, enthalten zum Teil die überlieferte geistige Schau und Weisheitsschätze der vorchristlichen Waldlandvölker Europas, der Kelten, Germanen, Slawen und anderer. Die drei Frauen sind Aspekte ein und derselben Göttin. Es ist die Göttin, die sich im jahreszeitlichen Reigen der Natur offenbart: Als weiße Jungfrau, als Weißdorngöttin (keltisch Brigit) im Frühling, als rote Göttin des Lebensblutes, der Sommerglut und Erntefülle in der heißen Jahreszeit und als dunkle Alte, Herrin der Weisheit und des Todes.[28] Es ist die alte paläolithische Göttin der Höhle, die Frau Holle, in ihren wandelnden Erscheinungen.

Der Bär, der Zuflucht bei den drei Frauen findet und unter dessen rauem Pelz es wie lauter Gold leuchtet, ist die Sonne, der Sonnengott selber. Wie der Bär in der Wildnis, der sich in die dunkle Höhle verkriecht, so verbirgt sich die Sonne in der Winterzeit meist unter dem Horizont, und ein grauer Nebelpelz verhüllt ihr Licht. Im Frühling jedoch wirft er den Bärenpelz ab. Zu der Zeit, wenn der Weißdorn oder die Schlehe in voller Blüte ist, er-

Dreifache Göttin. (Renaissance-Darstellung, Vicenzo Cartari, Venedig 1674)

28 Diese dreifaltige Göttin ist auch aus dem alten vedischen Indien bekannt: es ist die weiße Sarasvati, die rote Glücksgöttin Lakshmi und die schwarze Göttin der Zerstörung, Kali. Siehe Wolf-Dieter Storl, *Shiva: Der wilde, gütige Gott*, 2002a, Kap. 10.

strahlt die Sonne wie ein junger Held. Als Belenus (keltisch, »der Schöne, der Scheinende, Helle, Glänzende«) freit er die Weißdorngöttin. Sein »Bruder«, der sich mit Rosenrot vermählt, ist wohl er selber in der Gestalt des keltischen Lugh oder Lugus (keltisch, »der hell Brennende«), der die feurige Augustsonne darstellt, die alles zur Reife und Vollkommenheit treibt. Als altes Weib, als trauernde Witwe, begleitet die schwarze Göttin (keltisch Morigan) den sterbenden Sonnengott im Spätherbst in den Schoß der dunklen Erde. Am dunkelsten Tag des Jahres – zur Wintersonnenwende – gebiert sie als Erdenmutter das neue Licht, die neue Sonne, wie eine Bärin ihre Jungen.

Märchen sind nie eindeutig, sondern vieldeutig. Jede Deutung kann richtig sein.

Die glitzernden Juwelen, deren Hüter der mystische Bär ist, liegen nicht nur im Schoß der Erde oder in den Tiefen der Seele verborgen, sondern funkeln auch als Sterne aus den Höhen des Firmaments herab – unerreichbar für die Sterblichen. In der Vorstellung der Alchemisten, aber auch einiger Naturvölker, sind Kristalle und Edelsteine durch ein unsichtbares Band magisch mit den Sternen verbunden. Nach dem alchemistischen Grundgesetz »Wie oben, so unten« gelten Edelsteine als Spiegelungen der Sterne in der irdischen Materie.

Beides, die Tiefen der Erde und das ferne Himmelszelt, galten dem archaischen Menschen als »andere Welt«, als kaum erreichbares Jenseits, als das geheimnisschwangere Reich der Götter und Ahnen. Und die Eingänge zu dieser anderen Welt waren von Bären und anderen Schwellenhütern bewacht. Folglich sah man auch Bären am nächtlichen Himmel – leuchtende, göttliche Bären, die in unmittelbarer Nähe des ruhenden Nordsterns ihre Pfade wandern. Der Sternenspur dieser himmlischen Bären werden wir nun folgen.

Die Spur des Großen Himmelsbären

Großer Bär, komm herab zottige Nacht,
Wolkenpelztier mit den alten Augen,
Sternenaugen,
durch das Dickicht brechen schimmernd
deine Pfoten mit den Krallen,
Sternenkrallen,
wachsam halten wir die Herden,
doch gebannt von dir, und misstrauen
deinen müden Flanken und den scharfen
halbentblößten Zähnen,
alter Bär.
Ein Zapfen: eure Welt.
Ihr: die Schuppen dran.
Ich treib sie, roll sie
von den Tannen im Anfang
zu den Tannen am Ende,
schnaub sie an, prüf sie im Maul
und pack zu mit den Tatzen.
Ingeborg Bachmann, *Anrufung des großen Bären*

In den Sagen der Völker der nördlichen Halbkugel stößt man immer wieder auf die Vorstellung, dass ein großer Bär den Polarstern umwandert. Wir alle kennen diese Konstellation von sieben hell leuchtenden Sternen. Sie sind leicht auszumachen und oft das erste Sternbild, das ein Anfänger zu identifizieren vermag. Sogar die Astronomen bezeichnen diese Sternengruppe als den Großen Bären, den *Ursus major*. Unmittelbar daneben befindet sich der Kleine Bär, der *Ursus minor*, dessen langer Schwanz immer zum Polarstern hin weist.

Die Kraft, die den Himmel bewegt

Die Inder sehen in den sieben Sternen des *Ursus major* die »sieben Leuchtenden« oder die sieben heiligen Seher *(Rishis)*, die, um Gott geschart, auf

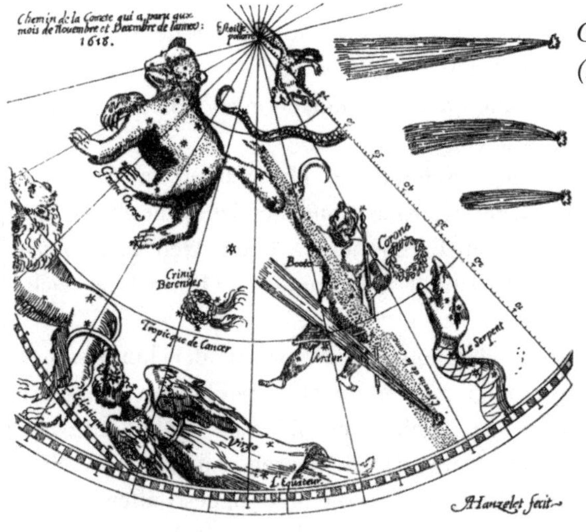

Großer und Kleiner Bär. (1618)

dem Gipfel des Weltenberges meditieren. Nach älterer Auffassung sprechen die Hindus von sieben leuchtenden Bären. Der Polarstern ist die Nabe, um die sich das Himmelsgewölbe dreht, und die Bären stellen die Urkraft dar, die dieses Drehen ermöglicht. Sie treiben die Sterne an, die täglich auf- und untergehen. Sie stoßen und schieben das Rad, das den Winter zum Sommer und den Sommer wieder zum Winter werden lässt, das den Regen und die Ernte bringt, aber auch den Wind und die Trockenheit.[29] Diese Bären sind identisch mit den blitzenden, donnernden Maruts, den Sturmgöttern, die den Gott Shankar-Shiva umwirbeln. Der androgyne Gott des Yoga sitzt in sich ruhend im Auge des kosmischen Wirbelsturmes und bringt aus den unergründlichen Tiefen seiner Meditation die gesamte Schöpfung hervor. Der Polarstern ist die Quelle, aus der die Welten entspringen, der Ort der Geburt, und die Bären sind die Hüter dieses kosmischen Schoßes.

Auch bei den alten Germanen war der von Bärenkräften umstürmte Polarstern nicht nur ein physischer, sondern vor allem ein geistiger Orientierungspunkt. Er ist die Spitze des kegelförmigen Himmelszeltes, der Gipfel des mystischen Glasberges; *Leidharstjarna* wird der Nordstern in der Edda

29 Der *Ursus major* wird als *Rakh* bezeichnet, was als hell leuchtender Bär übersetzt werden kann. In seinem wirbelnden Gang beherrscht er nicht nur die Jahreszeiten, Regen und Trockenheit und somit die Ernte – auch er ist Vegetationsdämon –, sondern überhaupt alles, was ins Dasein hineinwirbelt und wieder hinaus. Deswegen malen die Hindus rotfarbige Wirbelmuster an die Wände jener Häuser, in denen eine Geburt bevorsteht. Sie wollen damit sicherstellen, dass das Kind im Geburtskanal die richtige Richtung findet, dass es sich orientieren kann (Sanders 2002: 262).

genannt, *Leitesterre* im Althochdeutschen – er ist also der Leitstern, nach dem man Ausschau hielt, um den Weg nicht zu verlieren. Wenn es darum geht, sich zu orientieren, nennen das die Engländer noch heute, »seinen Bären finden« *(getting one's bearings)*.[30]

Einigen Stämmen Sibiriens erscheint der Himmelsbär im Sternbild Bootes und Arkturus – eben jenen Konstellationen, in denen die alten Griechen den Ochsentreiber und den Bärenwächter sahen. Den *Ursus major* deuteten sie als einen riesigen Elch, dem der hungrige Himmelsbär nachstellt.

Egal, wo auch immer die Jägervölker des Nordens den himmlischen Bären genau lokalisierten, immer steht er im Mittelpunkt ihres religiösen Lebens. Auf der Erde, in der Mittelwelt, erscheint er als wohltätiger Besucher. Er ist der kosmische Schamane, der die oberen und unteren Welten verbindet. Er ist ein höheres Wesen, aus Sternenkräften geschaffen und zugleich Sohn der Mutter Erde. Nur dem trügerischen Alltagsbewusstsein erscheint er, von den meisten verkannt, als wildes Tier, massig, plump und in Fell gehüllt. In den Bärenmärchen, die wir unseren Kindern gelegentlich noch erzählen, klingt diese uralte Vision nach. Auch sie sprechen, wie wir schon sahen, vom Licht- und Sternengeheimnis des Bären.

Aus den nördlichen Regionen des Nachthimmels kommt, nach Ansicht der alten Finnen, der Himmelsbär in einer goldenen Wiege herab zur Erde. Mit dem Ausdruck »dem Bären auf die Schulter steigen« umschreiben die finnischen Rentierzüchter das Sterben, die »Fahrt gen Himmel«.

Der Besucher aus dem zwölften Himmel

Die Algonkin-Stämme – wir kennen sie aus den Lederstumpf-Erzählungen – lebten als Jäger und Maisgärtner im Waldland des östlichen Nordamerika. Auch sie verehrten den mystischen Bären und sahen ihn in den vier hellen Sternen, die im Ursus major das Rechteck bilden. Die drei anderen Lichter, die wir als »Stiel der Kelle« oder als »Deichsel des Wagens« ausmachen, deuteten sie als drei Jäger, die mit ihrem Hund, dem Stern Alkor[31], dem Braunen dicht auf den Fersen sind. In dem Sternenlied der Passamaquoddy, eines Algonkin-Volks, das in Maine lebt, heißt es:

30 Das ist jedoch eine volksetymologische Deutung, da *bearings* eher auf *bear* (tragen) zurückzuführen ist als auf bear (das Tier).

31 Alkor, oder »das Reiterlein« oder der »Däumling«, befindet sich »auf« dem mittleren Stern *(Mizar)* der drei Deichselsterne. Mit bloßem Auge ist er gerade noch wahrnehmbar.

»Wir sind die Sterne. Wir singen.
Unser Licht ist unser Lied.
Vögel aus Feuer sind wir.
Unsere Flügel bedecken den Himmel.
Unser Licht ist eine Stimme.
Wir ebnen der Seele den Weg,
auf ihrer Reise nach dem Tod.
Drei von uns sind Jäger.
Drei von uns jagen den Bären.
Nie gab es eine Zeit als diese drei nicht jagten.«

Im tiefsten Winter, kurz nach dem Januar-Neumond, wenn alles in der klirrenden Kälte zu erstarren droht, feierte der Algonkin-Stamm der Mahican ein zwölftägiges Fest zur Erneuerung der Schöpfung. Dabei stieg der kosmische Bär als Bote des Großen Geistes vom zwölften Himmel in die Winterwelt hinab. Er nahm die Gestalt eines einfachen Waldbären an, erschien einer Frau im Traum und verriet ihr den Ort seines Winterschlafs. Wenn es bekannt wurde, dass eine Frau den heiligen Traum geträumt hatte, zogen zwölf Jäger unter der Führung eines untadeligen Bärenzeremonienmeisters aus, um das Bärenversteck ausfindig zu machen. Ohne auch nur ein Wort zu wechseln, bahnten sich die Jäger ihren Weg durch den tief verschneiten Wald. Wenn sie die Bärenhöhle erreicht hatten, warteten sie, noch immer schweigend und fastend, einen weiteren Tag und eine Nacht in der bitteren Kälte. Erst dann betrat der Zeremonienmeister die Höhle, begrüßte den Himmelsboten ehrfurchtsvoll als Herrn aller Tiere und bat ihn zu folgen. Vermutlich gelang es dem Jäger, telepathischen Kontakt mit dem Tier aufzunehmen, denn der schlaftrunkene Bär folgte den Männern willig ins Dorf. Dort wurde der himmlische Gast ins Langhaus geführt. Er wurde an den Mittelpfeiler gebunden und in nächtlicher Zeremonie wieder in seine Sternenheimat zurückgeschickt, indem man ihn tötete. Dort angekommen, sollte er dem Großen Geist ausrichten, dass auf Erden alles in Ordnung ist, dass die Menschen getreu ihren Pflichten nachgehen und den göttlichen Segen verdienen.

Das geräumige, mit Ulmenrinde gedeckte Langhaus, in dem das Opfer stattfand, war auf einer Ost-West-Achse ausgerichtet und galt als Abbild des Kosmos. Der Mittelpfeiler, an dem der göttliche Gast getötet wurde, galt als Weltenbaum. Die beiden Feuer, die zwischen dem Pfahl und den beiden Ausgängen brannten, symbolisierten die alles durchwirkenden Gegensätze – Tag und Nacht, männlich und weiblich, Leben und Tod. Der

Winterbärenfest der Mahican. (Gemälde von Dick West)

Bär am Marterpfahl war also der universelle Mittler, das Wesen, in dem alle Gegensätze aufgehoben wurden und ihre Mitte fanden. Die jeweiligen Sitzplätze der Teilnehmer repräsentierten die Positionen der Sterne am Himmel. Die zeremoniellen Tänze zeichneten den Sternenreigen und das Leben des kosmischen Bären nach.

Nach der Tötung häutete der Zeremonienmeister den Bären mit einem Obsidianmesser. Die Schnitte erfolgten in umgekehrter Reihenfolge als bei gewöhnlich erlegten Pelztieren. Anschließend wurde der gehäutete Tierkörper durch den Fraueneingang an der Ostseite des Langhauses – dem Tor des Lebens – hinausgetragen und für das heilige Kommunionsmahl zubereitet. Weder Salz noch Gemüse durfte in der Brühe mitgekocht werden. Die Hunde wurden verscheucht, auf keinen Fall durften sie sich über die Knochen hermachen. Sämtliche Knochen wurden gesammelt und im Feuer an der Ostseite des Pfahls zu reiner Asche verbrannt.

In den letzten vier Nächten des Bärenfestes, wenn es auf den Vollmond zuging, tanzten die Mahican bis zum Morgengrauen. Dabei steigerten sie sich in orgiastische und tranceartige Zustände hinein. Der Bär, der nun wieder vom *Ursus major* herableuchtete, sollte ihnen dabei zusehen können. Durch das Fest würde dem neuen Jahr die notwendige Bärenkraft gegeben, die alles wachsen und gedeihen ließ.

Um 1850 wurden die Mahican zum Christentum bekehrt. Sie waren ein geschlagenes Volk, demoralisiert und dezimiert. Keine Frau träumte mehr vom himmlischen Bären. Und weil das so ist – so sagen die Indianer –, gibt es heute auch keine Bären mehr in den Wäldern von Neuengland.

Der verbotene Name

Die Kinder, die da zwischen schrottreifen Autos, Wohnwagen und den barackenähnlichen Fertighäusern des Northern-Cheyenne-Reservats hin- und herflitzen, spielen Sesamstrasse oder »Herr der Ringe« wie andere Kinder auch. Gelegentlich aber besinnen sie sich auf das Bärenspiel, wobei sich eines der Mädchen in einem dunklen Loch versteckt. Die anderen Kinder kommen als Jäger und versuchen, die Bärin mit spitzen Stöcken und Haken herauszustochern. Sie tun so, als wüssten sie nicht, was für ein Tier es sein könnte, das sich da in der Höhle verkrochen hat, und versuchen es zu raten. Dachs? Berglöwe? Murmeltier? Stachelschwein? Sie zählen die Tiernamen auf. Nur ein Tier dürfen sie nicht beim Namen nennen – den Bären! Dieser ist heilig, und sein Name ist tabu. Plappern die kleinen Jäger den verbotenen Namen aber trotzdem aus, dann stürmt eine wutentbrannte Bärin hervor, um die fliehenden, vor Aufregung quiekenden Täter zu bestrafen.

Das einfache Kinderspiel wurzelt in der Mythologie der Cheyenne. Auch da stürmt der Himmelsbär zur Erde herab, um jene zu bestrafen, die ihn durch das unerlaubte Rufen seines Namens beleidigt haben. Der alte Medizinmann Bill Hoher Büffelstier erzählt dazu folgende Geschichte:

Vor langer Zeit zeltete ein Volk in der Nähe der Black Hills, im heutigen Süddakota. Es war ein leichtsinniges Volk, das sich kaum um die altüberlieferten Tabus kümmerte. Da sie den Bären ständig beim Namen nannten, wurde der Himmelsbär so wütend, dass er von dem Sternenzelt herabfuhr, das Lager dieser Leute verwüstete und alle Einwohner tötete. Nur ein Mädchen entkam seinen Klauen. Sie rannte so schnell sie konnte in die Prärie hinaus. Aber er stellte ihr mit gewaltigen Sätzen nach. Auch ihr Leben wollte er auslöschen. Die sieben Brüder – die Sterngruppe der Plejaden – hörten ihr erbarmungswürdiges Geschrei. Sie versuchten den Bären abzuwehren, aber es gelang ihnen nicht.

Auch die Erde hatte Mitleid. Schnell ließ sie unter den Füßen des armen Mädchens einen gläsernen Berg emporwachsen, so dass sie außer Reichweite des Raubtieres in die Höhe getragen wurde. Das mächtige Ungeheuer versuchte ihr nachzuklettern, rutschte aber am glatten Glas immer wieder ab, so dass seine Tatzen tiefe Furchen hinterließen. Trotzdem gab es nicht auf. Da es zaubermächtig war, bemalte es sein Gesicht mit rotem Lehm und brüllte den Plejaden mit seiner Donnerstimme zu: »Werft mir das Mädchen herab, sonst zerdrücke ich den Berg, so dass ihr herabstürzt, und dann fresse ich euch alle auf!«

Obwohl der Bär diese Drohung viermal ausrief (die Vier gilt bei den Indianern als magische Zahl), hielten die sieben Brüder stand. Da umklammerte er den Berg mit seinen Vordertatzen und drückte ihn mit aller Macht an sich. Dabei wurde der Berg so schmal, dass er wie ein gigantischer Baumstamm aussah. Erschrocken flohen die Plejaden mit dem Mädchen in den Himmel. Der Bär sprang ihnen nach. Schaut man nachts zum Sternenzelt empor, sieht man den Bären, der noch heute den Plejaden nachjagt.

Wer diese Geschichte nicht glaubt, der sollte einmal ins östliche Wyoming reisen. Dort ragt der Kern eines erloschenen Vulkans wie eine einsame Säule oder ein Baumstumpf aus der Sagebrush-Steppe empor. Die Weißen

Grizzly versucht den Devil's Tower zu erklettern.

nennen dieses wundersame, 382 Meter hohe Basaltgebilde *Devil's Tower*, Teufelsturm. Die Cheyenne aber wissen, dass es *Nakoeve* ist, »die Bärenspitze«, die der zornige Himmelsbär einst formte.[32]

Die Kinder der Artemis

Den antiken Völkern des Mittelmeerraumes war der kosmische Bär beziehungsweise die Bärin, die im gemächlichen Schritt den Nordstern umwandert, ebenfalls vertraut. In den Sternbildern des *Ursus major* und des *Ursus minor* sahen die Griechen entweder die Hände der Göttermutter Rhea, die die Spindel dreht, aus der sie die Schicksalsfäden spinnt, oder auch zwei Bären, die das schwere Mühlrad, dessen Nabe der Polarstern ist, für die Göttin in Bewegung halten. Auch sahen die Hellenen in der Konstellation die Nymphe Phoinike, die mit Zeus ein geheimes Techtelmechtel hatte. Als seine eifersüchtige Gattin Hera von der Affäre erfuhr, verwandelte der blitzschleudernde Gott seine Geliebte in eine Bärin und setzte sie in die Sterne.

Die Kreter sahen in der großen und der kleinen Konstellation die beiden Bärinnen, die den kleinen Zeus als Säugling in ihrer Höhle beherbergten und an ihren Brüsten säugten. Jedes dieser Bilder zeugt von einer anderen Epoche und einer anderen Stammesmythologie, die im Laufe der Jahrtausende zu dem großen Mythenschatz der Antike zusammengefügt wurden.

Die populärste Vorstellung über die Bären am Nordhimmel stammt jedoch aus dem Kult der wilden Jägerin Artemis. Artemis, »die Bärengöttin«, die mit ihrem Bruder, dem Sonnengott, aus den kalten hyperboräischen Wäldern des Nordens nach Griechenland eingewandert war, galt als Herrin aller wilden Tiere. Die schöne, grazile Jägerin war unzähmbar wie diese wilden Tiere selber. Ihre Pfeile brachten Wald- und Wildfrevlern den schnellen Tod. Nur gebärenden Frauen zeigte sie sich als milde Helferin – befinden sie sich doch während der Wehen in ihrem Bereich, jenseits der

32 Auch für die anderen Prärieindianerstämme ist dieser Vulkankegel ein heiliger Ort, der mit der Kraft des Bären verbunden ist, und zu dem man geht, um zu fasten und zu beten. Die Crow (Absoraka) nennen den Berg »Bären-Haus«, die Sioux (Lakota) nennen ihn »Grizzly-Bären-Haus« und die Arapaho »Bären-Tipi«. Die Kiowa, für die der »Baumstamm-Stein« ebenfalls heilig ist, erzählen die Geschichte von sieben kleinen Mädchen, die abseits von ihrem Dorf spielten und von hungrigen Bären umzingelt wurden. In ihrer Not kletterten sie auf einen Stein und beteten, »Stein, hilf uns!« Da wuchs der Stein höher und höher. Die Bären, die versucht hatten, den Mädchen nachzuklettern, rutschten ab und fielen zurück auf die Erde. Sie hinterließen tiefe Kratzspuren an dem Fels. Noch heute kann man die Kinder am Nachthimmel sehen, es sind die Sieben Schwestern, die Plejaden.

konventionellen Verhaltensmuster. In den Tempeln und Hainen, die man der mit einer schmalen Mondsichel gekrönten Naturgöttin geweiht hatte, durften sich Bären und andere Wildtiere frei bewegen.

In Athen und an der Ostküste Attikas fand das Fest der Artemis-Brauronia als Teil der mitsommerlichen Festlichkeiten statt. Dabei tanzten die Jungfrauen der Artemis, die *Arktoi* (Bärinnen) genannt wurden, nackt oder in goldgelbe Safrangewänder gehüllt, ihre kultischen Tänze. Ein zehn- und ein fünfjähriges Mädchen spielten die Rollen der großen und der kleinen Bärin. Auch sie trugen Gewänder, die in ihrer Farbe dem Fell des syrischen Bären glichen, der in den Wäldern des Nahen Ostens zu Hause war. Ähnlich wie in dem oben erwähnten Kinderspiel der Cheyenne, stürzten sich die Brauronia-Bärinnen auf die Knaben, die sich in ihre Nähe wagten, und taten so, als wollten sie diese verschlingen.

In der ganzen antiken Welt wurde Artemis verehrt, aber nirgendwo so sehr wie in Arkadien, im gebirgigen, schwer zugänglichen Peleponnes, der Heimat der Faune, der Nymphen und des lüsternen Pan. Die Griechen sahen die »Eicheln essenden Arkadier« als Bärenmenschen, »älter als der Mond«. Die Tempel der Eingeborenen waren mit den Tatzen und Schädeln geopferter Bären geschmückt, und die Priesterinnen dieser Artemis-Tempel waren in Bärenfelle gekleidet. Ihnen wurde, ebenso wie den arkadischen Kriegern, große Wildheit nachgesagt. Die Krieger trugen Bärenköpfe mit weit aufgerissenen Rachen auf ihren Helmen.

Artemis. (Römische Darstellung)

In diesem unwegsamen, waldigen Bergland lebte einst das Mädchen Kallisto, das sich der umherschweifenden wilden Schar der jungfräulichen Verehrerinnen der Göttin anschloss. Wie schon ihr Name andeutet, war sie von bezauberndem Liebreiz – Kallisto bedeutet »die Schönste«. Ihre Vorzüge waren auch dem Göttervater Zeus nicht entgangen. Von Begierde nach süßer Lust getrieben, stellte er ihr ständig nach.

Kallistos leiblicher Vater Lykaon, der König Arkadiens, war ein Werwolf, der sich an blutigen Menschenopfern ergötzte. Der Frevelmut seiner Söhne erzürnte Zeus derart, dass er ihretwegen schließlich eine Sintflut schickte. Aber ehe es dazu kam, war er ganz von dem Verlangen besessen, sich der schönen Tochter des Lykaon zu bemächtigen. Die Jungfrau jedoch hatte ihr Leben der Artemis geweiht und ihr den Eid geschworen, wie die Göttin selber ewig unbemannt zu bleiben. In Bärenfelle gehüllt streifte sie also mit anderen wilden Weibern und den Tieren durch Gebirge und Wälder. Sämtliche Annäherungsversuche des begierigen Zeus wehrte sie ab. Der Göttervater war jedoch ein Meister der Täuschung. Jede beliebige Gestalt konnte er annehmen. So hatte er sich in der Gestalt eines Stiers der schönen Europa bemächtigt, und der Tochter des Phokos hatte er sich gar als prächtiger Bär genähert und sie verführt. Diesmal näherte er sich dem arglosen Mädchen in der Gestalt der Artemis als Bärin, und es gelang ihm, sie zu verführen und zu schwängern.

Das Mädchen verheimlichte der Göttin, was vorgefallen war. Eines Tages aber, als Artemis mit den Nymphen in einem Waldsee badete, da zögerte Kallisto ihr Gewand abzulegen; als sie es dann doch tat, verriet die Wölbung ihres Bauches, dass sie eine Leibesfrucht in sich trug. »Fort aus dem Kreis meiner Jungfrauen, Meineidige«, zürnte die Göttin, »entweihe unser Wasser nicht!« Zur Strafe verwandelte sie das schöne Mädchen in eine Bärin. Nun musste die Arme, hochschwanger und noch immer mit Menschensinn begabt, als zotteliges Raubtier allein durch die Berge ziehen. Bald gebar sie einen kräftigen Sohn, der *Arkas*, »der Bär« genannt wurde. Da sein Vater ein Gott war, war er ein Held. Er wurde zum Stammvater der Arkadier, das idyllische, von Poeten hoch gelobte Land ist nach ihm benannt worden.

Sehr bald aber trennte das Schicksal den kleinen Arkas von seiner Bärenmutter, so dass er sich nicht mehr an sie erinnern konnte. Die Ironie des Schicksals ließ ihn zum leidenschaftlichen Bärenjäger werden. Einmal begegnete er ihr im finsteren Wald. Sie erkannte ihn und näherte sich ihm zärtlich brummend. Er aber erkannte die Mutter nicht, die ihm das Leben gegeben hatte. Er sah nur ein wildes Tier. Gnadenlos jagte er ihr nach. So

Der Bärenjäger Arkas (Arkturus) in Bootes.

gelangten sie schließlich in jenen heiligen Bezirk des Wolfsberges, wo Zeus als Wolf (Zeus-Lykaios) verehrt wurde. Wer an diesem grauenvollen Ort seinen Schatten warf, war des Todes und verdammt, als Schatten in die Unterwelt einzugehen. Zeus, der Anstifter des Dramas, hatte jedoch Erbarmen mit seiner Geliebten und seinem Sohn. Er versetzte Kallisto und Arkas als den Großen Bären und den Stern Arkturus (der Bärenhüter) – in anderen Versionen als den Kleinen Bären *(Ursus minor)* – an den schönsten Platz im nächtlichen Himmel. Dort jagt er mit seinen Hunden noch immer hinter ihr her, aber er wird sie nie einfangen können.

Die eifersüchtige Hera wollte dem armen, zur Bärin gewordenen Mädchen, das die Gunst ihres Gatten genossen hatte, jedoch keine Gnade gewähren. Sie veranlasste, dass Kallisto nie im Okeanos, dem großen, Erde und Meer umfließenden Weltenstrom, zum erfrischenden Bade würde untertauchen können. Deswegen sinkt die Konstellation des Großen Bären nie unter den Horizont.

Der entrückte Herrscher

All die alten Naturvölker, die Jäger und Sammler der nördlichen Halbkugel sahen im nächtlichen Sternenhimmel immer einen mächtigen Bären, der den Nordstern umkreist. In neolithischen Zeiten, als die Menschen sesshaft wurden, Getreide anbauten und Wagen bauten, verwandelte sich das Bild: Die Römer sahen dann in den sieben Hauptsternen des Ursus major sieben Dreschochsen, die ununterbrochen um die Drehachse des Himmelspols laufen; die Germanen und Kelten sahen, wenn sie in den nördlichen Nachthimmel schauten, vor allem einen großen Wagen, der gemächlich den Polarstern umfährt. Drei Pferde oder drei Ochsen – die drei Sterne der Deichsel – ziehen den Wagen. Der winzige Däumling oder Reiterling sitzt auf dem Mittelstern der Deichsel als Kutscher (Fasching 1997: 102).

Bei den heidnischen Schweden hieß dieser Himmelswagen »Thors Wagen«. Aber haben wir nicht bereits erfahren, dass der hammerschwingende Thor (Donar) auch den Beinamen »Bär« trug? Indirekt steht der Bär also auch für diese Völker mit demselben Sternbild in Verbindung. Man glaubte, dass sich Thors Wagen zuweilen um Mitternacht mit großem Gerassel der Erde nähere und dass dieser nächtlichen Fahrt um die Erde Frieden und Fruchtbarkeit folge.

Im frühen Mittelalter wurde das himmlische Gefährt zum Totenwagen des Heldenkönigs Dietrich von Bern. Als dieser Gotenkönig vor langer Zeit einen Laib Brot in seinen Stiefel steckte, da erschien der Wagen und führte ihn in die Lüfte, wo er noch heute seine Kreise um den Polarstern zieht. Christliche Eiferer der Missionierungszeit versuchten, diesen Totenwagen zum Triumphwagen des Propheten Elias oder des Apostels Petrus umzudeuten, fanden damit aber keinen Anklang bei den neubekehrten Völkern.

In England und in Skandinavien wurde Thors Wagen allmählich zu Karls Wagen (englisch *Charles' Wain)*. Dieser Karl ist kein Geringerer als der große Kaiser Karl und das Fuhrwerk ist sein Begräbniswagen, in dem er bis zu seiner Wiederkunft den Nordstern umkreisen wird. Wie auch der keltische König Artus, ist Karl der Große der Rex *quondam et futuris*, der ehemalige und zukünftige Herrscher, der archetypische Universalkönig.

Er ist nicht tot. Er schläft nur, ins Jenseits entrückt. Das Jenseits befindet sich in den Sternen oder – ohne dass dies ein Widerspruch wäre – tief im Berg (wie bei Kaiser Karl oder Friedrich Barbarossa) oder auf einer fernen Insel (wie bei König Artus oder dem irischen König Bran). Es könnte auch ein Hünengrab sein, wie es beispielsweise in der Berner Sage vom bärenhaften Urriesen Botti vorkommt. Botti schläft in diesem Grab und wird erst erwachen, wenn sich die Berner in höchster Not befinden und nach ihm rufen.

In diesen Bildern des entrückten Fürsten erkennen wir die archaische Vorstellung vom Bärenkönig und seiner Geliebten, der Großen Göttin, wieder. Wie der König der Tiere, der im Verborgenen Winterschlaf hält und im Frühling wieder erscheint, so zieht sich auch der Menschenkönig zurück, bis er dann im goldenen Himmelswagen wieder zur Erde herabfährt und ein neues Zeitalter des Glücks und der Gerechtigkeit einführt.

Die Griechen bezeichneten die Goten als Amaxoluoi, als »Männer des Wagens«. Das könnte sich auf die Planwangen beziehen, mit denen dieses nomadische Kriegervolk aus dem hyperboräischen Norden gekommen war. Amaxa ist aber auch gelegentlich die Bezeichnung für die beiden Sternbilder des Großen und des Kleinen Wagens. Die Goten bezeichneten sich selber als Nachkommen eines totemistischen Bären. Der sagenhafte *Berig* (Bär) ist ihr Ahne, und ihre Häuptlinge nannten sich ebenfalls *Berige*. Der Bär, Totem- und Wappentier dieses Volkes, wurde auch zum Wappentier vieler Städte, die die Goten eroberten oder gründeten, wie zum Beispiel Bjorneborg, Hammerfest, Nowgorod oder Madrid (Sède 1986: 63).

Der kämpfende Bär

»Schließt die Tür, es brummt im Wald!
Als die Sonne sich heut verkrochen,
Lag das Wetter am Riff geballt,
Und nun hört man's sieden und kochen.
Ruhig, ruhig, du kleines Ding!
Hörst du? Drunten im Stalle – hu!
Hörst du? Hörst du's? kling, klang, kling,
Schüttelt die Kette der Loup Garou.«
Annette von Droste-Hülshoff, *Der Loup Garou*

Fast jede Stammesgesellschaft kennt Bruderschaften verwegener Krieger, die sich, von nahezu übermenschlicher Kraft und Wildheit besessen, weder Feuer noch Eisen fürchtend, in rasender Tollheit auf ihre Feinde stürzen. Hier ist von einem asozialen Kriegertypus die Rede, von einem Krieger, für den die Regeln der gesitteten Gesellschaft nicht gelten und der sich selbst mit einem wilden Raubtier identifiziert.

Als den »Widerspenstigen« oder *Hohnuhk'e;* (englisch *contrary warrior)* kannten ihn die Cheyenne, denn er sagte Ja, wenn er Nein meinte, sagte links, wenn er rechts meinte, und griff an, wenn seine Mitstreiter zum Rückzug riefen. »Verrückte Hunde, die sterben wollen« hießen solche Amokläufer bei den Crow-Indianern, »Clowns« bei den Sioux. Auch in Indien kannte man den Naga-Sadhu, der seinen nackten Leib mit Leichenasche einrieb, sich weder Bart noch Haare scherte und, mit einem eisernen Dreizack bewaffnet, niemandem aus dem Weg ging. Er brauchte sich weder um die Kastenregeln noch um sonstige Gebote zu kümmern, denn er galt als bereits gestorben, als schon einsgeworden mit dem wilden Ekstasegott Shiva.

Berserker und Wolfshemden

So gesehen sind die Bärenhäuter, die *Berserker* (altnordisch *beri*, »Bär«, und *serkr*, »Gewand«), der germanischen Stämme kein germanisches Sonderphänomen. Auch sie lebten außerhalb der Gesetze der gesitteten Gesell-

Berserkermotive: links auf einem Helmbeschlag (Ölland, Schweden, 7. Jahrhundert); rechts Bronzeblättchen von Torslunda (6. Jahrhundert).

schaft. Sie waren rituell für tot erklärt worden und daher gesetzlos. Und da sie Tote waren, brauchten sie den Tod auch nicht zu fürchten wie gewöhnliche Sterbliche. Der ekstatische Toten- und Zaubergott Odin (Wotan) hatte von ihnen Besitz ergriffen. Er fachte ihre Wut an, ihre innere Glut, so dass sie sich ohne Schutz, Helm oder Schild, bis auf die Haut nackt oder in Bärenfell gehüllt, ins Schlachtgetümmel stürzten. Schon ihr furchterregendes Aussehen – das wild verfilzte Haar, die mit der schwarzen Farbe des Todes bemalten Gesichter, der irre Blick, das zügellose Auftreten, das Bärengebrüll oder Wolfsgeheul aus geiferndem Maul – nahm ihren Gegnern den Mut und ließ ihre Knie schlottern, noch ehe es zu Handgreiflichkeiten kam.[33]

In Kriegszeiten erwiesen diese Bärenhäuter und ihre Genossen, die Wolfshemden *(Ulfhedin)*, ihren Stämmen einen unbezahlbaren Dienst, aber in Friedenszeiten war es eher ein Bärendienst. Sie besaßen weder Haus noch Feld, kannten keine Familienpflichten und trieben sich herum. Als ungeladene und schwer zu ertragende Gäste lebten sie zu Lasten anderer und verprassten das Hab und Gut ihrer unfreiwilligen Gastgeber. Sie legten sich dabei auf die sprichwörtliche faule Bärenhaut. Immer gebärdeten sie sich bedrohlich und unberechenbar. Sie gaben sich zügellos im Essen und Trinken und vergriffen sich zuweilen an den Frauen.

Es ist also kein Wunder, dass die ordentlichen Leute sie in die Wälder trieben und gar nicht erst ins Dorf ließen. Es wird berichtet, dass man sie gelegentlich sogar wie bissige Hunde in Ketten legte. »Bärenhäuter« ist noch immer ein Ausdruck für einen groben, ungeschlachten Kerl. »Den

33 In der isländischen *Landnamabok*-Saga wird von dem Krieger Ovar Odd berichtet, der mitten in der Schlacht ein Bärenfell hoch in die Luft hielt. Sobald die Feinde dieses sahen, verließ sie der Mut und sie zogen sich zurück.

Bärenpelz machen« bedeutet, sich ruppig benehmen, seine raue Seite herauskehren (Röhrich Bd. I, 2001: 151).

Die Bärenhäuter kamen zu ihren Namen, weil sie keine geschneiderten, genähten Kleidungsstücke trugen. Sie hüllten sich bloß in die Haut eines Bären, den sie eigenhändig, oft nur mit einem Messer bewaffnet, erlegt hatten. Auf diesem Fell schliefen sie auch. Nach altgermanischem Glauben steckt die Kraft in den Haaren. Wer sein Haar nicht schneidet und das Fell eines Bären trägt, der besitzt die Kraft des Raubtieres. Die langhaarigen Berserker waren also zu wilden Tieren geworden. Sie waren eins geworden mit dem unberechenbaren Zaubergott Odin-Grimnir, der ständig seine Gestalt wechselte und gern als Wolf, Rabe oder Bär erschien.

Eine klare Erinnerung an die germanischen Berserker lebt im Märchen vom Bärenhäuter weiter. Der junge Held ist ein Krieger, ein Soldat, der weder Tod noch Teufel, noch den wilden Bären fürchtet. Der Treuepakt mit Odin wird in diesem Märchen zum Vertrag mit dem Teufel. Sieben Jahre im Bärenpelz – sieben lange Jahre ungewaschen, ungeschoren, ungekämmt, ohne zu beten oder zu arbeiten – erinnern an den so genannten Berserkergang, den langjährigen Einweihungsweg der wildesten Krieger.[34]

Ursprünglich war der Berserkergang Teil der Initiation der männlichen Jugend. Die Methode der Initiation unterschied sich nicht wesentlich von ähnlichen Ritualen bei Stammesbevölkerungen rund um den ganzen Globus. Um aus Knaben echte, verantwortungsbewusste Männer zu machen, trennte man die geschlechtsreifen Jugendlichen vom Rest der Gesellschaft und schickte sie in die Wildnis. Unter der Anleitung älterer Bärenhäuter oder Odin-Geweihter lernten sie Schmerz und Entbehrung zu ertragen. Mit Hilfe von entheogenen Drogen – Ethnobotaniker vermuten Sumpfporst *(Ledum palustre)*, Tollkirsche, Bilsenkraut und Fliegenpilz – erfuhren sie den geistigen Kosmos des Stammes und lernten ihre Tiernatur kennen, um sich mit ihr zu verschmelzen. Während der Zeit in der Wildnis galten sie als Tote, die sich auf die Wiedergeburt als erwachsene Stammesmitglieder vorbereiteten. Nach dem Berserkergang, der einige Jahre dauern konnte – die Zahl sieben, wie im Bärenhäutermärchen, ist keine wirkliche, sondern eine magische Zahl –, wurde, als Zeichen der Rückkehr in die menschliche Gemeinschaft, die Mähne gestutzt, die Nägel geschnitten und der frisch Initiierte neu eingekleidet. Nun konnte er in den Ehestand treten und ein Leben als wackerer, freier, waffentragender Bauer oder Handwerker führen. Dem Bärenhäuter im Märchen ging es ja ähnlich.

34 Mehr zum Thema Berserkergang und Berserkereinweihung in dem Buch von W.-D. Storl *Naturrituale* (2004, AT Verlag).

Werbär.

In späteren Zeiten, während der Wirren der Völkerwanderung bis in die Zeit der Wikingerzüge hinein, gingen diese ursprünglichen Jugendeinweihungen in regelrechte Kriegerinitiationen über.[35] Berserkertum wurde, wie später das Rittertum, zum eigenständigen »Beruf«. Oftmals ließen sich die jungen Wilden Eisenringe um die Gelenke schmieden und schworen, diese erst abzunehmen, nachdem sie einem Feind den Schädel eingeschlagen hatten. Stammesfürsten und Könige umgaben sich mit solchen jungen, in Bärenfell gekleideten Haudegen. Noch Harald Schönhaar (um 900 n.u.Z.), unter dessen Herrschaft Norwegen christlich wurde, hatte Berserker in seinem Dienst. Krieger, die einem solchen Kampfbund angehörten und überlebten, erfreuten sich hohen Ansehens. Oft wurde solch ein Tollkühner zum verehrten Begründer einer Sippe.

Die alten Alemannen bezeichneten die Stammväter der Sippen und die Hofbesitzer mit dem Ehrentitel »Bero« (Bär). Wahrscheinlich waren das Männer, die den Berserkergang gegangen waren. Nur wer die Abgründe der eigenen Wildheit kennt, kann auch die Fundamente einer friedlichen, gesitteten Gesellschaft wahren.

35 Eine ähnliche Entwicklung der »Professionalisierung« des Kriegertums fand auch bei den Indianern statt, als sie unter zunehmendem Druck der weißen Siedler in die Stammesgebiete anderer Völker gedrängt wurden. Es formten sich kriegerische Männerbünde, wie etwa die »Steppenwölfe«, die »Hirschschilder« oder die berühmten »Hundesoldaten« bei den Cheyenne.

Es wird aber auch von Berserkern berichtet, die ganz dem Teufel (Odin) verfielen und nie aus der Wildnis zurückkehrten. Von allen geächtet, entwickelten sie sich zu gemeingefährlichen Kannibalen, zu Werwölfen oder Werbären, von denen man glaubte, dass sie nach ihrem Tod selbst zu leiblichen Bären oder Wölfen würden.

Besonders die alemannischen Stämme, die im Zuge der Völkerwanderung die Schweizer Alpentäler und angrenzende Gebiete eroberten und besiedelten, betrachteten sich als kämpfende Bären. So ist es verständlich, dass in den alpenländischen Winter- und Narrenfesten noch manches vom Berserkertreiben, wenn auch in stark abgemilderter Form, weiterlebt. Bei der alemannischen Fasnet (Fastnacht) geht es oft recht rau zu, und Bärenvermummungen sind keine Seltenheit.

Im vorreformatorischen Bern, wo die Fastnacht besonders toll getrieben wurde, soll einmal ein Bär aus dem städtischen Bärengraben ausgebrochen sein und sich unter die saufende, raufende Menge gemischt haben. Der brummende Gast, der sich hier und da gebratenes Fleisch und frisches Brot unter die Krallen riss und diesem oder jenem Feiernden einen Hieb versetzte, fiel nicht sonderlich auf. Im Gegenteil, wenn er überhaupt auffiel, dann nur deshalb, weil er sich anständiger benahm als die anderen Bärengestalten.

Nachklänge des Bärenhäutertums findet man bis in die Neuzeit. Wenn die Berner unter ihrem trutzigen Bärenbanner in den Krieg zogen, dann

Berner Bannerträger. (Gemälde von Humbert Mareschet, 1585–86)

Amerikanischer Waldläufer im Kampf mit einem Grizzly. (1863)

schritt noch bis ins 16. Jahrhundert der stärkste ihrer Kämpfer in ein Bärenfell gehüllt vor ihnen her. Aus der Tradition der in Bärenfelle gehüllten Krieger stammen auch die hohen Bärenfellmützen der königlichen Palastwachen in London, Kopenhagen und Stockholm.[36]

Die Mountain Men und Waldläufer des amerikanischen Wilden Westens, die es in den Kämpfen mit den Indianern besonders wild trieben, knüpften, ohne dass es ihnen bewusst gewesen wäre, ebenfalls an diese Tradition an. Gern hüllten sie sich in Bärenfelle, und von Grenzern wie Davy Crockett und Daniel Boone geht die Legende, sie hätten schon als Kinder eigenhändig, nur mit einem Messer bewaffnet, einen Bären erlegt.

Folgeseelen

Für Naturvölker ist es nicht außergewöhnlich, dass sich ein Mensch – oder eine Gottheit – in ein Tier verwandelt. Es ist ihnen durchaus verständlich, dass ein Mensch eine tierische Doppelseele haben kann und dass sich diese Seele gelegentlich im Traum oder in der Trance bemerkbar macht.

Ein Bärenhäuter hat eine besonders starke, wilde Tierseele – eine Bärenseele. Wenn er in Kampfeswut gerät, kann es vorkommen, dass sich diese Bärenseele vollkommen seines Körpers bemächtigt. Dann ist der Kämpfer kein Mensch mehr, sondern ein wahrhaftiger Bär.

Völkerkundler und Leser der Bücher des Carlos Castaneda kennen den animalischen Doppelgänger des Menschen unter der Bezeichnung *Nagual*. Die Skandinavier sprachen in dieser Beziehung von einer *Fylgia*, einer Fol-

36 In Bärenfell gehüllte Kämpfer gab es selbstverständlich nicht nur bei den Nordeuropäern. Die Feldzeichenträger *(signiferi)* im kaiserlich-römischen Heer empfingen als Auszeichnung eine Bärenhaut, über Helm und Panzer gelegt. Auch die Arkader fochten ihre Schlachten in einem Fellkleid (Röhrich 2001, Bd.I: 148).

geseele, von der sie glaubten, dass sie die Macht eines Menschen personifizierte. Sie ist es, die vorahnen lässt und vor Gefahren warnt – Instinkt würden wir das heutzutage wohl nennen. Diese Folgeseele führt aber auch ein Eigenleben und schweift gelegentlich als leibhaftiges Tier durch den Wald. Sie kann auf die Kinder vererbt werden und über Generationen hinweg als Beschützer der Sippe tätig sein.

Die in Skandinavien noch immer gern erzählte Geschichte von Bodwar Bjarki (Bärchen) handelt auch von der Fylgia:

Bodwar Bjarki war ein Krieger im Gefolge von König Hrolf Kraki. Bei einem Ausritt wurde der König unweit von seiner Halle von Feinden überfallen. Die ihn begleitenden Recken hielten sich tapfer gegen die Übermacht. Nur Bodwar Bjarki fehlte. Er hatte den Ausritt verpasst.

Plötzlich, mitten in der tobenden Schlacht, erschien ein riesiger Bär. Er stürzte sich ins Getümmel. Den bedrängten König schützend, setzte er den Angreifern mit Klauen und Zähnen zu, schlug sie von den Rossen und zerfleischte sie. Weder Schwerthiebe noch Speerstiche schienen dem Bären etwas antun zu können.

Hjalt, einer der Krieger des Königs, wurde zornig, als er merkte, dass Bjarki nicht mit dabei war. Da jeder Degen gebraucht wurde, eilte er in die Königshalle zurück, um zu sehen, was mit Bjarki wohl los sei. Es konnte ja nicht angehen, dass Bjarki das Lärmen und Schreien nicht hörte. Als Hjalti die Tür aufriss, sah er Bjarki tief im Schlaf versunken auf dem Bärenfell liegen. Unsanft rüttelte Hjalti den faulen Burschen wach.

»Wie kannst du hier tatenlos liegen, während dein König in äußerster Not ist!« fuhr er ihn an. Bjarki gähnte nur, schüttelte sich und stand auf.

Im selben Augenblick verschwand der schlagende Bär vom Schlachtfeld und die Lage verschlechterte sich für König Hrolf. Schließlich verlor er die Schlacht. Der ungewöhnliche Bär war nämlich niemand anders als die starke Fylgia des Bodwar Bjarki. Während er schlafend auf dem Bärenfell in der Königsburg lag, kämpfte seine Tierseele in Bärengestalt neben dem König.

Mit dem Versuch der Verfechter der neuen Religion, Odin, Thor und die anderen Asen zu verdrängen, verkümmerte allmählich auch der Glaube an tierische Doppelgänger. Die Bärenfylgia lebt in der niederen Mythologie nur noch als nächtliches, bärengestaltiges Spukwesen weiter.

Der Krieg der Tiere

Der Bär ist der König der Tiere. Davon waren die Nordvölker überzeugt. In den südlicheren Ländern, im Nahen Osten und Nordafrika, war es dagegen der Löwe. Erst später, durch den Einfluss von antiker römischer Kultur und Christentum, machte der Löwe als Wappentier auch im Norden dem Bären seinen Vorrang streitig.

In den nördlichen Waldlandkulturen aber blieb der Bär noch lange der Herrscher. Schon aus diesem Grund hielten sich manche Stammesfürsten Waldbären in ihren Hallen, und mancher König gab sich den Beinamen »Bär« oder »Heiligbär« (althochdeutsch Halecbern, altnordisch *Hallbiörn)*.[37] Mit Bärenkriegern umgaben sie sich sowieso, sei es im Gelage oder im Kampf.

Der Bär galt aber nur als König der Vierfüßler. Die Vögel hatten ihren eigenen König – es war nicht der Adler, wie man meinen könnte, sondern der unscheinbare Zaunkönig.[38] Die Lurche, Echsen und anderen Kriech-

Der Löwe macht dem Bären seine Vorrangstellung streitig. François I. als Löwenkönig, dem sich der Schweizer Bär beugen muss. (Französische Miniatur, 16. Jahrhundert)

37 Eine Urkunde von 1290 erwähnt »Chounrat der Heiligbär« (Bächtold-Stäubli 1987, Bd. VIII: 779).

38 Der Adler sollte eigentlich König des Vogelvolkes sein, da er am höchsten fliegt. Der kleine Zaunkönig jedoch behauptete, er könne höher fliegen. Also veranstalteten sie ein Wettfliegen. Wer am höchsten fliege, der würde zum König der Gefiederten. Der Adler schwebte so hoch er konnte, bis an den Rand des Himmels. Der kluge Zaunkönig hatte sich jedoch auf seinem Rücken versteckt, und als der Adler, vom Flug erschöpft, nicht höher konnte, hob der Zaunkönig ab und zwitscherte: »Ich fliege höher als du, also gebührt mir die Königsehre!« Der Adler gab sich geschlagen, und seither ist der Zaunkönig der Souverän.

tiere hatten ihrerseits ebenfalls einen eigenen König: das war die weiße Schlange, der Haselwurm, der unter einer uralten Haselnussstaude Hof hielt. Die Gebrüder Grimm überliefern uns eine alte Geschichte, die von einem Krieg zwischen dem König der Tiere und dem König der Vögel erzählt.

Als Bär und Wolf einmal durch den Wald spazierten, hörten sie ein liebliches Zwitschern. Der Bär wollte wissen, was das wohl für ein Federvieh sei, das da so schön singt. Der Wolf erklärte ihm, es sei der Zaunkönig, der König des Luftreiches, dem man gebührend Ehre erweisen müsse.

Da wollte der Bär unbedingt den Palast des anderen Souveräns sehen und schaute durch die Zweige hindurch. Als er das winzige Nest sah, konnte er nur verächtlich lachen. Die dünnen, nackten Jungen im Nest, die Königskinder, kamen ihm recht erbärmlich vor. Er würdigte sie nicht einmal mit einer Verbeugung. »Das ist kein Palast und ihr seid auch keine Königskinder, ihr seid unwürdige Kinder!« kommentierte er und ging. Der Vorfall kränkte die Winzlinge so sehr, dass sie, als die Alten mit Würmern im Schnabel angeflogen kamen, gar nicht fressen wollten.

Der Bär und die Zaunkönigkinder.

Da flog der Zaunkönig mit seiner Frau zur Höhle des Bären und rief hinein: »Alter Brummbär, warum hast du meine Kinder gescholten? Das soll dir übel bekommen, das wollen wir in einem blutigen Krieg ausmachen.« Der erzürnte Vogelkönig rief alles, was in der Luft fliegt, die Vögel, Bienen, Mücken, Hornissen, Bremsen und Käfer herbei. Sie bildeten ein mächtiges summendes, kreischendes Heer.

Der Bär rief ebenfalls alle seine Verbündeten und Vasallen herbei, die Hirsche, Wildschweine und was sonst noch auf vier Beinen geht. Reineke Fuchs wurde seiner Listigkeit wegen zum General ernannt. Der Generalstab entschied, dass sich der Fuchs zunächst an den Feind heranpirschen solle, um die Lage zu peilen. Mit seinem langen roten Schweif solle er dann Signal geben: Richtete er den Schweif in die Höhe, dann hieß die Parole Sturmangriff. Senkte er ihn aber, dann drohte Gefahr und Rückzug war angesagt.

Der kluge Plan blieb aber nicht geheim. Eine winzige Mücke hatte sich im Hauptquartier unter einem Blatt versteckt und alles mit angehört. Als der Fuchs die Feinde auskundschaften wollte, schickte der Zaunkönig ein Geschwader Hornissen. Sie stachen den General so kräftig in den Hintern, dass er laut aufheulend seinen Schwanz zwischen die Hinterbeine kniff und davonlief. Dieses heftige Signal versetzte die Tiere in Panik, sie meinten, alles wäre verloren und rannten so schnell sie konnten in alle Richtungen davon.

Der Zaunkönig hatte den Krieg gewonnen, und der stolze Bär musste den Canossagang zum Zaunkönigsnest antreten. Nachdem er die Zaunkönigkinder demütig um Verzeihung gebeten hatte, fraßen sie auch wieder und waren guter Dinge.

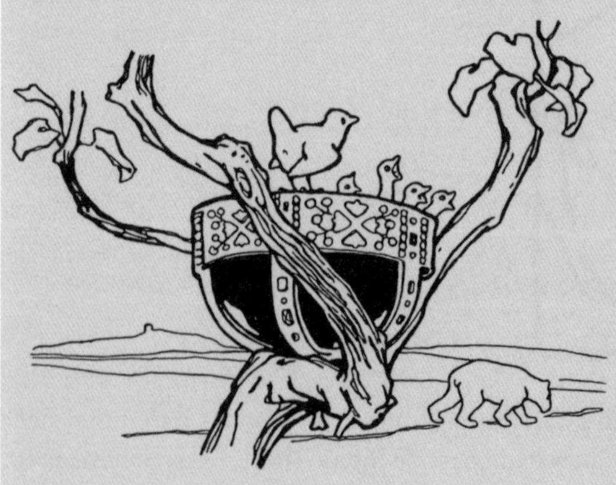

Geschlagen verzieht sich der Bär.

Häuptling der Tiere

Bei den nordamerikanischen Waldlandvölkern gilt der Bär als der Häuptling aller Tiere. Er ist der stärkste und ruhigste. Tatsächlich kann er ungestraft den Wölfen und Pumas die von ihnen schon erlegte Beute einfach wegnehmen. Das ist weniger anstrengend als selber jagen.

Der Sioux-Medizinmann Lame Deer hebt den Stellenwert des Bären mit einer Geschichte aus seiner Kindheit hervor: Sein Vater, der gerade mal im Besitz einer Handvoll »grüner Froschhäute« (Dollarscheine) war, ging in einen Saloon, um sein Glück im Pokerspiel zu versuchen. Der weiße Besitzer des Lokals hielt einen kleinen, erbärmlichen Bärenwelpen an der Theke angekettet. Die Cowboys und Glücksspieler machten sich einen Spaß daraus, den Bären zu piesacken und zu necken, damit er sich auf die Beine stelle. Da trat ein großgewachsener, zigarrenrauchender Weißer in das Lokal, der eine riesige Dogge mit sich führte. »Nettes Streicheltier«, sagte er zu dem Barkeeper mit Blick auf das Bärchen, »aber pass nur auf, dass meine Dogge ihn nicht zerfleischt!«

»Der Bär wird mit dem Hund fertig«, antwortete dieser.

»Ich wette fünfzig Dollar, bei einem Einsatz von fünf zu eins, dass er dein Schoßtier zerreißen wird«, prahlte der Mann. »Komm, lasst sie kämpfen!«

Auf einmal waren alle Glücksspieler, die Indianer wie auch die weißen Cowboys, interessiert an der Wette. Immer mehr Leute kramten ihre Dollars aus den Taschen hervor, und die Einsätze wurden immer höher. Die meisten Weißen wetteten, dass die große, sabbernde, hässlich aussehende Dogge den Kampf gewinnen würde. Die Indianer, auch der Vater von Lame Deer, setzten auf den kleinen, niedlichen Bären, denn für sie ist der Bär der Häuptling der Tiere. Im Freien formte man mit Decken und Stühlen einen Kreis und ließ die Tiere hinein. Das Bärchen saß einfach da, wie ein kleines Wickelkind. Es schien sich gar nicht um den wütend knurrenden, zähnefletschenden Hund zu kümmern. Spielend krallte es sich etwas Erde auf und rieb sich damit den Kopf ein. Der Hund schien etwas klüger als sein Besitzer gewesen zu sein, denn obwohl er bellte und knurrte, als sei die Hölle aufgebrochen, wagte er keinen Angriff auf das Bärchen. Erst als sein Besitzer ihm fluchend einen Tritt gab, raste er los. Mit einem einzigen blitzartigen Schlag der Tatze riss der kleine Bär dem Hund die Kehle auf, so dass er tot zusammenbrach. »Der Bär hat keinen Laut von sich gegeben, nur ein ›Harrr‹, so wie es ein Sioux tut, wenn er wütend ist«, fügte Lame Deer hinzu (Lame Deer 1976: 116).

Der weiße Bär. (Zeichnung Theodor Kittelsen)

Wenn die Tiere des Waldes eine Ratsversammlung oder ein Pow-Wow halten, dann gebührt dem Bären der Sitz am Westende der Versammlungshalle, des Tipis oder des Wigwams, so dass er der aufgehenden Sonne ins Gesicht schauen kann. Der Häuptling des Bärenvolks ist ein weißer Albinobär. Weiß gilt als heilige Farbe. (Die Geburt eines weißen Büffelkalbes in Wisconsin im August 1994 galt den Indianern als gutes Omen für die Wiedergeburt der indianischen Kultur.[39])

Wie wir schon hörten, gelten bei den Cherokee die Bären als verwandelte Menschen. Der Häuptling der Bären lebt in dem »Maulbeerhain« auf einem hohen Berggipfel in den Smokey Mountains. Dort befindet sich auch ein magischer See, zu dem verletzte Bären gehen, um sich zu heilen. In dieser wilden Bergregion versammelt sich das Bärenvolk im Herbst, um zu tanzen, ehe es sich für den Winter in die Höhlen zurückzieht (Mooney 1992: 47). Im ganzen Waldlandgebiet und auch in der angrenzenden Steppe wird in verschiedenen Fassungen die Geschichte »Vom Ursprung der Krankheiten« erzählt, in der der Weiße Bär den Vorsitz bei Versammlungen der Tiernationen führt. Hier wollen wir die Cherokee-Version dieser Geschichte nacherzählen:

39 In der Gestalt eines weißen Büffelkalbes war in mystischen Urzeiten den Prärieindianern die Weiße Büffelkalbfrau erschienen. Sie brachte ihnen die heilige Pfeife und führte die Büffel, die den Indianern zur Lebensgrundlage wurden, auf die Erde. Die Geburt des weißen Kalbes deuten die Indianer als eine Botschaft dieser Göttin.

Früher, in längst vergangenen Zeiten, lebte das Menschenvolk mit allen Tiervölkern in Frieden und Harmonie. Irgendwann aber erfanden die Menschen Pfeil und Bogen, Speere und Messer. Sie fingen an, die Tiere abzuschlachten, nahmen ihr Fleisch und ihre Häute ohne zu danken, nahmen den Vögeln ihre Federn, und die kleinen Lebewesen, die Käfer und Würmer, zertraten oder zerquetschten sie aus reiner Unachtsamkeit. Zudem vermehrten sich die Menschen ständig, errichteten überall Dörfer, rodeten Wald für ihre Felder und verdrängten die Tiere aus ihrem Lebensraum. Da es immer unerträglicher wurde, beschwerten sich die Tiervölker beim Häuptling der Tiere, dem alten Weißer Bär.

Weißer Bär rief alle Bären zur Beratung in den Maulbeerhain. Und als sie von den Freveltaten der Menschen genug gehört hatten, beschlossen sie, auf Kriegspfad zu gehen. Da sie wussten, wie wirksam die Waffen der Menschen waren, entschlossen sie sich, ebenfalls mit Pfeil und Bogen zu kämpfen.

»Woraus werden Pfeil und Bogen gemacht?«, fragte der Häuptling. Einer, der die Menschen genau beobachtet hatte, antwortete: »Der Bogen wird aus den jungen Ästen des Osagedorns[40] geschnitzt, und die Sehne ist aus unseren Gedärmen!«

Nun holten die Bären das Holz, und ein Bär opferte sich, damit man aus seinen Gedärmen die Sehnen machen konnte. Es war mühsam, den Bogen herzustellen, denn der Osagebaum ist sehr stachelig, aber schließlich gelang es ihnen. Als sie sich im Schießen üben wollten, gab es Probleme. Beim Versuch, die Pfeile abzufeuern, verfingen sich die langen Krallen in den Sehnen.

»Schneiden wir unsere Krallen ab!« schlug einer der Bären vor. Weißer Bär aber erhob Einspruch: »Schon ist einer von uns wegen der Sehne des Bogens gestorben: Wenn wir unsere Krallen stutzen, werden wir alle sterben. Wie können wir dann bei Gefahr in die Bäume klettern, wie Wurzeln und fette Larven ausgraben? Diese Menschenwaffen sind unnatürlich und für uns nicht zu gebrauchen!«

Da keinem Bär etwas Besseres einfiel, löste der alte Häuptling die Versammlung auf. Die Bären verstreuten sich in den bewaldeten Bergen und vergaßen die Angelegenheit. Süßes Wildobst fressen, Wildhonig schlecken und gemütlich durch den Wald bummeln, gefiel ihnen sowieso besser als das politische Geschäft.

40 *Maclura pomifera;* englisch »osage orange tree«.

Die Geschichte geht weiter, aber nun ohne den Bären:

Der Hirschhäuptling, Kleiner Hirsch, trat an seine Stelle und führte die Ratsversammlung der Waldbewohner. Auch er war zornig. »Rehe, Hirsche und andere Waldtiere geben ihr Fleisch und ihre Häute den Menschen«, erklärte er, »aber nie mehr hört man Worte des Dankes, nie Worte der Entschuldigung! Sie morden uns, aber sie bedecken weder unsere Knochen, wie es sich gehört, noch hinterlassen sie Geschenke und Tabak für die Hinterbliebenen. Solange ich keine Dankesworte höre, werde ich die Menschen dafür bestrafen. Ich schicke ihnen Rheuma und Gliederreißen, so dass sie hilflose Krüppel werden!«

Die Schlange sprach für die Kriechtiere, die Lurche und Echsen: »Auch uns missachten die Menschen und behandeln uns schlecht. Wir werden ihnen in Alpträumen erscheinen, werden sie darin mit unseren Leibern umschnüren, so dass sie Atemnot haben. Wir werden sie anhauchen mit giftigem Atem und werden ihnen mit unserem stechenden Blick die Lebenskraft nehmen, so dass sie den Appetit verlieren und an Auszehrung sterben.«

Noch wütender waren die Insekten, Würmer und anderen Winzlinge. »Die grausamen Menschen zertreten und zerquetschen uns. Wir wünschen, sie wären alle tot«, sagte ihr Sprecher. Daraufhin erfanden sie all die schrecklichen Krankheiten und Seuchen, die die Menschen noch heute plagen. Und hätten sie ihren Willen bekommen, dann wäre das Menschengeschlecht sicherlich ausgestorben.

Nur das Streifenhörnchen, von den Menschen weitgehend in Ruhe gelassen, versuchte ein gutes Wort für die Zweibeiner einzulegen. Aber die Tiere waren so erzürnt, dass sie über das Hörnchen herfielen und ihm mit ihren Krallen über den Rücken fuhren. Deswegen haben diese kleinen Baumnager noch immer Streifen auf dem Rücken.

Der Hund, der gern um die menschlichen Lagerplätze streunte und sich an Abfällen, Knochen und Kot genüsslich tat, war das einzige Tier, das die Menschen mochte. Traurig schlich er sich aus der Runde, ging ins Menschendorf und ist bis heute dort geblieben. Die anderen Tiere erklärten den Hund für verrückt und schlossen ihn aus ihrer Gemeinschaft aus.

Die Bäume, Sträucher und Kräuter, die schweigend den Versammlungsplatz umgaben, hörten alles. Sie waren nicht einverstanden. Sie hatten Mitleid mit den Menschen, zudem hatten sie nicht die besten Erfahrungen mit den Tieren gehabt, zu viel hatten diese an Sprossen genagt, Rinden zerkrallt, Samen zerstört oder ihre Hörner an jungen Bäumchen glattgewetzt. Also hielten auch sie ein Pow-Wow und entschieden, den Menschen zu helfen. Für jede Krankheit, die die Tiere ausschicken, würde einer von ihnen ein Heilmittel bereitstellen. Ein Kräutlein nach dem anderen gab bekannt, welche Krankheit es zu heilen wisse. Sie schickten einem Medizinmann einen Traum, in dem sie erklärten: »Wir, das Grüne Volk, werden euch bei jeder Krankheit helfen. Aber wir sind scheu, ihr müsst zu uns kommen und uns um Hilfe bitten, wenn ihr krank seid. Auch den Bären könnt ihr fragen, denn er kennt unsere Eigenschaften am besten.«

Bärenheilige und Teufel

»Während er [der Prophet Elisa] den Weg hinaufstieg,
kamen junge Burschen aus der Stadt und verspotteten ihn:
Sie riefen ihm zu: Kahlkopf, komm herauf!
Kahlkopf, komm herauf!
Er wandte sich um, sah sie an und verfluchte sie im Namen des Herrn.
Da kamen zwei Bären aus dem Wald und zerrissen zweiundvierzig junge Leute.«
2. Könige, 2,23–24

Um 590 kam der heilige Columban mit zwölf Gefährten aus Irland und Wales auf das Festland. Weiß gekleidet, den Vorderkopf nach Art der Druiden kahlgeschoren, mit Büchern beladen und mit den Knochen heiliger Märtyrer, in Bündeln an den Wanderstäben befestigt, zogen diese Nachfahren keltischer Zauberer im Namen Christi durch das Frankenreich. Selbst durch eiserne Kasteiungen gestählt, traten sie an den Fürstenhöfen für strenge Sitte und Moral ein – so streng, dass man sie immer wieder veranlasste weiterzuziehen. Auf ihrer Wanderung gen Südosten kamen sie zu den Alemannen. Nur der unerschütterliche Glaube an ihren Gott und an ihre Mission nahm ihnen die Angst vor der Wildnis, vor wilden Tieren und bösen Heiden. Berserker gab es bei den Alemannen noch bis in die Anfänge des 7. Jahrhunderts.

Als die heiligen Männer fastend und betend am Ostufer des Bodensees entlangzogen, stießen sie auf ein lautes, ausgelassenes *Blot*-Ritual, ein Fest zu Ehren Wotans und der heidnischen Götter, bei dem das Bier in Strömen floss. Die frommen Mönche waren über das Teufelstreiben erbost. Besonders der junge *Gailleach* – wir kennen ihn als den heiligen Gallus –, Sohn eines irischen Königs, ereiferte sich. Er warf den Bierkessel um, zerschmetterte die Götzenbilder an einem Felsen und warf die Stücke in den See. Die Unerschrockenheit der Mönche verblüffte und beeindruckte die Heiden, so dass sich einige von ihnen bekehren ließen. Die meisten jedoch reagierten feindselig und erschlugen einige der Mönche.

Ein Bote des Fischezeitalters

Columban sah sich gezwungen, über die Alpen weiterzuziehen, aber Gallus gefiel es am Bodensee. Er angelte nämlich leidenschaftlich gern. Gelegentlich störten ihn zwar schamlos-nackte Alemannenmädchen, die vergnügt im See planschten, aber es gelang ihm stets, sie mit Gebet und Bannfluch zu vertreiben.

Als Columban zum Weitermarsch rüstete, wurde Gallus vorübergehend von einem heftigen Fieber befallen. Mit seinem Freund Hiltibold blieb er am Seeufer zurück. Vor den Wölfen, Wildschweinen und Bären, die das subalpine Bärenbiotop bevölkerten, fürchteten sie sich nicht. Schließlich waren sie Gottesmänner, und auch dem Propheten Daniel war in der Löwengrube kein Leid geschehen.

Wochenlang irrten sie durch die Wildnis. Bei einem Wasserfall an der Steinach stürzte der vom vielen Fasten geschwächte Gallus. Das heilige Reliquienbündel, das er am Knauf seines Wanderstabes festgebunden hatte, berührte den Erdboden. Die Mönche sahen dies als Zeichen, an dem Ort zu bleiben und eine Klause zu bauen.

Um wieder zu Kräften zu kommen, fischte Gallus eine Mahlzeit für sich und Hiltibold. Nachdem sie gegessen hatten, kam ein Bär dahergetappt und machte sich über die Reste dieser Fischmahlzeit her. Gallus schlug das Kreuz und sprach das Tier brüderlich an. Dann befahl er dem Waldwesen Brennholz fürs Feuer und Baumstämme für den Bau der Zelle herbei zu schleppen. Im Namen Christi bat er den Breitschädel, andere wilde Tiere zu vertreiben und sich selber dann in die Berge zurückzuziehen. Dafür gab er dem bezwungenen Bären ein geweihtes Brot und zog ihm auch noch einen Dorn aus der Tatze.

Aus der so begründeten Einsiedelei entwickelte sich allmählich das Kloster St. Gallen – eine Keimzelle der neuen christlichen Kultur. Von hier aus wurde die Bekehrung der wilden Alemannen vorangetrieben. Eine ikonische Darstellung schildert die Begegnung des Heiligen mit dem Bären.

Der heilige Gallus bezwingt den Bären. (Siegel der Stiftsbibliothek St. Gallen)

Sie zeigt, wie Gallus den Bären segnet und ihm das geweihte Brot reicht, während der aufrecht schreitende Bär ihm einen Balken bringt. Zwischen dem Bären und dem Heiligen steht das Kreuz als Zeichen der Begegnung und der Versöhnung.

Die Bären, die dem heiligen Einsiedler helfen und ihn schützen, sind nicht unbedingt wilde Waldbären. Es handelt sich wahrscheinlich um echte, in Bärenfell gehüllte Berserker, die sich, auf Befehl ihres Häuptlings, des Herzogs Kunzo, um den Fremden kümmern sollen. Der heidnische Kunzo hatte zuvor den sonderbaren Zauberer an das Krankenbett seiner Tochter gerufen. Mit Weihwasser und Gebet gelang dem Mönch die Heilung, und fortan stand er unter Kunzos Schutz. Das hatte er auch bitter nötig, denn noch immer hatte er die Rache der Heiden zu befürchten, die er beleidigt und deren Götterbilder er zertrümmert hatte.

Der Bär, dessen Willen der heilige Gallus bezwang, steht aber auch symbolisch für die Ahnenseele der Alemannen. Der Bär war ja das Totemtier der alemannischen Krieger und stand mit den beiden Hauptgöttern des Stammes, mit Wuotis (Odin) und mit Donar (Thor) in Verbindung. Indem der Bär das geweihte Brot entgegennimmt, hält er Kommunion mit dem Geist des neuen Fischezeitalters, der sich nun der Welt bemächtigt. Gleichzeitig gibt der Bär diesem neuen Geist Wärme, Schutz und eine Bleibe, indem er Feuer- und Bauholz bringt. Auf den alten Siegeln, die diese Begegnung schildern, kommt der Bär von links, von der Herzensseite. Die alemannische Bärenseele hat also die christliche Botschaft in ihr Herz aufgenommen (Burri 1982: 86).

Das Fest des heiligen Gallus findet am 16. Oktober statt, zu jener Zeit im Jahreskreis also, in der die Bären müde werden und sich nach der stillen Geborgenheit der Erdhöhlen sehnen. Indem der heilige Gallus den Bären

Columban und Gallus mit Bären. (W. Auers Heiligenlegende, 1890)

fortschickt, entlässt er auch das alte heidnische Erbe aus dem Bereich des Bewusstseins. Es schwindet aus dem alltäglichen Denken und Wahrnehmen und versinkt in die tiefe Höhle des Unterbewussten. Eines Tages – in der Lichtmesszeit eines neuen Zeitalters – wird dieser Bär aus den dunklen Tiefen wieder auftauchen. Vielleicht ist jetzt, im beginnenden Wassermannzeitalter, diese Zeit gekommen?

Der Petz als Gepäckträger und Pflugknecht

Nicht nur Gallus, sondern auch andere Heilige und Missionare mussten sich mit dem germanischen Totemtier auseinander setzen. Der heilige Magnus, der Legende nach ein Weggefährte von Gallus und Columban und Begründer dreier Klöster im Allgäu[41], hatte es mit den Petzen zu tun. Einen ertappte er, als er vom klösterlichen Apfelbaum naschte. Nicht nur konnte er dem Bär befehlen, keine Äpfel mehr zu fressen, er zwang das kräftige Tier auch, den Baum zu schütteln, damit die Mönche das Obst nur noch aufzulesen brauchten.

Ein anderer Petz scharrte im Beisein des Heiligen an den Wurzeln einer uralten Tanne und legte dabei eine Eisenader frei. Die Entdeckung des Erzes brachte dem Kloster Füssen und dem umliegenden Land einen wirtschaftlichen Aufschwung. Der Heilige Magnus – im Volksmund Sankt Mang genannt – entlohnte den Bären mit gesegnetem Brot und der Zusicherung, dass ihm kein Leid geschehen werde. Ein weiteres Mal bändigte der Gottesmann ein ganzes Rudel Bären, die er dann zum Kampf gegen die Dämonen des Lechtals abrichtete. Wie eine Meute frommer Hunde trieb er die Bären gegen einen Lindwurm, der die Gegend von Ronsberg verunsicherte. Die vereinten Bären machten dem Drachen, der schon viele Rinder und Menschen gefressen hatte, den Garaus (Endrös/Weitnauer 1990: 526).

Auch andere Heilige ließen sich von der Wildheit der Bären nicht beeindrucken, so zum Beispiel der heilige Korbinian, der Missionar der Bayern. Als ihm ein Teufel in Bärengestalt das Packpferd zerrissen hatte, befahl der Gottesmann dem Bösewicht, nun selber alle Gepäckstücke zu tragen. Dem heiligen Maximin, der sich ebenfalls auf einer Pilgerreise nach Rom befand, erging es ähnlich. Ein hungriger Bär fiel sein Lasttier an und fraß es auf. Auch dieser Bär musste dem heiligen Mann gehorchen. Erst nach-

41 In Wangen, Kempten und Füssen.

dem der Petz ihm die Koffer bis Rom und wieder zurück in die deutschen Lande getragen hatte, entließ er ihn aus dem Frondienst.

Die Pilgerreise zum Heiligen Stuhl scheint unter den damaligen Umständen eine gefahrvolle Angelegenheit gewesen zu sein, denn die Bewohner des Wallis erzählen eine ähnliche Geschichte. In der Nähe des Sankt-Bernhardin-Passes wurde der heilige Martin von einem wilden Bären überfallen, der ihm seinen Packesel zerriss. Auch dieser Bär musste sich der spirituellen Übermacht beugen und seinen Übergriff sühnen, indem er das Gepäck des Heiligen nach Rom trug. Der Ort, an dem das geschah, wurde nach dem Bären Urseris (vom lateinischen ursus, »Bär«) – heute Orsières – benannt.

Anderswo wird von einem strengen Bischof aus dem 5. Jahrhundert berichtet, der einen Bären dazu brachte, sich vor den Pflug spannen zu lassen, nachdem er ihm den Pflugochsen zerrissen hatte. Ähnliches wird vom heiligen Luzius überliefert. Er ließ einen Bären pflügen und Feuerholz für eine arme Witwe herbeitragen.

Etwas freundlicher dem einstigen König der Tiere gegenüber gab sich der Einsiedler Gerold, der der sündigen Welt den Rücken gekehrt und sich in die Vorarlberger Wälder zurückgezogen hatte. Ein von einem jagenden Grafen und seinen Hunden fast zu Tode gehetzter Petz suchte bei dem heiligen Mann Schutz, indem er in die Klause floh und unterwürfig seinen Kopf in den Schoß des Gottesmannes legte. Gerold segnete das Tier und gebot den kläffenden Bracken zu schweigen. Der Jäger sprang vom Pferd und kniete, von dem Wunder zutiefst berührt, vor dem Heiligen nieder. Er schenkte ihm den Flecken Land und das Holz zum Bau eines Klosters.

Was wird in diesen, einander oft zum Verwechseln ähnlichen Heiligenlegenden zum Ausdruck gebracht? Zum einen wird klar, dass die neue klösterliche Kultur dem Bären sein Ökotop streitig machte – das Roden der dunklen Wälder und die Ausweitung des kultivierten Landes, der Anbau von Wein und Weizen galten als Gottesdienst. Zum anderen veranschaulichen die Legenden die Macht der neuen christlichen Moral, die die alte naturhaft-instinktive Lebensweise der Eingeborenen zu bezwingen vermochte und sie zu guten Taten veranlasste. Der Bär, der hier das alte Heidentum versinnbildlicht, lernt zu gehorchen und zu arbeiten. Die Heidenvölker werden dem Teufel entrissen und der Kirche untertan gemacht.

Die Bären, von denen hier die Rede ist, sind also höchstwahrscheinlich keine wirklichen Waldbären, sondern heidnische Bärenhäuter oder auch jene »wildi Lüt« (wilde Leute), die sich in die Wälder zurückgezogen hat-

Wilder Mann und Wilde Frau.

ten. Neben unverbesserlichen Animisten[42] waren es Ausgestoßene, geflohene Knechte und andere, die als Höhlenbewohner ein bärenähnliches, verwildertes Dasein führten. Sie galten als vogelfrei und wurden gelegentlich, wie Bären, Wölfe, Wildschweine oder andere Waldtiere, von adeligen Jagdpartien verfolgt und zur Strecke gebracht.

Legenden zufolge waren die wilden Leute nackt oder mit Fellen bekleidet; sie hatten wirre verfilzte Haare; ihren Lebensunterhalt - Früchte, Wurzeln, Garben und Vieh – sammelten oder stahlen sie sich in den finsteren Nächten zusammen; sie liebten Musik und Tanz; sie trugen Keulen und waren scheu, aber durchaus dienstbereit, wenn sie gefangen wurden – und sie beschäftigten die Phantasie das ganze Mittelalter hindurch. Noch heute leben sie in alpenländischen Fastnachtsbräuchen weiter. Man schrieb ihnen Fähigkeiten zu, die man auch dem Bären zuerkannte, nämlich die Fähigkeit, das Wetter vorherzusagen, Erzadern aufzuspüren und sämtliche Heilpflanzen zu kennen. Besonders aber ihre angebliche Triebhaftigkeit, ihre ungehemmte Sexualität regte die Imagination der frommen Christen an. In der Wolf-Dietrich-Sage hören wir von dem wilden Weib, der rauen Ilse, die den Ritter begehrt:

42 Animismus: Der Glaube vieler Naturvölker, dass alles – auch die »toten« Steine, die Pflanzen, Berge, Seen, Naturerscheinungen usw. – beseelt ist. Mit diesem Begriff wollte der englische Kulturanthropologe Edward Tylor (1832–1917) die »Religion der Primitiven« charakterisieren, die als Gegensatz zu dem Eingottglauben der fortschrittlichen, zivilisierten Völker angesehen wurde.

Als dann der Meister einschlief, kam das wilde Weib
Zum Feuer hingegangen und sah des Fürsten Leib.
Ging auf allen vieren, sah ganz aus wie ein Bär.
Bist du wohl ganz geheuer, welch Teufel bracht dich her?

Da der junge Ritter sich ihr verweigerte, verzauberte sie ihn, so dass er selber wie ein wildes Tier ein halbes Jahr lang durch den Wald irren und sich von Wurzeln und Kräutern ernähren musste. Nachdem Wolf-Dietrich nachgab und mit ihr schlief, kam die Geschichte schließlich zu einem guten Schluss: Sie nahm seinen Glauben an – und ein Wunder geschah:

Da ward sie nun getauft, bisher Rauh Ilse genannt,
Nun heißt sie Siegesminne, die Schönste überall im Land.

Tötung des wilden Mannes. (Pieter Brueghel d. Ä., 16. Jahrhundert)

Die Bärengöttin im Nonnengewand

Ehe sie sich völlig verteufeln und verbannen lassen würden, wandelten viele der alten Götter des Mittelmeerraumes lieber ihre Gestalt. Plötzlich erschienen sie als Heilige und bevölkerten den christlichen Kalender ebenso wie die Altäre und Wandnischen der Kirchen. So fand auch die jungfräuliche Artemis, die Bärengöttin, im Gewand einer christlichen Jungfrau Eingang ins neue Zeitalter. Sie erscheint als jungfräuliche Kolumba, sie lebte zur Zeit der Christenverfolgung unter dem römischen Kaiser Aurelian. Ihres Glaubens wegen warfen die Häscher das Mädchen in einen unterirdischen Kerker. Grobe Schergen wollten sich ein Vergnügen daraus machen, sie zu vergewaltigen. Doch eine Bärin, die zufällig in der Gruft lebte, verteidigte sie. Zwar starb sie schließlich den Märtyrertod – sie wurde gefesselt, mit einem Haken blutig gerissen und dann geköpft –, aber ihr Jungfernhäutchen blieb dank der Bärin intakt.

In einer Bärenhöhle auf der Halbinsel Akrotiri auf Kreta feierten die Heiden einst den Kult der Artemis. Hier verwandelte sich die Bärengöttin in die »heilige Jungfrau Maria vom Bären«, und bezeichnenderweise fällt ihr Fest auf den Lichtmesstag. Ein bärengestaltiges Tropfsteingebilde, einst Mittelpunkt des heidnischen Kultes, wird nun als jener Bär gedeutet, der es gewagt hatte, die Gottesmutter beim Wassertrinken zu stören. Sie verwandelte ihn daraufhin zur Strafe in den Stein.

Auch in der Legende der Erzmärtyrerin Thekla erscheint der Bär. Die attraktive Jungfrau aus vornehmem Haus verweigerte die Ehe, sie wollte sich nicht der fleischlichen Lust hingeben müssen. Also verkleidete sie sich als Mann, folgte dem Apostel Paulus und ließ sich von ihm taufen. Ihre Familie war über ihr Verhalten derart erbost, dass ihre eigene Mutter sie beim Statthalter, einem berüchtigten Christenverfolger, anzeigte. Sie wurde verhaftet und den wilden Tieren zum Fraß vorgeworfen. Ein Bär wollte sie zerreißen, doch ihr Gebet wurde erhört, und ein Löwe stürzte sich auf den Bären und rettete sie. In ihrem einundneunzigsten Lebensjahr, nach vielen Verfolgungen und Geißelungen, verließ die Heilige die Welt, indem sie sich in eine Höhle begab, die sich hinter ihr für immer schloss.

In der Gestalt der heiligen Richardis begegnet uns – diesmal wieder im alemannischen Raum – eine andere Bärenheilige. Diese Tochter eines

Bär in Mönchsgewand.

elsässischen Fürsten war die Frau Kaiser Karls des Dicken. Des Ehebruchs bezichtigt, unterzog sie sich der Feuerprobe und bestand sie. Dann aber hatte sie die Welt und ihr gottloses Treiben satt und gedachte, sich nur noch dem frommen Dienst des Heilands zu widmen. Sie zog sich in die Wildnis zurück, um als Einsiedlerin zu leben. Dort im Wald begegnete ihr ein Bär und zeigte ihr eine Höhle, in der sie sich eine Klause einrichten konnte.

Über dieser Bärenhöhle am Fuß der Vogesen entstand im Laufe der Jahre das Kloster Andlau im Elsass. Bald erkannte man, dass Heilkräfte von dieser Höhle ausgingen. Besonders jene mit Beinbeschwerden pilgerten zu ihr. Vom 11. Jahrhundert an wurden in der Krypta sogar Bären gehalten, und jeder Pilger, der Heilung suchte, wurde angehalten, den Bärenführer mit drei Gulden und den Bären mit einem Laib Brot zu entlohnen.

Waldteufel und »schedlich Gewild«

Die Christen räumten gründlich mit der Tierverehrung auf. Besonders die zauberkräftigen heiligen Tiere der Heiden wie Bär, Rabe und Wolf wurden ihres göttlichen Nimbus entkleidet. Der Bär als Kriegertotem, Ahnengeist, Fruchtbarkeitsbringer und Gefährte der – zur Hexe degradierten – Großen Göttin musste nun, ähnlich dem geprellten Teufel, auf Befehl der Heiligen Frondienste leisten, musste Bausteine für Kirchen und Brücken schleppen, Äcker pflügen, Holz sammeln oder gar, wie beim hl. Eutychius, Schafe hüten. Dennoch blieb der Bär ein beunruhigendes, mit Zauberkraft begabtes Tier. Je mehr man ihn degradierte und verteufelte, desto mehr wuchs die Angst vor ihm.

Bär als Reittier eines Dämons. (Aus Jean Wier: Pseudomonarchia daemonum, 16. Jahrhundert)

Die Gefälligkeiten, die der Bär den christlichen Heiligen erwies, hatte er eigentlich auch den früheren Zauberern und Schamanen erwiesen. Er war ihr Gefährte und Krafttier gewesen. So glaubte man im Mittelalter, dass er noch immer den ungetauften Geistern diene – dem Teufel hüte er die Schätze, dem Berggeist Rübezahl ziehe er den Wagen. Noch immer hütete man sich davor, seinen Namen auch nur zu flüstern, denn wie der Leibhaftige kommt er, wenn er gerufen wird. Man glaubte auch, dass er wie ein Waldteufel den Farnkräutern ihre bunten Blüten stehle und anderen Schabernack treibe.

Die Kirche untersagte allen neu Bekehrten den Umgang mit Bären, ebenso wie sie den Umgang mit bösen Geistern verbot. Nicht nur den Glauben an Sternenkräfte, das Deuten von Zeichen, die Naturverehrung und andere heidnische Bräuche fielen unter den Bann der Kirchenkonzile, sondern auch das Herumführen von Bären, der Verkauf von Bärenhaaren als Medizin oder das Tragen von Bärenzähnen und -krallen. Die Trullanische Synode drohte den ehemaligen Heiden bei solchen Vergehen mit einer Freiheitsstrafe von sechs Jahren. Erst im 9. Jahrhundert führten Spielleute wieder Tanzbären herum.

Hier und da (so etwa in Norwegen) glaubten die Bauern, dass der Bär die Schafe, Ziegen und Rinder vor Wölfen schützt, sie gönnten es ihm, wenn er sich im Herbst eines der Weidetiere als Belohnung holte. In einigen Allgäuer Gemeinden setzten die Bauern das erste im Dorf geborene Kalb dem

Fahrendes Volk mit Tanzbär. (Holzschnitt von Hans Weiditz, Augsburg 1513)

Bären im Frühjahr zum Fraß aus. Im Sommer würde er dann das Vieh auf der Alp in Ruhe lassen.

Im Allgemeinen jedoch versuchte man ihn zu bannen und zu meiden. Man schlug das Kreuz, wenn man dem Zottelpelz begegnete, und sprach den überlieferten Bärensegen des heiligen Gallus: »In nomine domini mei Jesu Christi, zeuch aus und weiche von unserem Tal, du Ungetüm des Waldes! Berg und Alpenschlucht seien dein Revier. Uns aber lass in Ruh und die Herden auf der Alm!«

In einem Gebetsspruch (aus dem Sarganserland), der als Teil des Alpensegens in die Nacht hinausgerufen wurde, heißt es:

»Sankt Peter! Nimm dein Schlüssel
wohl in die rechte Hand.
Beschließ wohl dem Bären seinen Gang,
dem Wolf den Zahn,
dem Luchs die Kralle,
dem Raben den Schnabel,
dem Lindwurm den Schweif,
den Flug des Greif (Geier).
Behüt uns Gott vor solch böser Stund,
dass solche Tiere weder kratzen noch beißen ...«

Man erkennt, dass in demselben Maß, in dem die Christenmenschen ihre eigene sündige, triebhafte Natur zu bannen trachteten, ihre Angst vor den wilden Tieren im Wald zunahm. Der Bär als Verkörperung unbändiger Kräfte wurde zunehmend dämonisiert. Sankt Peters Schlüssel schlossen ihn aus der Gemeinschaft mit den Guten aus. Eine Begegnung mit dem König der Tiere hatte nun nichts Wunderbares mehr an sich, sondern löste Schrecken und Abwehr aus. Die Waldbären reagierten ihrerseits angemessen, denn nichts stört sie mehr und veranlasst sie eher zur aggressiven Gegenwehr als panische Menschen. Oder können sie gar Gedanken lesen, wie es die Sibirer und Indianer behaupten?

Eine starre mittelalterliche Vorstellung teilte die gesamte Schöpfung in Gut und Böse, in Geschöpfe, an denen Gott Gefallen hatte, und solche, die vom Satan verdorben waren. In diesem Schema befand sich der Meister Petz zunehmend auf der falschen Seite. In dem Glauben, eine gottgefällige Tat zu verrichten, stellte man ihm und seinem Gevatter Isegrim mit nahezu fanatischer Verbissenheit nach – mit Giftködern, Spießen, Armbrüsten, Quetschfallen, Fallgruben, Netzen und Fangeisen. Mit Trommeln und Trompeten, begleitet von kreischenden Frauen und bellenden Hunden,

Umzug mit gefangenen Bären im Wallis. (18. Jahrhundert)

zogen Hunderte von Schützen aus, um die »reißenden Thiere« und das »schedlich Gewild« aus ihren Verstecken zu treiben. Man lockte den Bären mit Honig, der mit einer starken Portion Branntwein versetzt war, und brachte den Honigschlecker ums Leben oder in grausame Gefangenschaft. (Als »Bärenfang« bezeichnet man noch heute einen ursprünglich in Ostpreußen gebrannten Honiglikör.) Nicht selten band man den lebendig gefangenen Bären auf dem Rathausplatz an einen Pfosten, blendete seine Augen und schlug ihn wund. Verzweifelt versuchte der erblindete Bär, sich gegen die Peitschen und Hunde zu wehren, die ihn piesackten. Das Spektakel diente weniger der Volksbelustigung als der moralischen Erbauung. Der Bär verkörperte Sünde und Teufel. Anschaulich wurde dargestellt, wie ihn sein gerechtes Schicksal ereilte.[43]

Tierverhaltensforscher glauben, dass der Bär im Mittelalter tatsächlich bedrohlicher wurde. Je häufiger die Menschen in seinen Lebensraum eindrangen, so dass er seine Eicheln, Wurzeln und Beeren nicht in Ruhe suchen konnte, desto öfter schlug er, vom Hunger getrieben, das Vieh. Und ist einmal die Hemmschwelle überschritten, kann sich der Bär zum Gewohnheitsräuber entwickeln.

43 Diesem naturentfremdeten Wahn ist die Menschheit bis heute nicht entkommen: Im Kabuler Zoo zum Beispiel schlugen und quälten die fundamentalistischen Taliban die gefangenen Wildschweine – einst heilige Tiere der Großen Göttin –, »weil sie unreine Tiere sind« (Storl 2002b: 269).

Als vollends dämonisiertes Wesen erscheint das einst für heilig gehaltene Tier in der Sage vom Mühlenbär:

In einer Mühle nahe bei Niederbronn im Elsass spukte einst ein Geisterbär. Dem verzweifelten Müller drohte Armut und der Verfall seiner Mühle, denn kein Handwerker traute sich, etwas zu richten, und kein Müllerbursche blieb länger als eine Nacht. Eines Tages kam dennoch ein kecker Müllerbursche des Weges und bot seine Dienste an. Er hatte schon von dem Bärenspuk gehört, fürchtete sich aber nicht.

In der Nacht wehte ein günstiger Wind, so dass sich die Windmühlenflügel hurtig drehten. Der junge Mann machte sich an die Arbeit. Gegen Mitternacht legte er sich auf ein paar Mehlsäcke, um sich auszuruhen. Gerade als er am Einnicken war, knarrte es. Ein schwarzer Bär tappte herein und beschnupperte Kästen und Säcke. Als es den Burschen sah, hob das Ungeheuer die Tatze.

Der junge Mann hatte jedoch vorgesorgt. Ein frisch geschliffenes Beil lag neben ihm. Mit dieser Waffe setzte er sich zur Wehr und hieb dem Angreifer die Tatze ab. Laut heulend stürzte der Bär aus der Mühle.

Der Meister war froh, den Müllerburschen wohlbehalten und guten Mutes wiederzusehen, als dieser zum Frühstück erschien. Nur war kein Brei gekocht – die Müllerin fehlte. Man fand sie stöhnend und fiebernd im Bett liegen. Ihr fehlte der Unterarm! So wurde sie als unholde Hexe enttarnt und überführt.

Wer ist diese schwarze Hexe in Bärengestalt? Der Mythenkundige erkennt in ihr die alte Getreidegöttin wieder, die Kornmutter, die in heidnischen Zeiten selber als Bärin oder auch in Begleitung eines Bären erschien. Nun ist sie, aus dem Licht des Bewusstseins verbannt, zu einem bösen Nachtgespenst geworden. So geht es allen alten Göttern und Göttinnen, die nicht mehr verehrt und in das Unbewusste verdrängt werden: Sie werden zu schwarzen Dämonen der Nacht.

Die Lichtbären des Bruder Klaus

Die Visionen des Schweizer Heiligen Niklaus von Flüe zeigen im Vergleich dazu ein angenehmes Bild. Bruder Klaus, der arme Bergbauer aus Obwalden, hatte sich als tapferer Krieger und Ratsherr hervorgetan. Eines

Tages – es war zufällig der 16. Oktober, der Tag des heiligen Gallus – verabschiedete er sich von seiner Frau und den zehn Kindern und zog sich zur Einkehr in die Einsamkeit zurück. Fast zwanzig Jahre lang, so heißt es, lebte er nur vom heiligen Sakrament, von Wein und Brot. Fürsten und Herrscher pilgerten zu seiner Klause, um von ihm Rat zu empfangen, und dank seines klaren Geistes konnte ein Bürgerkrieg unter den Eidgenossen verhindert werden. Gleichzeitig empfing er in der Einsamkeit bedeutende Träume und Gesichte.

Niklaus von Flüe, 1417–1487.

In einer Vision, die ihn bis ins Mark erschütterte, erschien ihm ein von Osten her kommender stattlicher Wanderer mit breitem Hut, Stecken und weitem Mantel. Der Wanderer hob an zu singen, und es schien, als singe die ganze Schöpfung mit. Der Berg Pilatus drückte sich flach zur Erde, und die seligen Leute – die Toten – erschienen. Mitten in dieser überwältigenden Szene verwandelten sich die Kleider des Wanderers, und plötzlich stand dieser in ein Bärenfell gekleidet vor dem Mönch. Der Pelz war mit leuchtender Goldfarbe besprengt. Bruder Klaus hatte das Gefühl, als hätte der Fremde ihm alles kundgetan, was im Himmel und auf Erden war.

Sicherlich war es Woutis (Wotan), der Gott seiner alemannischen Ahnen, der ihm aus den Tiefen seiner Seele ins Bewusstsein gestiegen war und in der Vision Gestalt angenommen hatte. (Wotan, der Wanderer, erscheint der Überlieferung nach mit breitkrempigem Hut, Stab oder Speer und weitem Mantel.) Bruder Klaus war es gelungen, diesen alten Gott nicht als Teufel zu verkennen – wie es sonst im Mittelalter gang und gäbe war –, sondern die Vision mit seinem unerschütterlichen christlichen Glauben zu vereinen. Er hatte den leuchtenden Götterbär, den Führer der im Berg weilenden Totengeister, gesehen (Burri 1982: 97).

In einer anderen Vision erschienen dem Mystiker drei edel aussehende Männer. Sie fragten ihn, ob er sich mit Leib und Seele in ihre Gewalt geben wolle. »Ich ergebe mich niemandem zur Gefolgschaft, als dem allmächtigen Gott«, antwortete der Einsiedler. Daraufhin lachten die drei fröhlich und weissagten ihm, dass der gütige Gott ihn im siebzigsten Lebensjahr von seiner irdischen Last befreien werde, dann gaben sie ihm die »Bärenklaue und das Banner des starken Heeres«.

Wer mögen die drei Männer des Gesichts gewesen sein? Wahrscheinlich waren es die Ahnengötter Woutis, Donar und Ziu (Tyr). Bei diesem Heiligen konnten sie fröhlich lachen, denn er verbannte sie nicht zurück in die Dunkelheit. Sein Christentum war nicht ausgrenzend, eng, dogmatisch. Also segneten sie ihn mit den Kräften des Bären, ebenso wie sie seine Vorfahren, die alemannischen Krieger, gesegnet hatten. Auf diese Weise half Bruder Klaus die alemannische Ahnenseele mit dem Glauben auszusöhnen, den unbeugsame iro-schottische Mönche ins Land gebracht hatten.

Bärenpflanzen, Bärenmedizin

»Im Wald fällt ein Blatt vom Baum:
der Adler kann es sehen,
der Coyote kann es hören,
der Bär aber kann das fallende Blatt riechen.«
Indianisches Sprichwort

Wenn die Frühlingsgewitter toben und der Götterbär die starren Gebeine der mürrischen Winterriesen mit seinem Blitzhammer zerschmettert, bis ihre eisige Kraft im Schmelzwasser zerrinnt, dann ist es Zeit für den irdischen Bären, das Paradies der süßen Träume zu verlassen und aus seiner Höhle zu kommen. Nach dem langen Winter sieht er gar nicht mehr so prächtig aus. Er hat gewaltig abgespeckt – ein Drittel seines Körpergewichts hat er verloren –, so dass ihm sein Fell jetzt wie ein verschlissener alter Pelzmantel um die Knochen schlottert. Während der langen Winterruhe hat er weder Urin noch Kot abgesondert. Durst plagt ihn nun – ein mächtiger Durst, ein echter Bärendurst.

Als Erstes löscht er diesen Durst, dann frisst er abführende Kräuter. Vor allem die scharfe Nieswurz (Christrose, *Helleborus)*, ein stark purgierendes und zugleich kreislaufförderndes Heilmittel, sucht er sich. Das so genannte *Bärenpech*, jener Kotpfropfen, der den Darmausgang den Winter über verschließt, wird nun ausgeschieden. Erst danach setzt der sprichwörtliche Bärenhunger ein.

Bachehrenpreis, Brunnenkresse, wilde Zwiebeln, Vogelmiere, junge Brennnesseln, der saure Ampfer und viele andere Frühlingskräuter, die seine ersten Mahlzeiten ausmachen, regen den Stoffwechsel und Kreislauf an, befeuern die Drüsen und hemmen Gärungs- und Fäulniserreger im Darm. Es sind dieselben Kräuter, mit denen unsere Vorfahren ihre »Blutreinigungskuren« machten.

Weidenrinde, Weidenknospen und die Sprossen des Mädesüß *(Filipendula)*, die natürliches Aspirin (Salizylsäure) enthalten, spülen dem Bären – ebenso wie dem Menschen – die überschüssige Harnsäure aus Blut und Gewebe und befreien ihn von Rückenschmerzen, einer häufig auftretenden Nachwirkung des langen unterkühlten Liegens. Die jungen Sprossen des

Wiesenbärenklaus nimmt er ebenso gern zu sich wie manche Bäuerin, die daraus ein stimulierendes und verdauungsförderndes Frühjahrsgemüse kocht. Auch die zarten, frischen Löwenzahnblätter, aus denen die Menschen gern Salat machen, verzehrt er. Löwenzahn steigert den Gallenfluss, wirkt harntreibend, entschlackend und tonisiert den Darm. Mit Spitzwegerich- und Huflattichblättern verjagt der Bär winterliche Katarrhe und Verschleimungen aus seinen Lungen.

In seiner Apotheke finden wir also alle »neun Kräuter« wieder, die während des keltisch-germanischen Frühjahrsfestes zeremoniell verspeist wurden und noch immer in der Gründonnerstagsuppe verwendet werden.[44]

Schlafkraut

Ebenso wie er sich im Frühjahr Grünzeug sucht, um die bleierne Müdigkeit zu vertreiben, findet Meister Petz im Herbst ein Schlafkraut, das ihn in den Dornröschenschlaf versetzt. Davon waren die früheren Gelehrten ebenso überzeugt wie die Bauern. Eine schweizerische Sage erzählt von einem Senn, der beobachtete, wie ein Bär ganz gierig ein bestimmtes Kräutlein fraß. Neugierig geworden, kostete er die Pflanze selber. Da wurden ihm die Augenlieder so schwer, dass er sich unter den umgestülpten Käsekessel verkroch, um ein kleines Nickerchen zu halten. Als er wieder erwachte, war es Frühling. Er hatte den ganzen Winter trotz klirrender Kälte unversehrt schlafend unter dem Kessel verbracht.

Eine andere Geschichte erzählt von einer armen, alten Witwe, die einsam in einer zugigen Hütte am Waldrand lebte. Sie war schwach und hatte große Mühe, ihr Winterholz zusammenzubringen. Eines Herbsttages, als sie beim Reisigsammeln war, bemerkte sie einen Bären auf einer Wiese. Sie sah, wie das Tier mit seinen Krallen sorgfältig ein kriechendes Kraut freilegte und zufrieden brummend einige Zweiglein davon fraß. Anschließend tanzte der Bär und schlug einige Purzelbäume, ehe er beglückt weitertrabte.

Die Alte konnte nicht anders, als selber einige Blätter von der Pflanze zu naschen. Auf dem Heimweg wurde sie dermaßen müde, dass sie sich gerade noch auf ihr Strohlager retten konnte, bevor sie einschlief. Sie schwebte hinauf in ein sommerliches Land mit blühenden Auen, auf denen fröhliche Menschen Reigen tanzten und Lieder sangen. Auch eine schöne Frau mit

44 Mehr zu blutreinigenden Frühjahrskräutern findet sich in W.-D. Storl, *Heilkräuter und Zauberpflanzen zwischen Haustür und Gartentor*, Aarau: AT Verlag, 2000.

wallenden, weißblonden Haaren und großen perlweißen Zähnen sah sie da. Sie glaubte, es sei die Mutter Gottes. Zu Füßen der holden Frau lag derselbe Bär, den sie im Wald beobachtet hatte. Er ließ sich von ihr den Pelz kraulen und grunzte wie beim Honigschlecken.

Als die Alte dann wieder auf ihrem Strohsack aufwachte, meinte sie, noch immer zu träumen, denn ein lauer Frühlingswind wehte durchs Fenster, und draußen im frisch grünen Laub zwitscherten die Frühlingsvögel. Obwohl es ihr nur wie wenige Stunden vorgekommen war, hatte sie tatsächlich den ganzen Winter verschlafen, und die Frostriesen waren längst in die hohen Gletscherberge geflohen. Als sie ihr Spiegelbild im Wasserkrug sah, erschrak sie. Eine junge Frau mit roten Wangen und vollem Haar, ohne eine einzige graue Strähne, blickte sie an. Das Schlafkraut hatte sie verjüngt.

Ein Meister der Botanik

Wenn der berühmte amerikanische Grizzlybärforscher und Wildniskenner T. E. Seton über den Bären schreibt, dass er mehr von Pflanzen und Wurzeln verstehe als ein ganzes Kollegium von Botanikern, dann sagt er nichts Neues. Die offenkundige Kräuterweisheit des Bären hat schon viele beeindruckt. Was anderes könnte man auch vom weisen König der Wälder erwarten? Die Nase eines Bären ist mindestens ebenso gut wie die eines Spürhundes. Verhaltensforscher streiten sich, wie viele hunderttausendmal sie besser wittern kann als das bescheidene Riechorgan des Menschen. Schon vom Geruch her kann der Bär die feinsten Nuancen unterscheiden und weiß haargenau, was er zu sich nehmen darf und was ihm unbekömmlich ist. Besonders alte, lebenskluge Bären lassen sich deshalb kaum mit vergifteten Ködern zur Strecke bringen

Schon in der Antike galt der Bär als der Arzt unter den Tieren. Bei den Jägervölkern der Alten wie der Neuen Welt war es vor allem der Bärengeist, der den Heilern die Heilkräuter offenbarte, die den Appetit wiederherstellen, die Fortpflanzungslust anregen oder ganz allgemein die bösen Krankheitsgeister vertreiben können. Nicht von ungefähr zeigt eine alte keltische Münze einen Bären mit einer Wurzel im Fang.

Für die Indianer ist »Medizin« kein Arzneimittel in dem Sinne, wie wir es verstehen. Ein Medizinwesen – sei es ein Heilkraut, die Friedenspfeife, der Medizinmann, die Medizinfrau oder ein Medizintier – ist ein kraftgeladenes Wesen, ein Reservoir von Mana, von spiritueller Macht, das man unter Umständen anzapfen kann. Unter den Tieren hat kaum ein anderes

Bärendarstellung der Indianer der Nordwestküste, links Tsimshian, rechts Kwakiutl. (Franz Boas, 1927)

so viel »Medizin« wie der Bär. Dementsprechend galten die allerstärksten Heilmittel, vor allem die Wurzeln, als »Bärenmedizin«. Die Midewiwin, die Heilergesellschaft der Ojibwa-Indianer, schnitten die heilkräftigsten Wurzeln in die Form von Bärenkrallen und trugen sie aufgefädelt um den Hals, wie ein echtes Bärenkrallenhalsband.

Um ihre Kraft nicht zu verlieren, durften Medizinpflanzen nicht mit Eisenwerkzeugen ausgegraben werden, sondern nur mit hölzernen Grabstöcken, Geweihstücken oder, wie es der Bär selber tun würde, mit Bärenkrallen. Solche Regeln für das Kräutersammeln sind bei Naturvölkern universell und lassen sich bis in die Steinzeit zurückverfolgen, also bis in die Zeit vor dem Gebrauch von Eisenwerkzeugen (Storl 2000b: 91). Nach Ansicht des Medizinmanns Bill Hoher Büffelstier ist die Bärenmedizin so stark, dass man sie weder im Haus aufbewahren noch in der Fahrerkabine des Autos oder des Lastwagens mitführen sollte. Sie könnte einen überrumpeln!

Die »Ärzte« der kalifornischen Indianer trugen oft Bärenpelze oder auch Berglöwenfelle und lebten, den Berserkern ähnlich, abseits in der Wildnis. Sie galten als dermaßen kraftgeladen, dass man sie nicht in den Dörfern dulden konnte, ihre Power konnte den gewöhnlichen Menschen gefährlich werden. Ihre »Medizin« hatte die Macht zu heilen, aber auch zu töten. An jenen, die ihre Opfer wurden, hinterließen sie Spuren von Bärenkrallen.

Bei den Irokesen war es die Bärenmaskengesellschaft, die, den Anweisungen des Bärengeistes folgend, das Orenda (die Medizinkraft) besaß, um Gicht- und Rheumaerkrankungen schamanisch zu heilen. Vor langer Zeit war der Bärengeist einem halb verhungerten Jäger erschienen, der sich im

Wald verirrt hatte. Aus Mitleid mit dem leidenden Menschen schenkte der Bär dem Jäger Medizinlieder und Tanzschritte. Mit diesen werde man die Plagen, die die feucht-kalte Witterung mit sich bringt, besiegen können.

Unseren keltischen, germanischen und slawischen Vorfahren waren die kraftgeladenen Bärenpflanzen ebenfalls nicht unbekannt. Im Gegensatz zu den Wolfsgewächsen wie Wolfsbeere (Christophskraut), Wolfsbast (Seidelbast), Wolfsschiss (stinkende Nieswurz) oder Wolfsmilch (*Euphorbia*-Arten), deren Wirkung oft stark giftig oder ätzend ist, oder den eher nutzlosen, übel riechenden Hundspflanzen, sahen diese Völker in den Bärenpflanzen etwas Mütterliches, Schützendes und Labendes. Als Bärengewächse bezeichneten sie vor allem solche Pflanzen, die andere an Wuchs und Vitalität übertrafen, wie Wiesenbärenklau, Klette, Bärenwurzel (Engelwurz) oder das Bärmutterkraut (Liebstöckl). Auch besonders zähen Gewächsen, wie der Ackerwinde (englisch *bear bind*, »Bärenbinder«), schrieben sie einen bärigen Charakter zu. Als Bärengewächse galten auch Pflanzen, die, genau wie die Zähne, Krallen und Haare des göttlichen Tieres, Unholde, Hexen und böse Alben vertreiben konnten. Zu diesen zählten der Bärlapp, der Bärlauch, die Klette und das Gold- oder Frauenhaar. Letzteres ist ein Moospflänzchen – im Englischen *bears bed*, »Bärenbett« genannt – das auch als *Widerton* bekannt ist, da es »wider das Tun« der Hexen wirkt.

Kräuter, die den Haar- und Bartwuchs anregen, wie die Brennnessel, der Haarstrang oder die Klette (Klettenwurzelöl), zählte man ebenfalls zu den Bärenkräutern. Weiterhin gehörten dem Bären jene Pflanzen, die – bei Mensch und Vieh – die Milch fett und süß machen, das Liebesvermögen stärken oder die Gebärmutter schützen, sofern sie nicht direkt der Göttin, der Freya, der Frau Holle oder später der Maria unterstellt waren. Und schließlich kann man auch die bewusstseinsverändernden Zauberkräuter,

Bär und Hirsch mit Fliegenpilz. (Sibirische Darstellung)

die es den Berserkern erlaubten, ihre eigene wilde Tiernatur kennen zu lernen, mit zu den veritablen Bärenpflanzen rechnen.

Einige dieser Pflanzen wollen wir nun etwas näher betrachten, denn sie geben Aufschluss über den Archetypus des Bären, wie er sich als Imagination in den Seelen der nordeuropäischen Waldlandvölker spiegelt.

Bärenpflanzen

Heinrich Marzell (1885–1970), der große Ethnobotaniker, der es sich zur Aufgabe machte, sämtliche Pflanzennamen im deutschsprachigen Raum zu sammeln, listet in seinem *Wörterbuch der deutschen Pflanzennamen*, Band V, folgende nach dem Bären benannte Pflanzen auf:

Bärenäugelchen: Kokardenblume *(Gaillardia);* Brauner Storchenschnabel *(Geranium phaeum)*

Bärenbeere: Alpenbeerentraube *(Arctostaphylos alpina);* Beerentraube *(A. uva-ursi)*

Bärenbirne: Felsenbirne *(Amelanchier ovalis)*

Bärenbletsche: Wiesenbärenklau *(Heraculeum sphondylium)*

Bärenblume: Kuhschelle, Küchenschelle *(Anemone pulsatilla)*

Bärenblust: Alpenrose *(Rhododendron ferrugineum)*

Bärenbrand: Wiesenbärenklau

Bärenbrot: Weißdorn *(Crataegus oxyacantha)*

Bären-Chris: Bärentraube

Bärendaumen: Frauenmantel *(Alchemilla vulgaris)*

Bärendill: Bärwurz *(Meum athamanticum)*

Bärendreck: Blaue Brombeere *(Rubus caesius);* Wolliger Schneeball *(Viburnum lantana)*

Bärenfackel: Echte Königskerze *(Verbascum thapsus)*

Bär(en)fenchel: Mutterwurz, Alpenliebstock *(Ligusticum mutellina);* **Bärwurz** *(Meum);* Echter Haarstrang *(Peucedanum officinale)*

Bärenfurz: Stäubling oder Bovist (der Pilz *Lycoperdon)*

Bärenfuß: Stinkende Nieswurz *(Helleborus foetidus);* Wiesenbärenklau

Bärengeist: Isländische Flechte *(Cetraria islandica)*

Bärengerste: Mehrzeilige Gerste *(Hordeum polystichon)*

Bärengiersch: Würz-Kälberkopf *(Chaerophyllum aromaticum)*

Bärgras: Palmlilie, (aus engl. *bear gras,* Yucca)

Bärenkamille: *(Ursinia)*

Bärenklachel: Herbstzeitlose *(Colchicum autumnale)*

Bärenklau: Akanthus *(Acanthus mollis)*, auch Echte Bären, Italienische Bären, Welsche Bären genannt; stinkende Nieswurz; Wiesenbärenklau (auch Deutsche Bären, Unechte Bären genannt); Tataren-Heckenkirsche, Tataren-Geißblatt *(Lonicera tatarica)*; Keulenbärlapp *(Lycopodium clavatum)*
Bärenklee: Wundklee *(Anthyllis vulneraria)*; Wilde Lakritze, Wildes Süßholz *(Astragalus glycyphyllus)*; Steinklee *(Meliolotus officinalis)*
Bärenknoblauch: Bärenlauch *(Allium ursinum)*
Bärenknöpfe: Drachenmaul *(Horminum pyrenaicum)*
Bärenknüppel: Rohrkolben *(Typha latifolia)*
Bärenkraut: Bärentraube; Schusterpalme *(Aspidium)*; echtes Labkraut *(Galium verum)*; Wiesenbärenklau, Bärlapp, Bärwurz *(Meum athamanticum)*; Greiskraut *(Senecio abrotanifolius)*; Ursinia; Königskerze *(Verbascum)*; rotes und blaues Bärenkraut oder Mutterwurz *(Ligusticum mutellina)*
Bärenkümmel: Wiesenbärenklau, Bärwurz
Bärenläppchen: Moosfarn *(Selaginella)*
Bärlapp: Bärlapp *(Lycopodium)*; Wiesenbärenklau
Bärlilie: Türkenbundlilie *(Lilium martagon)*
Bärenlatsche: Wiesenbärenklau
Bärlauch: Bärenlauch *(Allium ursinum)*
Bärmoos: Bärlapp; Widerton *(Polytrichum communis)*; Sumpfmoos *(Sphagnum)*
Bärmutz: Tollkirsche *(Atropa belladonna)*
Bärenohr: Bärenohr *(Arctotis)*; Schlüsselblume *(Primula auricula)*
Bärenpfote: Ziegenbart-Korallenpilz *(Clavaria)*; Wiesenbärenklau
Bärenplampe: Wiesenbärenklau
Bärenplumpe: Kuhschelle *(Anemone alpina; Pulsatilla alpina)*
Bärenpatze: Katzenpfötchen *(Antennaria dioica)*; Wundklee; Wiesenbärenklau; Sommerwurz *(Orobanche)*; Eichhasenpilz *(Polyphrous ramosissimus)*
Bärenpudl: Bärenwurz
Bärensanikel: Glöckel *(Cortusa matthioli)*; Schlüsselblume *(Primula auricula)*
Bärenschote: Wildes Süßholz *(Astragalus glycyphyllus)*; Wiesenplatterbse *(Lathyrus pratensis)*; Wald-Platterbse *(L. sylvestris)*; Hornklee *(Lotus corniculatus)*

Bärenschweif: Herzgespann *(Leonurus cardiaca)*
Bärentappe: Acanthus; Wundklee *(Anthyllis vulnaria);* Knäuelgras *(Dactylis glomerata);* Wiesenbärenklau; deutsches Geißblatt *(Lonicera periclymenum);* Bärlapp;
Bärentatze: Acanthus; Kuhschelle; Katzenpfötchen; Wundklee; Ziegenbart-Korallenpilz *(Clavaria);* Wiesenbärenklau; Bärlapp
Bärentrappen: Wiesenbärenklau; Blacke, Grindampfer *(Rumex obtusifolius)*
Bärentratsche: Wiesenbärenklau
Bärentraube: Bärentraube
Bärentrübli: Traubenhyazinthe *(Muscari)*
Bärenwicke: Heckenwicke *(Vicia dumetorum)*
Bärenwurz: Wurmfarn *(Aspidium Filix-mas);* Alpen-Augenwurz *(Athamanta cretensis);* Tollkirsche; grüne Nieswurz *(Helleborus viridis);* Wiesenbärenklau; Madaun *(Ligusticum mutellina);* Bärwurz *(Meum);* falsche Bärwurz oder Wiesensilge *(Silaum silaus);* weiße Bärwurz oder Zwerg-Mutterkraut *(Ligusticum mutellinoides)*
Bärenzahn: Löwenzahn *(Taraxacum officinale)*
Bärenzotten: Bärwurz
Bärenzucker: Engelsüß *(Polypodium vulgare)*

Bärlauch, Ramser

Wen es einmal im Frühling in die Alpenländer verschlagen hat, dem wird sicherlich nicht entgangen sein, dass der Bärlauch *(Allium ursinum)* noch immer den Rang einer fast heiligen Pflanze innehat. Welcher Bergbauer würde schon auf die alljährliche blutreinigende »Ramsersuppe« verzichten? Wie der Bär, dessen Erscheinen den alt gewordenen Winter aus dem Tal zu vertreiben scheint, so verjagt das grüne Süppchen die Winterleiden – Skorbut, Skropheln, Bleichsucht – aus Leib und Gliedern. Die schwefelhaltigen Senföle dieser mit der Zwiebel verwandten Pflanze putzen Magen und Darm aus, erneuern die Darmflora, entkrampfen und geben eine wohlige, bärige Wärme.[45] Vor allem am Vorabend der Walpurgisnacht sollte

45 Warnung an Laien: Die stark nach Knoblauch riechende Waldpflanze kann eigentlich eben wegen dieses Geruchs mit keiner anderen Pflanze verwechselt werden. Dennoch kommt es jedes Jahr zu Vergiftungen, denn die Blätter ähneln denen der giftigen Herbstzeitlose oder des ebenfalls giftigen Maiglöckchens.

Blühender Bärlauch.

man davon essen, denn das feit gegen die Machenschaften der Hexen, die in dieser Nacht ausfahren.

Der ansonst eher herb-nüchterne Schweizer Kräuterpfarrer Johann Künzle vermag sich einer überschwenglichen Lobpreisung des Bärlauchs kaum enthalten (Künzle 1945: 358): »Ewig kränkelnde Leute«, schreibt er, »Leute mit Flechten und Aißen und Ausschlägen, die Skrophulösen und Bleichsüchtigen sollten den Bärlauch verehren wie Gold. (...) Die jungen Leute würden dabei trüehen wie ein Rosenspalier und aufgehen wie Tannenzapfen in der Sonne« und »Leute die voll Ausschlägen und Flechten waren, skrophulös am ganzen Leib, bleich aussahen, wie wann sie schon im Grabe gelegen und von den Hennen wieder ausgescharrt worden wären, vollständig gesund und frisch wurden nach längerem Gebrauch dieser herrlichen Gottesgabe.«

Auch dem Bären selbst ist das nach Knoblauch riechende Liliengewächs eine Entschlackungskur wert. Der Kräuterpfarrer äußert die Vermutung, diese Frühlings-Blutreinigungskur, »haben unsere Vorfahren den Bären abgeschaut«.

Bärlapp

Noch »bäriger« als der Bärlauch ist der moosartige Keulen-Bärlapp *(Lycopodium clavatum.)* Man meinte einst, das dunkelgrüne Waldbodengewächs sei mit derselben Zauberkraft ausgestattet wie die Pranke eines Bären. Tatsächlich geht die Silbe »lapp« auf ein keltisches Wort zurück, das Bären-

Keulenbärlapp.

pranke bedeutet. Die Sprossen erinnern wirklich an zottige Tierpfötchen. Der wissenschaftliche Name Lycopodium bedeutet Wolfsfüßchen.

Der Volksmund nennt das Moosfarngewächs Teufelsklaue, Johannisgürtel, Hexenmoos, Neunheil oder auch Drudenkraut. Wahrscheinlich sind bei letzterer Benennung nicht die Druden – das sind Druckgeister – gemeint, sondern die Druiden. Für diese sagenumwobenen keltischen Magier war es eine heilige Pflanze, die sie *Selago* nannten. Sie pflückten das Gewächs mit allergrößter Sorgfalt. Barfuss und in ungesäumte, weiße Gewänder gehüllt machten sie sich in dunklen Neumondnächten auf den Weg zu ihr. Nach langer Beschwörung rupften sie die Sprossen mit der linken Hand. Kein Eisen durfte das Selago berühren, denn dann würde der Pflanzengeist entweichen. Zur Versöhnung brachten sie ihm Brot und Honigwein. Aus dem so gewonnenen Kräutlein fertigten sie Amulette zum Schutz gegen alle möglichen Schäden, gegen »bösen Blick«, Verhexung und Verzauberung (Storl 2000a: 339).

Bis zum heutigen Tag hat der Bärlapp seinen Ruf behalten. Einer meiner Nachbarn, ein alteingesessener Bergbauer und Waldarbeiter, steckt sich gelegentlich ein Zweiglein davon neben Gamsbart und Federn in den Hut. Er tut das besonders dann, wenn er einen glücklichen Handel anstrebt oder es mit Behörden und hohen Herrschaften zu tun hat. Heiratslustige Mädchen, so heißt es, sollen sich Bärlapp ins Kleid nähen, dann würden sie unwiderstehlich sein. Kranke sollen es sich in den Johannisgürtel winden,

den sie dann ins Sommersonnwendfeuer werfen, um alle ihre Leiden damit zu verbrennen.

Hexenmehl, Blitzpulver, Erdschwefel oder Drudenmehl nennt man den von der blütenlosen Pflanze reichlich erzeugten, gelblichen Sporenstaub. Stäubt man die öl- und aluminiumhaltigen Sporen in eine offene Flamme, dann zischt und blitzt es, als hätte die Blitzpranke des Götterbären, des Asbjörn, zugeschlagen. Diesen dramatischen Licht- und Explosionseffekt machten sich die steinzeitlichen Schamanen ebenso zunutze wie die Theaterdirektoren vergangener Jahrhunderte. Das Pulver war auch das erste Blitzlicht der Fotographen.

Ebenso wie die alten Europäer benutzten auch die Indianer den Sporenstaub als Wundpulver, das Feuchtigkeit aufsaugt und die Heilung beschleunigt. Man streute es neugeborenen Kindern auf den Nabel, um das Abheilen zu fördern, und benutzte es als Puder für wunde Babypopos. Pfarrer Künzle verschrieb Auflagen des Bärlappkrautes oder Bäder in dem abgekochten Kraut bei Krämpfen und Krampfadern, sowie das Kraut in Wein gesotten und kurmäßig getrunken bei Nieren- und Gallensteinen. Maria Treben, die vielen die Apotheke Gottes wieder nahe gebracht hat, verschreibt es zusätzlich bei Leberverhärtung, Atemnot, Krämpfen, hohem Blutdruck und anderen Leiden (Treben 1986: 9)[46].

Bärentrauben

Wer schon einmal an einer schmerzlichen Harnröhrenentzündung oder Nierenbeckenentzündung gelitten hat, weiß die Heilkraft der Bärentraubenblätter *(Arctostaphylos uva-ursi)* zu schätzen. Eine Abkochung der Blätter wirkt stark harndesinfizierend. Während der Kur sollte der Patient vor allem pflanzliche Nahrung zu sich nehmen, denn die Voraussetzung der Wirksamkeit ist eine alkalische Reaktion des Harns.

Die Bärentraube ist ein kriechender Zwergstrauch aus der Familie der Heidekrautgewächse, der von Europa über Sibirien bis Nordamerika Teil des Bärenbiotops ist. Und es ist tatsächlich so, dass kein hungriger Petz im Herbst gleichgültig an den roten mehligen Beeren vorbeitrottet.

Für die Indianer ist die Bärentraube eine der wichtigsten »Medizinpflanzen« (Kraftpflanzen). Man fädelte die roten Beeren auf und trug sie als Halskette oder man röstete sie in Bärenschmalz oder Fischöl in einer

46 Der Keulenbärlapp darf nicht mit dem giftigen Tannenbärlapp *(Lycopodium selago)* verwechselt werden. Der Tannenbärlapp trägt keine Sporenkolben und hat an den Blättern keine Haarspitzen.

Bärentraube.

Pfanne, wo sie knallen und aufpuffen, wie Popcorn (Moerman 1999: 88). Vor allem aber rauchten die verschiedenen Stämme die lederigen Blätter – gemischt mit Tabak, Hirschkolbensumachblättern und der Innenrinde des roten Hartriegels – in ihren Friedenspfeifen als Kinnikinnik (algonkin, »Räuchermischung«). Dieser Rauch, so Bill Hoher Büffelstier, zieht die Geister an. Er vermittelt Kontakt mit dem Donnervogel, dem sprechenden Coyoten oder dem Bärengeist ebenso wie mit den Häuptlingen anderer Stämme.

Klette

Eine weitere typische Bärenpflanze, die wir keineswegs übergehen wollen, ist die große Klette. Mit Blättern wie Elefantenohren, einer mächtigen Pfahlwurzel und einem Blütenkorb mit vielen kratzigen Haken – Miniaturbärenkrallen – strahlt die Klette eine bärenhafte Vitalität aus. Ihr botanischer Name *Arctium lappa* bedeutet nichts anderes als Bärentatze (griechisch *arktos*, »Bär« und keltisch *lapp*, »Pranke«). Als zünftige Bärenpflanze vermag sie den Haarwuchs zu fördern. Noch immer führen die Apotheken das aus den Wurzeln oder Samen gewonnene Klettenwurzel-Haaröl. Zur Herstellung eines solchen haarwuchsfördernden Öls lässt man die zerstampften Wurzeln in Sonnenblumen- oder Weizenkeimöl drei Wochen an einem warmen Ort ziehen. Auch bei Gliederreißen (Rheuma), Gelenk- und Hauterkrankungen soll das Öl helfen.

Die Germanen weihten diesen Korbblütler dem mächtigen Thor (Donar), dem »Götterbär«, dessen Blitzschläge Drachen und anderes böses »Gewürm« vertreiben kann. So ist es verständlich, dass in der germanischen Volksheilkunde ein Tee aus den Wurzeln gegen die »Würmlein klein, ohne Haut und Bein« verwendet wurde, die sich im Körper einnisten und dem Menschen die Kraft wegsaugen. Der Teeaufguss regt tatsächlich Leber- und Gallenfunktionen an, treibt Harn und Schweiß und schwemmt Giftstoffe aus den Geweben und Organen. Die Wurzel hat ebenfalls bakteriostatische und fungizide Eigenschaften und kann äußerlich bei Akne und Eiterbeulen verwendet werden. Fürwahr ein Bär unter den Heilpflanzen! Eine zauberwidrige Wirkung wird der Pflanze ebenfalls nachgesagt: Kletten, ins Haar geflochten, halten den Teufel fern; Kletten, an den Kuhschwanz gesteckt, machen milchsaugende Hexen im Stall machtlos; ein Klettenblatt unter der Fußsohle einer Frau hilft bei »aufsteigender Gebärmutter«.

Bärenmilch und Bärendreck

Die Milch einer Bärin ist, wie schon erwähnt, sehr fett – 30 Prozent Fettgehalt – und sehr süß. In den Sagen heißt es, wer Bärenmilch trinkt, wird zum Helden. Ein russisches Märchen erzählt von einem solchen Helden, der Milch von einer Waldbärin holen musste, um seine kranke Schwester zu heilen.

Verständlicherweise werden Almwiesenkräuter, die beim Weidevieh die Milcherzeugung anregen oder der Milch einen würzig-aromatischen Geschmack verleihen, ebenfalls mit dem Bären in Verbindung gebracht.

»Bärenmilch macht stark!«, ursprünglich Markenzeichen der »Berneralpen Milchgesellschaft«, in der ersten und der gegenwärtigen Ausführung.

»Bärenmarke« ist eine 1912 patentierte Bezeichnung für eine reichhaltige Kondensmilch, die von Alpenkühen stammt.

Eines dieser Milchkräuter ist die Bärwurz *(Meum athamanticum;* englisch *bearwort;* französisch *fenouil d'ours)*, auch Bärenfenchel, Bärendill, Bärzotten oder Mutterkraut genannt. Die Signatur dieses aromatischen Schirmblütlers ist eindeutig: Er trägt am Hals des Wurzelstocks einen dichten braunen Haarschopf, der sofort an den Pelzmantel eines Bären erinnert. Wo immer er wächst – Alpen, Schwarzwald, Thüringer Wald, Böhmen und andere Bergregionen – ist der Bärwurz eine hoch verehrte Heilpflanze der Volksmedizin. Er gilt als magen- und herzstärkend und wird gerne in Form eines Kräuterschnapses eingenommen.

Ebenso verehrt als Heilmittel und Milchkraut ist die mit der Bärwurz nahe verwandte Mutterwurz, Muttern oder Madaun *(Meum mutellina* oder *Ligusticum mutellina)*, die in den österreichischen Alpen Bärenwurz, Bärenfenchel oder Roter Bärenfenchel genannt wird. In einem Sennenspruch heißt es:

»Rispe, Muttern und Adelgras (Alpenspitzwegerich)
sind das Beste, was das Kühli fraß.«

Die Sage berichtet, dass vor langer Zeit faule, gottlose Sennen die Mutterwurz verfluchten, weil sie dreimal am Tag melken mussten und alle Mühe hatten, die schweren Käselaiber ins Tal zu bringen. Der Fluch wurde wirksam, die milchgebende Kraft versiegte. Einzig das Gebet eines alten Mannes hob die Verwünschung teilweise wieder auf.

In der Mutterwurzart[47], die in den südlichen Rocky Mountains wächst, erkennen die Indianer eine Kriegerpflanze mit Bärenenergie. *Chuchupate*, »Bärenmedizin« hieß sie bei den Azteken, *Osha* (aus dem spanischen *osa*, »Bärin«) nennen es die Mexikaner und die Gringos des Südwestens. Für die Indianer ist Osha fast ein Allheilmittel: Sie kauen die wärmende, schweißtreibende Wurzel bei Grippe, Viruserkrankungen und Magen-Darm-Problemen; Frauen benutzen es, um die Periode anzuregen; sie räuchern mit der getrockneten Wurzel, um die Atmosphäre zu reinigen. Die Crow-Indianer mischen es mit ins Kinnikinnik. Auch um lange Strecken im Laufschritt hinter sich zu bringen, kauten indianische Krieger auf der Wurzel – sie wirkt gut auf die Lungen. Und ein Amulett aus Osha an den Waden schützt vor Klapperschlangenbissen.

47 Rocky Mountain Mutterwurz, *Ligusticum porteri.*

»Die Heilkraft dieser Wurzel haben wir von dem Bären erfahren«, behaupteten die Navaho, als der Ethologe (Tierverhaltensforscher) Shawn Sigstead sie danach fragte. Der skeptische Wissenschaftler aus Harvard wollte es selber sehen, ob die Bären etwas für die Pflanze übrig haben. Als er den Bären im Bostoner Zoo die Wurzeln zuwarf, stürzten sie sich auf sie, ähnlich wie Katzen auf Baldrian. Genüsslich kauten sie darauf herum, sprühten den zerkauten Brei auf die Pfoten und rieben damit wunde oder verpilzte Körperstellen ein. Die Bären der Wildnis – das zeigten nachfolgende Feldforschungen unter Grizzlybären in Alaska – verhielten sich ebenfalls »närrisch«, wenn sie auf die Pflanze stießen. Sie suchen sie als Mittel gegen Darmparasiten, zerkauen die Wurzel und waschen Wunden oder gar ihr Gesicht mit dem Brei. Und der verliebte Bär gräbt sie aus und bringt sie zum Weibchen, wenn er um es wirbt (Storl 2001: 203).

Eine weitere der Bärenmilchpflanzen ist die Bärenschote *(Astragalus glycyrrhiza)*, eine Tragant-Art, die lichte Wälder und Kahlschläge besiedelt. Nahe verwandt mit dieser Bärenschote ist das Süßholz *(Glycyrrhiza glabra)*, aus dessen Wurzeln Lakritze – im Volksmund Bärendreck genannt – gewonnen wird. Der süße Wurzelsaft, durch langes Kochen zur schwarzen Masse eingedickt, war Bestandteil des mittelalterlichen Bärentheriaks (vom griechischen *theriakon*, »wildes Tier«). Bärentheriak enthielt Honig, Blut, eine Vielzahl von Kräutern und eine gute Portion Opium. Die Mischung wurde bei Vergiftungen, den Bissen wilder Tiere und gegen die Pest eingesetzt.

Den Indianern galt das Süßholz ebenfalls als starke Bärenmedizin. Die Prärieindianer kauten es, während sie im Bauch der Mutter Erde, in der Schwitzhütte, saßen. Nur so konnten sie die extreme Hitze der letzten Runden der Schwitzzeremonie ertragen. Das Schwitzen, das sämtliche Unreinheiten aus Leib und Seele treibt, diente als Vorbereitung für den Kontakt mit mächtigen Geistwesen.

Zuletzt wollen wir noch eine einheimische Bärenpflanze betrachten, die fast jeder kennt. Es ist der Wiesenbärenklau *(Heracleum sphondylium)*, der mit seinen mächtigen Saftstengeln und großen, gelappten, rauhaarigen Blättern sämtliche anderen Wiesenblumen und Gräser dominiert. Die Bärennatur dieses Riesen kommt auch darin zum Ausdruck, dass seine Samen das Liebesleben anregen können. Der Bär galt schließlich seit frühesten Zeiten als wahrhaftiger Fruchtbarkeitsdämon. (Der Wiesenbärenklau sollte nicht verwechselt werden mit dem aus dem Kaukasus in jüngster Zeit eingewanderten Riesen-Bärenklau, *Heracleum mantegazzianum*, dem man, wie einem wütenden Grizzly, lieber aus dem Weg geht. Bei

Wiesenbärenklau.

einer Berührung – vor allem wenn die Sonne scheint[48] – kommt es zu Hautentzündungen mit einer Blasenbildung, die der gleicht, die einem ein heißes Bügeleisen auf der Haut hinterlassen würde.)

48 Das Herkuleskraut oder Riesen-Bärenklau besitzt wegen der in ihr enthaltenen Furocumarine phototoxische Eigenschaften.

Des Bären Fett, des Bären Galle

»Ein Heilmittel, das bis heute einen festen Platz in der Hausapotheke der Schamanen und Schamaninnen aus ›Bärenkulturen‹ hat, ist das Bärenfett.«
Nana Nauwald, *Bärenkraft und Jaguarmedizin*

Noch weit mehr als all die Bärenkräuter gilt der leibhaftige Petz selber als wandelnde Wunderapotheke. Jeder Teil seines Körpers ist mit Heilkraft geladen. In China und ganz Ostasien ist ihm an Heilkraft nur die Ginsengwurzel ebenbürtig. Der Ginseng (chinesisch »Mensch-Wurzel«) ist der »Kaiser der Kräuter«, ebenso wie der Bär der »Herr des Waldes« ist. Beiden gemeinsam ist ihre menschenähnliche Gestalt. Und nach dem ältesten Prinzip der Heilkunde – Gleiches wirkt auf Gleiches, also Kopf auf Kopf, Herz auf Herz, Niere auf Niere – wirken beide, die Mensch-Wurzel und der »Waldmensch« Bär, auf den gesamten Menschen ein. Beide tragen die Signatur des Menschen, wie es die Alchemisten ausdrücken würden. Die sibirischen Tungusen gestehen beiden, der Ginsengpflanze wie auch dem Bären, eine menschliche Seele zu. Mit beiden sprechen sie, wie mit einem Menschen. Die alten Chinesen glaubten sogar, dass der begnadete Kräutersammler die Ginsengpflanze heiraten kann. Sie erscheint ihm als eine strahlende Jungfrau. Sogar Kinder vermag er mit ihr zu zeugen. Ebenso kann sich der Schamane mit dem Bärengeist vermählen oder der Bärengeist kann mit den Frauen, die er nachts besucht, Kinder zeugen. Das Verhältnis des Menschen zu diesen beiden Trägern potentester Medizinkraft ist mit viel Energie geladen und mit zahlreichen Tabus und Vorschriften belegt.

Auch in anderen Teilen der Erde sah man im Bären – in seinem Pelz, seinen Zähnen, seiner Galle, seinem Fett, Fleisch und Blut – ein Reservoir allerstärkster Heilkräfte, gegen die sich weder die Krankheitsdämonen noch trügerische Zaubergebilde behaupten können. In den Artemis-Tempeln der Antike wurden aus therapeutischen Gründen lebendige Bären gehalten. Die Priesterinnen der Göttin behandelten Haarausfall und Gicht der Patienten mit Bärenfett und kurierten hartnäckigen Husten mit einem in Honigwasser verrührten Tröpfchen Bärengalle. Gegen die »fallende Sucht« verschrieben sie die Hoden des Bären.

Die Ausstrahlung des Bären

Sicherlich könnte man die Galle, das Fett, die Nieren und die Hoden des Bären nach den in ihnen enthaltenen molekularen Wirkstoffen untersuchen und dabei allerlei Interessantes zutage fördern. Hat man nicht auch die Heilpflanzen auf diese Weise analysiert und sie dabei vom Gestrüpp abergläubischer Vorstellungen befreit? Bill Hoher Büffelstier, mit dem ich mich darüber unterhielt, schüttelte nur den Kopf: »Der Bär hat Medizinkraft, aber das ist kein Stoff, sondern so etwas wie eine Ausstrahlung, mit der er sich umgibt. Jedes Haar, die Krallen und alle seine Teile enthalten diese Kraft!«

Erzählte er mir wieder einmal seine Münchhausen-Geschichten, die er sonst für neugierige Touristen bereithielt? Wie so oft las er meine Gedanken, und noch ehe ich sie zu Ende gedacht hatte, fügte er mit einem verschmitzten Lächeln hinzu: »Diese Ausstrahlung kann das Bewusstsein des Menschen verändern. Hätte er diese Macht nicht, dann hätten die Weißen ihn schon längst ausgerottet.«

Die Ausstrahlung des Bären! Noch bis zum Anfang des 20. Jahrhunderts luden Bauern die fahrenden Leute, die Tanzbären mit sich führten, in die Getreidemühlen und Viehställe ein. Die bloße Gegenwart eines Bären genügte, um ungute Stimmungen, Spuk und Hexerei zu vertreiben.

In den Karpaten hängt man den Kleinkindern noch immer einen Bärenzahn oder eine Bärenkralle über die Wiege. Nach dem uralten Grundsatz, man behandle Gleiches mit Gleichem, halten diese gefährlichen Mordwaffen des Raubtieres alles Bedrohliche von den Kleinen fern. Auch die

Fahrendes Volk mit Tanzbär.

Bärenzahnamulett.

Inuit (Eskimos) hängen ihren Säuglingen Bärenzähne um, damit sie einen kräftigen Appetit, eine gute Verdauung und vor allem starke Zähne bekommen. Gute Zähne waren für die Inuit (Eskimos) lebenswichtig, nicht nur zum Essen, sondern vor allem, weil sie Stunden mit dem Kauen von Lederstücken verbrachten, um diese weich, geschmeidig und bearbeitbar zu machen. Die Inuit sind auch davon überzeugt, dass ein Amulett von einem Teil eines Bären, der nicht durch Menschenhand gestorben war, unverwundbar macht. Knut Rasmussen, der berühmte Polarforscher, ergänzt: »Nicht das Amulett selbst, sondern die Seele des Tieres, von dem das Amulett genommen ist, hat helfende, wirkende Kraft« (Nauwald 2002: 107).

Es ist ein universeller, archaischer Glaube, dass die Kraft, die Körperseele, eines Lebewesens noch viele Jahre in den Knochen, vor allem im Schädel, in den Zähnen und Krallen, weiter leben kann. Das gilt auch für die Überreste des Menschen und erklärt viele Bestattungsbräuche in der Alten wie in der Neuen Welt. Auch die Christen glauben an die Strahlkraft der Gebeine verstorbener Märtyrer und Heiliger und mauern ihre Knochen in die Altäre ein. Auf der ganzen nördlichen Halbkugel wurde der tote Bär mit gleicher Sorgfalt behandelt wie der tote Mensch. In Sibirien wurde das gesamte Bärenskelett sorgfältig begraben oder, wie auch bei den Indianern, in einem Baum oder auf einer Plattform bestattet. Der Schädel – der Sitz der Wiederverkörperungsseele – wurde oft bemalt, so wie man es auch bei menschlichen Schädeln tat (Schlesier 1985: 57). Indem er die Krallen oder Zähne eines Bären trägt, hält der Schamane den Kontakt mit der Seele des Tieres, das in der »anderen Welt« lebt und sein Hilfsgeist ist.

Bärenkrallen und Bärenzahnamulette für Schwangere gab es bei uns noch bis in die Neuzeit, und bei den Zigeunern gibt es sie bis zum heutigen Tag. Im Mittelmeerraum gilt eine um den Hals getragene Bärenkralle als mächtiges Mittel gegen den bösen Blick. Und norwegische Bauern vertreiben die Nachtmahr, die die Kinder nachts reitet, ihnen Krämpfe bereitet und Angst einjagt, mit getrockneten Bärenaugen, die am Kinderbett angebracht werden.

Vielerorts bettete man die neugeborenen Säuglinge sowie Kranke und Alte, die an Rheuma litten, auf Bärenfelle. Man tat das nicht nur der wohltuenden Wärme wegen, sondern vor allem wegen der Vitalität, der Lebensenergie, die der zottige Pelz ausstrahlt. Man traute dem Bärenbalg zu, selbst mit den Folgen der Bisse tollwütiger Hunde fertig zu werden, und wickelte die Gebissenen in Bärenfelle.

Die Samen (Lappländer) ließen Brautpaare bei der Vermählung auf einem Bärenfell sitzen. So würden sie in den Genuss der starken Vitalität des Tieres kommen und selber recht fruchtbar werden. Zum selben Zweck setzten die alten Preußen dem jungen Paar gebratene Bärenhoden vor oder stellten – in abgemilderter Form des Brauchs – gebratene Bärennieren unter das Brautbett.

Blut gilt überall als Zauber- und Stärkungsmittel. Und welches Blut könnte das des Bären übertreffen? Nur Häuptlinge, Schamanen, Krieger oder die besten Jäger, die selber bärenstarkes Blut hatten, konnten es ohne Schaden verkraften. Das Herz, die inneren Organe und das frische, warme Blut waren ihnen zum rituellen Verzehr vorbehalten. So luden auch die Berserker ihre Kraft mit Bärenblut, Bärenhirn und Bärenmark auf. Von Achilles, dem Helden der griechischen Sage, heißt es, er habe sich seinen Heldenmut als Kind durch das Schlürfen von Bärenknochenmark einverleibt.

Ganz in dieser Gesinnung beanspruchten einst auch die stolzen Ratsherren der Bärenrepublik Bern das Fleisch der erlegten Bären für sich. So zum Beispiel 1891 bei der 700-Jahr-Feier der Stadtgründung. Unterhalten von zünftiger Blasmusik luden die Herren ihre Kraft und Autorität mit dem festlichen Verzehr eines schmackhaften Bärenpfeffers auf. Heruntergespült wurde der Braten von ganzen Strömen Spezial Dunkel. Bis Mitte der 90er Jahre des 20. Jahrhunderts gab es zudem ein jährliches Bärenessen der Würdenträger der Stadt, wobei die wichtigsten Persönlichkeiten, vorweg der Bärenwärter und der Stadtpräsident, die besten Teile – die Tatzen und die Leber – zu essen bekamen. Ethnologen genieren sich nicht, auch in diesem Fall von einer zeremoniellen, totemistischen Mahlzeit zu sprechen. Das Fett der verspeisten Tiere wurde an die Stadtapotheken verkauft; die Felle schmückten die Amtsstuben.

Von einem alten Berner berichtet die Sage, dass er regelrecht süchtig nach Bärenfleisch war. Je mehr er davon aß, desto stärker und haariger wurde er. Statt zu sprechen, brummte er fast nur noch. Das klingt höchst unwahrscheinlich, aber – so könnte man einwenden – warum sind gerade die Ainu, die für ihre totemistischen Bärenmahlzeiten ethnologische Berühmtheit erlangten, die behaartesten Menschen, die die Anthropologie kennt? Sie sind stämmig, haben runde Gesichter mit tiefliegenden Augen (ohne Mongolenfalte), sind am ganzen Körper extrem behaart und die Männer mit mächtigem Bartwuchs gesegnet. Zufall?

»Nein, sicherlich nicht«, meinte Bill Hoher Büffelstier, der Cheyenne-Medizinmann, als wir ein ähnliches Thema besprachen. »Man wird zu dem, was man isst«, erklärte er schlichtweg und begründete damit seine Vorliebe für das Fleisch wilder Tiere und seine Ablehnung von Kalbfleisch

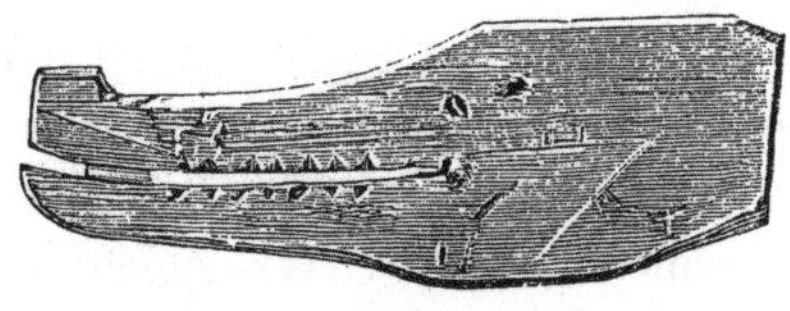
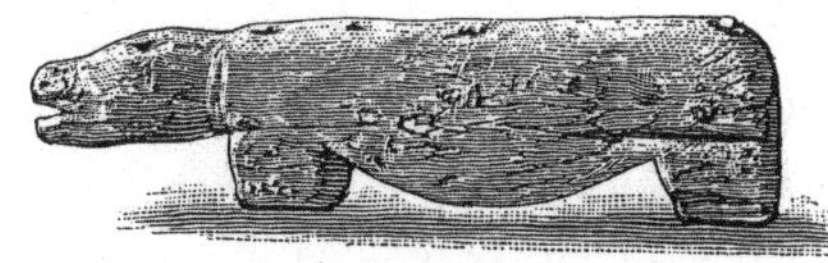
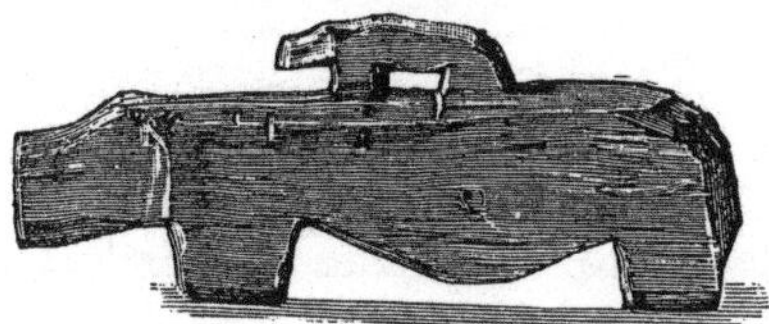
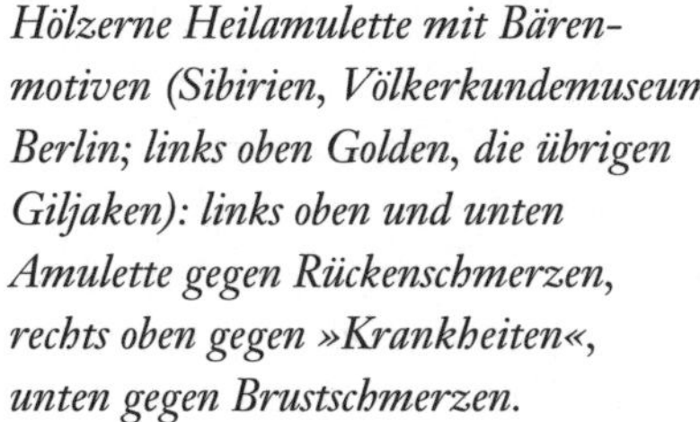

Hölzerne Heilamulette mit Bärenmotiven (Sibirien, Völkerkundemuseum Berlin; links oben Golden, die übrigen Giljaken): links oben und unten Amulette gegen Rückenschmerzen, rechts oben gegen »Krankheiten«, unten gegen Brustschmerzen.

und Milch. »Schau dir die verweichlichten Weißen an, mit ihrem ewigen Milchtrinken, sie werden selber zu blöden Kälbern«, sagte er mit einer abwertenden Geste.

Die ostsibirischen Wildbeuter, die eine höchst ritualisierte Bärenmahlzeit kennen, gehen jedoch nicht so weit, die Knochen aufzubrechen und das Mark herauszusaugen. Das käme ihnen nie den Sinn. Der Bärengeist könnte entsetzliche Rache nehmen. Die Potenz, die im Bären steckt, könnte sich ins Negative kehren, könnte Krankheiten, Unfälle oder Unwetter bringen. Jeder Knochen muss unbedingt heil bleiben. In genauer anatomischer Anordnung müssen die Gebeine zusammengefügt werden, und das Skelett muss mit derselben Sorgfalt, die man auch für einen verstorbenen Menschen aufwenden würde, in der Erde oder in Birkenrinde gewickelt in einem Baum bestattet werden. Nur so kann der Bär wieder zu neuem Leben erwachen.

Bei einigen Jägervölkern, etwa den alten Finnen, galt das Gehirn als der beste Teil des Bären. Die mittelalterlichen Europäer wagten sich nicht daran – vielleicht schlummerten noch Erinnerungen an die wilden Berserker und ihre unchristlichen Bräuche in ihnen. Schon in der Römerzeit war man davon überzeugt, dass das Bärenhirn einen besonders starken Einfluss auf den Geist ausübe. Der Esser werde verrückt, warnte Plinius, die Phantasien und Einbildungen des Bären übertrügen sich auf ihn. Er selber fange an zu glauben, er sei ein Bär. Abschreckende Geschichten vor allem von Adeligen, die Bärenhirn aßen und sich in reißende Werbären verwandelten, kursierten in Europa.[49]

Das Allheilmittel

Die Galle des Bären spielt eine ganz besondere Rolle in der Heilkunde. Es heißt, sie sei für alles gut – ein Universalheilmittel! Die Finnen verabreichten die bittere Flüssigkeit als Schwitzmittel bei Krankheiten. In Mitteleuropa badete man erfrorene Glieder im Wasser, dem man Bärengalle zugesetzt hatte. Bärengalle wurde auch bei Hautleiden, Augenkrankheiten, Gelbsucht, Krebs und Tierbissen eingesetzt. In Zäpfchenform wurde der Gallensaft – Bärengeil genannt – kurz vor der sexuellen Vereinigung in die Scheide eingeführt, um die Empfängnisbereitschaft zu fördern. Und manch ein Ritter band sich eine Bärengalle über die rechte Hüfte, ehe er sein minniglich Weib bestieg, damit er »Mann sein konnte, sooft er wollte«.

Einen weiteren Nutzen der Bärengalle erwähnt der Zürcher Universalgelehrte Conrad Gessner (1516–1565): Bärengalle, Bärenfett und Bärenblut vertreiben stechende Flöhe und saugendes Ungeziefer aus dem Bett. Man brauche es nur in einer Schale unter das Bett zu stellen.

Makabere Statistiken deuten an, dass Bärengalle in der ostasiatischen Medizin nach wie vor ein heiß begehrtes Gut ist. Allein zwischen 1980 und 1990 wurden 60000 Bärengallen von China nach Japan exportiert. Auch für Indien waren während desselben Zeitraums Bärengallen ein Devisenbringer. 4300 Gallen wurden zu einem Kilopreis von sage und schreibe 64000 US-Dollar nach Japan verschickt. Gleichzeitig wurden jedes Jahr um die 600 Kilo Bärenpfoten eingeführt und zu einem Preis von rund 850 US-Dollar pro Teller in Spezialrestaurants angeboten. Dass man sich ein Bärentatzengericht leisten kann, gilt als Statussymbol. Noch im Jahre 1990

49 Mittelalterliche Zauberer scheinen sich dennoch an das Bärenhirn gewagt zu haben. Agrippa von Nettesheim schreibt in seinem Buch *Die magischen Werke* Band I, S. 196 (Antwerpen, 1531): »Ein Trank aus dem Gehirn eines Bären bereitet und in dessen Schädel dargereicht, soll eine Bärenwut hervorrufen, so dass ein Mensch, der davon getrunken hat, sich in einen Bären verwandelt glaubt, alles vom Bären-Standpunkte aus beurteilt und in seiner Raserei verharrt, bis der Zauber des Trankes gelöst ist, ohne dass übrigens irgend ein anderes Übel für den Betreffenden daraus entstände.«

konnte man im Restaurant des Hilton Hotels in Seoul, Korea, geröstete Bärentatzen bestellen (Savage 1990: 118).

In den 80er Jahren fiel einer der letzten wildlebenden Kragenbären Südkoreas einem Wilderer zum Opfer, obwohl diese Tiere unter strengem gesetzlichem Schutz stehen. Nachdem der Übeltäter verhaftet war, verkaufte die Regierung die Gallenblase des Bären für 64 000 Dollar auf einer öffentlichen Auktion (Mills 2002: 179).

Inzwischen ist Vancouver (British Columbia, Kanada), wo viele Ostasiaten im letzten Jahrzehnt siedelten, zu einem der Hauptumschlagsplätze für Bärengallen und Bärenfleisch geworden. Auf dem Schwarzmarkt gibt es Gallen für rund 1000 US-Dollar, aber im Verbraucherland Korea kostet ein einziges dieser Organe anschließend bis zu 55 000 US-Dollar – so viel wie eine menschliche Transplantationsniere! Das ist eine enorme Profitspanne, die sich mit dem illegalen Drogengeschäft, etwa dem Heroinhandel, vergleichen lässt. Der Handel mit Teilen der Bärenanatomie bringt weltweit schätzungsweise 100 Millionen US-Dollar pro Jahr, das ist ein starker Anreiz für gewissenlose Wilderer und mafiöse Kriminelle (Busch 2000: 163). Im Jahr 1991 etwa wurde ein Koreaner, der im Besitz von Bärengallen war, in seiner New Yorker Stadtwohnung ermordet aufgefunden.

Bis zu 40 000 Bären werden in Nordamerika jedes Jahr illegal geschossen (www.asiaweek.com/asiaweek/97/1003feat2.html). Manchmal werden ihre Kadaver, nachdem man die Galle herausgeschnitten hat, einfach im Wald liegengelassen. Wie die Wale, die als lebende Rohstofflieferanten gnadenlos gejagt werden, die Nashörner, deren zermahlene Hörner älteren Hobelhengsten die Jugend zurückgeben sollen, oder die Elefanten, deren elfenbeinerne Stoßzähne sich in satte Profite umwandeln lassen, sind die asiatischen Bären – die Kragenbären, die Malaienbären, die Lippenbären im Himalaya ebenso wie die sibirischen Braunbären – vom Aussterben bedroht.

Inzwischen gibt es in China »Bärenfarmen«, wo die armen Tiere, in winzigen Käfigen eingesperrt, »gemolken« werden. Das heißt, es werden ihnen Katheder in den Bauch gerammt, und die Galle wird angezapft. Die Hälfte der Bären überlebt diesen Eingriff nicht. Bärengalle (chinesisch *yu dan, xioung dan oder dong dan)*, die als Wirkstoff Ursodeoxychol-Säure (UDCA) enthält, wird bei Fieber, Mastdarmkrampfadern, Bindehautentzündung, Diabetes, Lebererkrankung und Epilepsie eingesetzt, ist aber, entgegen einigen Behauptungen, als Aphrodisiakum oder Krebsmittel unwirksam. In der traditionellen chinesischen Medizin gilt die Bärengalle als »kalt«; sie wirkt »abkühlend« bei Symptomen wie trockener Kehle, gerötetem Gesicht, hartem Stuhl, schnellem Puls, Fieber und Kopfschmerzen. Urodeoxychol-Säure kann aber inzwischen auch synthetisch oder aus Kuhgalle hergestellt werden. Zudem kennt man inzwischen um die 54 verschiedene Kräuterpräparate, die in ihrer Wirkung die Bärengalle gut ersetzen könnten.

Die japanische Heilkunde unterscheidet drei Qualitäten der Bärengalle. Es gibt gelbe Galle, Bernsteingalle und schwarze Galle. Die Bernsteingalle *(Kama-no-i)* wird in der Schneesaison gewonnen und gilt als hundertmal wertvoller als die von einem im Sommer erlegten Bären.

Bevor er sich in seine Höhle verkriecht, sammelt der Bär eifrig Ameisen. Diese zerreibt er zwischen seinen Tatzen zu einer säuerlich schmeckenden Paste. Er bewahrt die Substanz auf den Innenflächen seiner Pfoten auf und leckt ab und zu ein wenig davon, um sich während der Winterruhe etwas zu stärken. Es ist der Genuss dieser Ameisenpaste, der die Wintergalle besonders wertvoll macht.

Um Bernsteingalle zu erbeuten, ziehen die Jäger vor der Frühlingstagundnachtgleiche aus, befestigen Steine und Querbalken über dem Höhleneingang und räuchern den »General der sechs Trefflichkeiten« mit brennendem Tabak und spanischem Pfeffer aus. Wenn er dann zornig herausstürmt, stolpert er über ein Schnappseil. Der Balken stürzt und die Steine hageln herab. Am besten sei es, wenn der Bär bei dieser Aktion ohne Blutvergießen getötet wird.

Die japanischen Bergbauern sagen, dass jedes Mal, wenn ein Bär auf diese Weise zur Strecke gebracht wird, ein gewaltiger Sturm einsetzt. *Kama-are*, »Bärenwüter«, nennen sie diesen Sturm.

Bärenfett

Fast noch begehrter als die Galle ist das Fett des Bären. Es steht im Ruf, ein vollkommenes Allheilmittel zu sein. Seit dem Altertum gilt es als unübertroffenes Haarwuchs- und Rheumamittel. Es lindert innere Schmerzen, heilt zerschundene Haut, Geschwüre und Gicht. Frauen wurde es bei Gebärmuttervorfall empfohlen. Kein Wunder also, dass betrügerische Apotheker oftmals einfaches Schweinefett zu überhöhten Preisen als Bärenfett verkauften. Noch im 19. Jahrhundert wird von einem Apotheker aus der Mark Brandenburg berichtet, der jährlich fünfzehn bis zwanzig Zentner amerikanisches Schweinefett als reinen Bärenschmalz verkaufte.

In jenen fernen Zeiten, als es noch Bären in den Wäldern Europas gab, unterschied man kaum zwischen so genannten naturwissenschaftlich gesicherten Daten und magischen Wirkungen, zwischen »Wirklichkeit« und Wunder. Krankheit galt nicht einfach als funktionelle Störung biologisch organischer Abläufe oder durch Mikroorganismen verursachte Schäden, sondern als die Folge eines bösen Zaubers oder des Wirkens unsichtbarer, boshafter Geister. Das Einreiben mit Bärenfett schützte also nicht nur vor rauen, kalten Winterwinden, sondern vor allem vor Plagegeistern, »Berufungen« (Verhexungen) und anderen unsichtbaren Machenschaften. Getreu dem Grundsatz, dass man Feuer mit Feuer und Dämonen mit dämonischer Macht bekämpfen muss, nutzte man die im Bärenfett akkumulierte Bärenmacht apotropäisch[50] gegen verschiedene Übel. Für ängstliche Seelen war der Bär ja selber ein Walddämon und Menschenfresser.

Bärenführer rieben sich mit Bärenfett ein, um sich vor den Angriffen ihrer Tanzbären zu schützen – was sicherlich wirkte, da sie für den Bären wie ein Artgenosse rochen. Aus ähnlichem Grund rieben die römischen Winzer ihre Rebmesser mit Bärenfett ein. Das würde die Rebläuse und anderes sichtbares und unsichtbares Ungeziefer vom Weinstock fernhalten. Krieger und Jäger salbten ihre Waffen mit Bärenschmalz – weniger um das Eisen gegen Rostbefall zu schützen, als vielmehr um ihm die Macht einer blitzschnell zuschlagenden Bärenpranke zu vermitteln.

Das Krachen und Funkensprühen der aufprallenden Schwerter und Streitäxte wurde von jeher mit dem Blitzen und Donnern des Gewittergottes, des Himmelsbären, assoziiert. Noch immer bezeichnen die Kamtschadalen und Ainu Ostsibiriens den Donner als das Gebrüll des Himmelsbären, und in den altindischen Veden werden die Sturm- und Gewittergötter, die kriegerischen Maruts, zuweilen auch als Himmelsbären bezeichnet. Diese Assoziation wurde dann auf die aufblitzende, krachende Feuerwaffe übertragen. Es ist nicht lange her, dass auch bei uns die Jäger, Wilderer und Landsknechte ihre Schießeisen mit einer Waffensalbe aus Bärenfett einrieben.

Magisch ist auch die Wirkung, die man dem Bärenfett bei Gedächtnisschwäche zuschreibt. Man brauche sich nur die Schläfen damit einzureiben, und schon blitzen die Gedanken und Erinnerungen wie Leuchtfeuer durchs Gehirn. Der hoch gelehrte Conrad Gessner, Starwissenschaftler seiner Zeit, schreibt in seinem *Thierbuoch* (Zürich 1563), dass derjenige, der sein Gesicht mit Bärenschmalz einreibe, alles was er liest und hört, auch gut verstehen wird. Wahrscheinlich dämmert in dieser Aussage noch eine vage Erinnerung an alte heidnische Bräuche. Schamanen und Berserker salbten

50 Apotropäum (griechisch *atropopaios*, »abwehrend«), Abwehrzauber.

sich nämlich mit Bärenfett, das mit entheogenen (psychedelischen) Kräutern versetzt war. Die so Gesalbten verfielen in luzide oder tranceähnliche Zustände. Es eröffneten sich ihnen Welten, die dem Auge sonst verborgen sind. Sie wurden befähigt, mit Naturgeistern, Gespenstern, Alben und anderen andersweltlichen Wesen zu kommunizieren oder im Leib eines wilden Tieres durch die Wälder zu streifen. Vor allem Nachtschattengewächse wie das gefährliche Bilsenkraut oder die Tollkirsche, aber auch Giftgewächse wie Eisenhut und Schierling wurden dabei verwendet. Bärenfett eignete sich besonders gut für solche waghalsigen Salbungen, denn es wird leicht von der Haut aufgenommen und gibt die im Fett gelösten Pflanzenwirkstoffe (Alkaloide) in relativ kontrollierbarer Dosierung ab.

Verständlicherweise belegten die Christenmönche die Salben der Berserker und Hexen mit dem Bannfluch. Kein Zweifel, der Teufel selber hätte die bösen Kräuter erschaffen, und nicht nur Bärenfett, sondern auch das Fett gemeuchelter Säuglinge oder das Leichenfett heimlich ausgebuddelter Verstorbener hätten zur Herstellung dieser Höllenlatwerge gedient. Aber nicht alle Heiden ließen sich vom Gebrauch abschrecken. Das Wissen um die Flugsalben wanderte in den Untergrund und wurde dermaßen kriminalisiert, dass schließlich Hunderttausende, die es noch wagten, sich zu salben, öffentlich als Hexen verbrannt wurden. Noch im Jahre 1749 wurde beispielsweise Maria Singer, Unteräbtissin des Klosters Unterzell (Unter-

Die Ausfahrt. (Molitoris, 1489)

franken) als Zauberin enthauptet, nur weil sie im Klostergarten »Bärenmutz« angepflanzt hatte (Bärenmutz ist eine andere Bezeichnung für die giftige Tollkirsche).

Viele amerikanische Ureinwohner jagten das heilige Medizintier überhaupt nicht. Aber wenn sie es jagten, dann hauptsächlich wegen seines kostbaren Fettes. Die Indianer glaubten, dass darin Medizinkraft gespeichert sei und dass sich damit fast alle Gebrechen, von Geschwülsten, Ausschlägen, Fallsucht und Gliederschmerzen bis hin zum Wurmbefall, heilen ließen. Heilkräuter, vor allem Tabakblätter, wurden in Bärenschmalz gesotten und auf schmerzende Stellen gelegt. Typisch ist das Rezept der Indianer Virginias, die eine Salbe aus Bärenfett und den zerstampften Wurzeln der Engelwurz und der Kermesbeere *(Phytolacca americana)* bereiteten, um »den Körper zu stärken« und Läuse und Flöhe fernzuhalten (Vogel 1982: 218). Auch wurde die magische Kraft der Kriegsbemalung durch das Mischen der Farben mit Bärenfett gesteigert.

Bernstein

Die magisch-medizinische Kraft, die man einst allen Körperteilen, vor allem den Zähnen und Krallen des Bären zuschrieb, übertrug man auch auf den honigfarbenen Bernstein, einen versteinerten, fossilen Nadelbaumharz. Eigentlich bedeutete das »bern« brennen – es ist also der brennbare Stein, aber volksetymologisch ist es der Bärenstein. Wie die Kette aus Bärenkrallen oder das Bärenzahnamulett, schützt der am Körper getragene Bernstein gegen Krankheiten und Dämonen. Den Säuglingen soll das Bernsteinamulett helfen, gesunde feste Zähne zu bekommen. Wie das Fett des Bären hilft dieser »elektrische« Stein gegen »Berufungen« (Verzauberung) und bei schmerzhaftem Reißen und Ziehen der Glieder. Auch Schwangeren soll ein Bernsteinanhängsel zu einer unkomplizierten Geburt verhelfen. Es ist, als lebe etwas vom Geist des Bären in dem honigfarbenen Stein.

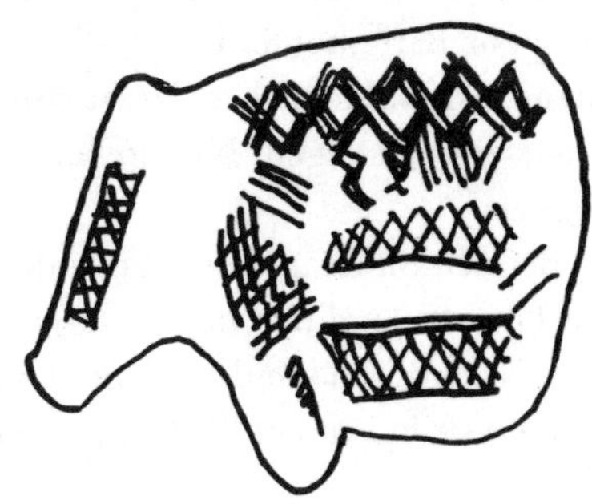

Aus Bernstein geschnitzter Bär. (Mesolithikum; Resen Mose, Dänemark, 9000 v.u.Z.)

Wegschickungs-Zeremonien: Versöhnung mit dem Bärengeist

»Der Glanzvolle kommt,
der Stolz, die Schönheit des Waldes.
Dieser Meister kommt zu uns,
in einen freundlichen Pelzmantel gehüllt.
Sei willkommen, Geliebter, aus der bewaldeten Bergschlucht.«
Aus einem finnischen Bärenfestlied

»Fang einen Bären. Ruf ihm zu:
Honigfresser
Apfel des Waldes
Leichtfüßiger
Alter Mann im Pelzmantel, Bär! Komm heraus!
Sterb, aus deinem eigenen freien Willen!
Großvater Schwarzfutter!«
Gary Snyder, *Myths & Texts*

Seine Kraftsubstanz, seine Galle und sein Fett, lässt sich der Bär natürlich nicht so ohne weiteres nehmen. Der Bärengeist ist höchst gefährlich, und der Bärenjäger muss sich vor seiner Rache zu schützen wissen.

Nicht anders als vor der schamanischen Seance oder vor den Kriegspfad, trafen sich die indianischen Bärenjäger vor Beginn der Jagd in der Leib und Seele läuternden Schwitzhütte. Zudem beräucherten sie sich mit Tabak und Beifuss *(Artemisia trilobata;* engl. *prarie sage)*, bemalten sich mit magischen Farben und machten sich am frühen Morgen, ohne etwas gegessen zu haben, den Medizinbeutel zur Hand und Medizinlieder singend, auf den Weg zur Bärenhöhle. Durch diese rituellen Maßnahmen konnten sie den Bereich des alltäglichen Bewusstseins verlassen und in das magische Bewusstsein einsteigen. Nur so vermochten sie dem mächtigen Tier zu begegnen.

Bei den Sioux und einigen anderen Stämmen wurden als Vorbereitung zur Grizzly-Jagd Bärentänze aufgeführt, um sich auf den Bären einzustimmen. »Schreitend und hüpfend, von Trommelklang und Gesang begleitet, ahmten sie bei einem Rundtanz die Bewegungen des Bären nach. Die Füh-

Prärieindianer beim Bärentanz. (Zeichnung von George Catlin)

rerrolle fiel, wie bei den meisten religiösen Tänzen, dem Schamanen zu, der dabei ein ganzes Bärenfell trug. Die übrigen Tänzer hatten sich Bärenmasken über den Kopf gestülpt und waren am Körper bunt bemalt. Zum Abschluss des Tanzes stimmten die Frauen des Stammes ein anfeuerndes Geheul an, und die Jagd konnte beginnen« (Mauer 2002: 28).

Der Bärentanz oder auch das richtige Medizinlied, das Bärenlied, das sie in Kontakt mit dem Bärengeist brachte und ihm ihre lauteren Absichten erklärte, war für die Jäger von entscheidender Bedeutung. Eine Legende der Haida aus Britisch Kolumbien erzählt, wie die Menschen die Bärenlieder erwarben:

Bärenschamane der Schwarzfuß-Indianer. (George Catlin, 1848)

Es war einmal ein Mädchen, das mit Freundinnen zum Beerenpflücken in den Wald ging. Aber anstatt die Beerenpflücklieder zu singen, wie es sich gehörte, quasselte und lachte sie achtlos herum, den ganzen Tag lang. Am Abend auf dem Heimweg riss ihr der Riemen des vollen Beerenkorbes. Ihre Freundinnen waren schon außer Rufweite. Da kamen zwei in Bärenfelle gekleidete junge Männer des Weges und fragten sie freundlich, ob sie helfen könnten.

»Komm, es wird dunkel. Unser Lager ist in der Nähe«, sagten sie und nahmen das Mädchen mit. Bald kamen sie an ein Lagerfeuer, um das andere, ebenfalls in Bärendecken gehüllte Gestalten saßen.

»Es ist schön hier, aber morgen gehe ich wieder zu meinen Leuten«, dachte das Mädchen, als eine kleine Maus an ihrem Rocksaum zupfte. »Psst, Töchterlein«, flüsterte sie, »weißt du überhaupt, dass du dich unter Bären befindest? Es wird schwer sein, hier wieder fortzukommen!«

Und so war es auch. Die Tage und Monate vergingen, und die Bären machten keine Anstalten, sie wieder nach Hause zu bringen. Einer der Geisterbären war besonders freundlich zu ihr, bettete sie neben sich und machte sie zu seiner Frau. Bald gebar sie Zwillinge, die halb Mensch und halb Bär waren.

Inzwischen hatten sich ihre Brüder auf die Suche nach der entschwundenen Schwester gemacht. Eines Tages erschienen sie vor der Höhle. Noch ehe die Frau etwas sagen konnte, schnellten die Pfeile und verwundeten ihren Bärenmann tödlich. Im Sterben rief der Bär seine zwei Söhne herbei und lehrte sie das heilige Bärenlied, das die Menschen über jedem getöteten Bären singen sollten. Nur so könne seine Seele besänftigt werden und nur so würde er erneut in die Welt kommen können.

Wie die Cheyenne lernten, einen erlegten Bären richtig zu behandeln, erzählt folgende Geschichte:

Einst, noch bevor es Pferde gab, wanderte ein Cheyenne mit seiner Frau über die Prärie. Er schoss einen Büffel. Als sie gerade beim Häuten waren, kam plötzlich eine Schar feindlich gesinnter Crow-Indianer daher. Sie töteten den Mann und zwangen die Frau mitzukommen. Der Anführer der Schar nahm sie sich zur dritten Frau. Seine anderen beiden Frauen mochten die Neue überhaupt nicht, zumal sie viel schöner war. Sie schlugen sie und ließen sie die schwersten Arbeiten verrichten. Sie musste Feuerholz und Wasser schleppen, Häute schaben und Mokassins nähen.

Ein junger Crow, der ihr öfter zusah, verliebte sich in die schöne Frau. Er hatte sie viele Male weinen hören und empfand zunehmend Mitleid mit ihr. Eines Tages, als die Männer bei der Büffeljagd und die Frauen beim Wurzelgraben waren, brachte er ihr ein schnelles Pferd. »Flieh, so schnell du kannst!« sagte er ihr.

Sie ritt, bis sie sich sicher war, dass kein Crow ihr mehr folgen könne. Völlig erschöpft, legte sie sich kurz schlafen. Währenddessen machte sich das Pferd los und rannte weg. Es blieb ihr nichts anderes übrig, als zu Fuß weiterzugehen. Als sie so ging, sah sie einen Schatten, der ihr aus weiter Entfernung zu folgen schien. Obwohl sie ihre Schritte beschleunigte, holte der Schatten sie ein. Es war ein Bär.

»Fürchte dich nicht«, sprach er sie mit menschlicher Stimme an, »ich laufe auf deinen Spuren, damit deine Verfolger dich nicht finden. Ich werde dir den Weg zu deinen Leuten zeigen, Töchterlein!«

Also zog sie durch das wilde Land, den Bären immer dicht hinter sich. Nachts, während sie schlief, wachte der Bär über sie. Jeden Tag jagte er ein Büffelkälbchen oder eine Antilope für sie, damit sie zu essen hatte. Er selbst fraß nur das, was sie übriggelassen hatte. Als sie zum breiten Platte-Fluss kamen, trug er die Frau auf seinem Rücken über das Wasser.

Schließlich sahen sie in der Ferne den Rauch von Lagerfeuern aufsteigen. »Da ist dein Volk«, brummte der Bär. »Geh zu ihnen und sage ihnen, dass ich dich sicher hergebracht habe. Ich werde hier warten. Bring mir einen in vier Stücke geteilten Buckel von einem Büffel.«

Als ihre Verwandten die Totgeglaubte wiedersahen, brach Jubel aus und ein Freudenfest wurde gefeiert. Dem guten Bären setzten sie eine Schale mit dem Büffelfleisch direkt vor seine Schnauze. Sie schmückten sein Haupt mit Federn und bunten Bändern, legten ihm Flussperlenketten um den Hals und Decken über den Rücken. Schließlich boten sie ihm die Friedenspfeife an, bliesen ihm den Rauch ins Gesicht und legten Tabak vor seine Nüstern.

Noch heute bewirten die Cheyenne jeden Bären, der ihr Lager besucht – jeden Bären, den ihre Jäger erlegen – auf diese Art und Weise.

Nicht weniger aufwendig verliefen die Versöhnungsriten in der Alten Welt, zum Beispiel bei den Wogulen (Mansen), einem Jäger- und Rentierzüchtervolk vom oberen Ob (Russland). Noch bevor sie den Breitschädel in seinem Winterlager aufstöberten und töteten, baten die wogulischen Jäger den schlaftrunkenen Bären um Verzeihung. Vorsichtshalber trugen sie Masken aus Birkenrinde und verstellten ihre Stimmen, damit er denke, es seien die bösen Russen oder die Tartaren, die es gewagt hatten, eine derartige Greueltat zu vollbringen.

»Sicherlich, Großväterchen, war es ein russisches Beil, das dich erschlagen hat. Zufällig fanden wir dich Edlen so übel zugerichtet auf. Wir werden ein schönes Fest mit dir feiern. An einer goldenen Tafel wirst du bewirtet werden!« So sprachen sie auf das frisch getötete Tier ein. Dabei erfrischten sie den Gefallenen, indem sie ihn mit Wasser oder Schnee besprengten. Während sie ihm seinen kostbaren Pelzmantel auszogen, besangen sie sein Leben, seinen Herabstieg zur Erde, seine Streifzüge durch die Wälder, sein zufälliges Zusammentreffen mit beerensammelnden Frauen und Kindern, das bevorstehende Gastmahl zu seinen Ehren und seinen Wiederaufstieg zum himmlischen Vater.

Wieder im Dorf angekommen, trugen die Jäger das Bärenfell nicht durch die normale Eingangstür ins Haus, sondern, wie die Leiche eines Menschen, durch eines der Fenster oder ein eigens dafür gemachtes Loch. Der Bär bekam den Ehrensitzplatz. Silbermünzen wurden ihm auf die Augen gelegt und schöne Ringe an die Tatzen gesteckt. Jeder Festgast musste sich vor dem Bären verbeugen und ihm die Schnauze küssen. Ein Bärentanz folgte, in dem Szenen aus seinem Leben getanzt wurden. Dabei verhüllten die Frauen ihre Gesichter, und die Männer tanzten mit hölzernen Phalli, die sie sich um die Hüften geschnallt hatten.

Die Knochen des Ehrengastes wurden schließlich, wie die eines verstorbenen Wogulen, gebündelt auf einer Holzplattform bestattet. Das Bärenfest ist ein Zerstücklungs- und Wiederbelebungsritual und spiegelt damit eine schamanische Initiation wider. Auch der Schamane erlebt – allerdings in Trance – seinen Tod, die Zerstückelung seines Körpers, das Aufgefressenwerden durch hungrige Dämonen, das erneute Zusammenfügen seiner Gebeine und seine Wiedergeburt in einem höheren Seinszustand, als Schamane.

Wenn die Tungusen (Ewenken) – ein anderer sibirischer Stamm – einen Bärenschmaus veranstalten, geht es ähnlich zu. Während des Festes hüpfen und krächzen sie wie Raben, denn der Bärengeist, der noch alles hört, soll denken, dass nicht die Menschen, sondern die schwarzen Aasvögel sich über sein Fleisch hermachen.

Auch die Finnen und Lappen (Samen) wecken den Bären, den sie zu erlegen beabsichtigen, mit recht freundlichen Worten. »Armes Großväterchen, sicherlich hast du einen Unfall gehabt«, jammern sie, nachdem sie ihn getötet haben. Wie die Wogulen singen sie heilige Bärenlieder, während sie den Bären heimtragen. Drei Tage lang ist es den Jägern untersagt, ein Wohnhaus zu betreten. Sie müssen das Tier in einer abgelegenen Hütte häuten, ausweiden, zerlegen und kochen. Um die Bärenseele zu täuschen, betreten sie die Hütte vorsichtshalber niemals durch die Tür, sondern durch ein eigens dafür ausgebrochenes Schlupfloch. Sie wechseln die Kleidungsstücke, die sie während der Jagd getragen haben, und färben sich die Gesichter mit Erlensaft rot.

Die Frauen dürfen beim Schlachten und Kochen nicht helfen. Sie dürfen sich überhaupt nicht zeigen, denn sie gelten als besonders anfällig für den übermächtigen Bärengeist, sie könnten von ihm besessen werden. Wenn die Jäger das fertig gekochte Fleisch zum Frauenzelt bringen, gebärden sie sich wie Fremde und tun so, als sprächen sie eine andere Sprache. Auch hier tragen sie das Fleisch nicht durch den Haupteingang, sondern durch eine neue Öffnung. Schwangere Frauen dürfen das Bärenfleisch gar nicht berühren. Und das Rentier, das den Schlitten mit dem erlegten Bären gezogen hat, darf ein ganzes Jahr lang von den Frauen weder gefüttert noch berührt werden.

Man versucht dem Bären weiszumachen, dass ihm zu Ehren ein Galafest in einem leuchtenden Palast stattfindet. Während des Festes wird ihm eine sechzehnjährige Jungfrau als Braut gegeben. Wenn es sich um eine Bärin

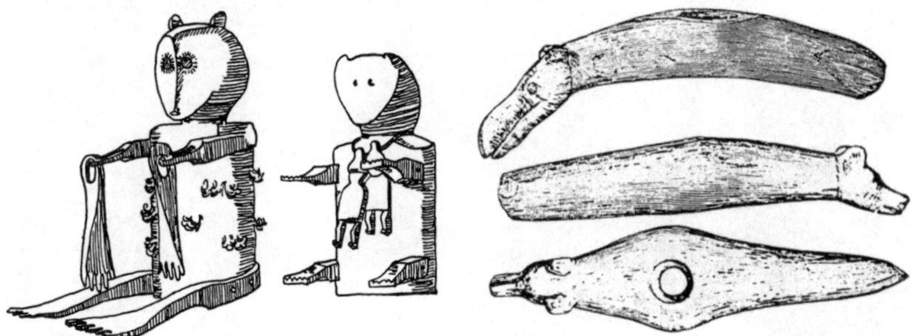

Bärenidole der sibirischen Golden. (nach Schimkjewitch); b.) finnische Bärenidole aus Karelien.

handelt, bekommt sie einen Jüngling als Bräutigam. Es folgt ein ausgelassenes erotisches Fest.

Zuletzt hängt man den knochenblanken Bärenschädel in eine Kiefer auf einem Hügel und singt der abschiednehmenden Bärenseele zur Beruhigung zu: »Nicht zu niedrig hängen wir dich, damit die schwarzen Ameisen dich nicht fressen und die Wildschweine deine Knochen nicht annagen. Nicht zu hoch legen wir dich, damit die Raubvögel dir nicht schaden und der Wind dich nicht austrocknet …«

Der Bär wird angehalten, sich an all die ihm erwiesenen Wohltaten zu erinnern und alles dem »Herrn der Tiere« zu berichten. Sein Skelett, anatomisch korrekt zusammengesetzt, wird auf Birkenzweige gebettet und außer Reichweite für Hunde und Nagetiere in eine Grube gelegt. Ganz zum Schluss müssen die Jäger zur endgültigen Läuterung durch ein lohendes Feuer springen.

Ähnlich wie die Wogulen wecken die Bärenjäger der sibirischen Ostjaken (Chanten) den Winterschlaf haltenden Bären und bitten um Vergebung, ehe sie den »Fellmenschen« nach genau vorgeschriebenen Regeln erlegen. Lunge, Magen und Gedärme werden sofort begraben, und die Rippen, das Rückgrat und die anderen Gebeine werden so zerlegt, dass kein Knochen dabei beschädigt wird. Mit Birkenrindenmasken, die ihr Gesicht verhüllen, tanzen sie einen Bärentanz um Schädel und Fell, wobei sie die Bewegungen des »vierbeinigen Waldmenschen« genau nachahmen. Sie

Bärenfest bei den Giljaken in Ostsibirien.

nehmen dabei seine Seele in sich auf und geraten in Ekstase. Der zerlegte Körper, zusammen mit dem Schädel und dem Fell, werden auf einem Schlitten ins Dorf gebracht. Nach dem umfangreichen Fest, das mehrere Tage dauert, begleiten auserwählte Stammesmitglieder die Knochen. Diese werden in Birkenrinde gehüllt und zusammen mit einer Rindenzeichnung in einen Wachholderbaum gehängt. Wenn die Zeichnung irgendwann auf den Erdboden herabfällt, dann wissen die Ostjaken, dass der Bär wiedergeboren wurde und ein neues Leben begonnen hat.

Diese Bärenfeste, die ihren Höhepunkt in einer »Wegschickungs-Zeremonie« haben, wurden in zahlreichen Variationen von den Eingeborenen, von den Samen Nordskandinaviens quer durch Eurasien und die Nordhälfte Nordamerikas bis zu den grönländischen Inuit durchgeführt (Schlesier 1985: 57). Sie gehören zu den ältesten Ritualen der zirkumpolaren Völker und wurzeln in der schamanischen Kultur der Altsteinzeit.

Der Bär ist eine liebeshungrige Frau

Die rituelle Vermählung des Bären oder der Bärin – und überhaupt die Sexualität – ist eine Komponente des Bärenfestes, die nicht nur bei den Samen eine Rolle spielt, sondern bei vielen Jägervölkern. Der Kulturanthropologe Hans Peter Duerr schreibt diesbezüglich (Duerr 1984: 85): »Nicht nur war die Herrin der Tiere bei vielen Völkern eine Bärin, der Bär selber wurde häufig als eine befellte und sehr libidinöse ›Frau‹ gesehen, und es scheint, dass nicht selten die Jäger mit getöteten Bären einen Geschlechtsakt vollzogen oder imitierten. So berichtet etwa ein Jakute, der an einer evenkischen Bärenjagd teilnahm, wie die Jäger, nachdem sie einen Bären getötet hatten, mit dem Leichnam einen Geschlechtsakt nachahmten. Als die Evenken ihn aufforderten, das gleiche zu tun, weigerte er sich; da ›zerrten ihn die beiden Evenken an den Ohren zu dem Bären und er fügte sich‹. Auch nach Auffassung der Dolganen[51] ist der Bär im Grunde eine Frau, und nachdem ihn die Jäger erlegt hatten, imitierten sie mit ihm einen Koitus, um ihm Vergnügen zu bereiten.« Wenn die karelischen Finnen auf Bärenjagd auszogen, dann hieß es, sie machten sich auf den Weg, »um die Waldjungfrau zu freien.« Eine Bärin, ihres Pelzes entkleidet, ähnele einer jungen Frau, besonders ihre Brüste – das sagen die Esten, die Samen, die sibirischen Völker ebenso wie viele Indianer.

51 Die Dolganen, ein tungusischer Stamm des nördlichen Sibiriens, sind Rentierzüchter, Jäger und Fischer, die in konischen Lederzelten leben und Schamanentum praktizieren.

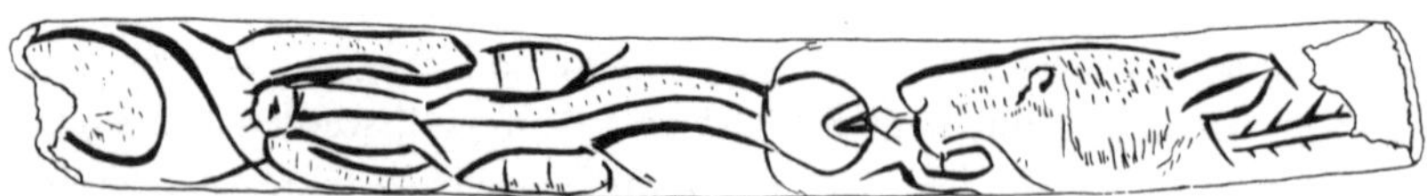

Knochenstab von La Magdaleine.

Die erotische Beziehung zu dem weiblichen Bärenwesen scheint alt zu sein. Das mutmaßt beispielsweise Duerr anhand von einem steinzeitlichen Knochenblättchen. Ein Knochenstab aus La Magdaleine (Dordogne, Frankreich; jüngere Altsteinzeit) zeigt einen auf einen Bärenkopf gerichteten Penis. Ist es so, wie einige Urgeschichtler es deuten, dass der Penis in das Bärenmaul ejakuliert? Oder atmet der Bär auf den Penis, um ihn zu kräftigen? Während einer echten schamanischen Trance oder »Astralreise« ist der Penis (bzw. die Klitoris) immer erigiert. Wird hier also das in der Trance erlebte oder kontaktierte Seelentier dargestellt? Wir wissen es nicht, viele Deutungen sind möglich.

In der Höhle von Mas d' Azil (Ariège, Frankreich) fand man ein zerbrochenes Knochenplättchen, das möglicherweise einen Schamanen oder einen »Tiermann« zeigt, der sich in sexueller Absicht einem Bären nähert (die Tatze ist noch zu erkennen).

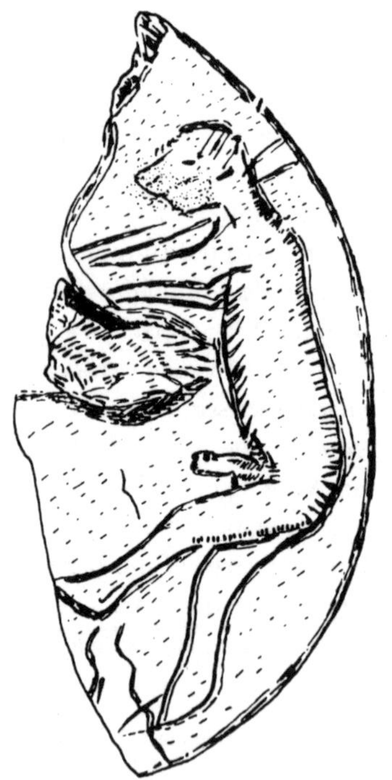

Knochenblättchen von Mas d'Azil.

Grüße vom Berner Mutz

Sie blätterte durch die gerade geschriebenen Seiten und las hier und da. »Bärenfett, Bärenhaare ...«, murmelte meine Frau. »Um über die Bären schreiben zu können, müsstest du persönlich mit dem Bärengeist in Berührung kommen.«

»Bin ich schon.«

»Du musst etwas an dir tragen, etwas, was mit dem Bären verbunden ist. Was einmal schon verbunden war, das bleibt auch weiterhin verbunden. Deswegen brauchst du einen Bärenzahn oder ein Halsband aus Bärenklauen, oder Bärenhaare. Du hast doch selber von der innewohnenden Kraft dieser Dinge geschrieben.«

»Ach komm, das ist doch ältester Aberglaube«, winkte ich ab, »sympathetische Magie, wie es der Völkerkundler Sir James Frazer nannte. Ich erzähle doch nur. Schließlich sind wir moderne, aufgeklärte Menschen.«

»Die Aufklärung bröckelt, mein Lieber«, kam es zurück, »du behauptest doch immer wieder, dass die Schamanen der Naturvölker in solchen Angelegenheiten besser Bescheid wissen als alle unsere Forscher mit ihren reduktionistischen Verzerrrungen!«

»Nun gut, aber wo soll ich diese Bärensachen herkriegen?«

»Ich hole sie dir. Ich fahre nach Bern und frage den Bärenwärter, ob er mir ein paar Haare vom Mani geben kann.«

Sie fuhr tatsächlich in die Bärenmetropole und besuchte ihre Freundin Susanne, die sich wie ein atavistischer helvetischer Berggeist mit Kräutern, Steinen und Geistern, aber wenig anderem, gut auskennt. Mit Haselnusshonigkuchen, den sie selber gebacken hatten, gingen sie zum Bärengraben. Einheimische Haselnüsse waren es und Emmentaler Honig!

Als der Mani – so heißt der männliche Alphabär des Berner Bärengrabens – die Frauen sah, kam er, aufrecht auf den Sohlen gehend, auf sie zu. Er ignorierte die Karotten und Erdnüsse, die ihm die anderen Schaulustigen zuwarfen. Von Karotten hatte er sowieso genug – selbst sein Kot war von dieser Kost rotgelb gefärbt. Er witterte etwas Besonderes. Oder konnte er, wie es die Jägervölker glauben, die Gedanken der Frauen lesen? Mit spielerischer Leichtigkeit fing er den ersten der Haselnusshonigkuchen auf. Kaum hatte er gekostet, gab er ein mächtiges

Gebrüll von sich. Urerinnerungen an die Freiheit, an herbstliche Haselnussernten und den Honig wilder Bienen wurden in seiner Bärenseele wach. Er schaute auf und erkannte, dass die Bärengöttin, die *Dea Artio*, deren Heiligtum schon immer in der Aareschleife lag, in neuer Gestalt zurückgekommen war. Susanne nahm sich vor, den Bären nun regelmäßig zu besuchen, denn auch in ihr dämmerte so etwas wie eine Urerinnerung auf.

Am folgenden Tag gingen die Frauen hinunter zum Bärenwärter – einem Mann, »so wild und unbezähmbar wie die Bären selbst«. Ohne viele Worte gab er ihnen die in Cellophan gewickelten und säuberlich mit dem Wort »Bärenhaare« beschrifteten, bernsteinfarbenen Haarbüschel, um die sie ihn gebeten hatten.

»Als wir die Haare anschauten, schienen sie richtig zu leuchten«, sagte sie. »Ja«, fügte sie hinzu, als sie meinen fragenden Gesichtsausdruck sah, »wie Gold. Das war unser erster Eindruck.«

Und so kam es, dass in diesem Augenblick, während ich diese Zeilen schreibe, echte Bärenhaare vor mir beim PC liegen.

Orte der Bärenkraft

»Als des Bären heiliges Festmahl zu Ende war,
Tanzte man den heiligen Tanz des Bären.
In einen wolligen Tuchrock mit langem Flaume wurde ich (der Bär) gekleidet,
Mit klingendem Silber hat man mich geschmückt.
Als das heilige Fest des Bären vorüber war,
Zu dem siebenschlündigen Himmelsmanne, meinem Vater,
Erhob ich mich an dem teuren Ende
Der gleich dem Silber schallenden Eisenkette nach oben.«
Aus einem Lied der sibirischen Ostjaken
zum Abschluss des Bärenfestes

Es gibt Stellen auf unserem Globus, an denen der Mensch unbekannte Energien zu spüren bekommt. Es sind Orte des Grauens, des Staunens, des Ergriffenseins, Orte, die so genannte primitive Menschen für Wohnstätten der Götter und Geister halten.

Es gibt auch Bärenorte. Gemeint sind hier nicht einfach die Bärenbiotope, sondern auch Orte, an denen sich der Bärengeist des menschlichen Bewusstseins bemächtigt. Hier können die Menschen Bärenträume träumen, Sensitive den Bärengeist wahrnehmen, Eingeborene sich als Verwandte des Bären erleben, und hier können Götter in Bärengestalt erscheinen.

Einige dieser Bärenorte leben nur noch in Sagen und Legenden: das antike Arkadien, die Pyrenäen oberhalb der Heilquellen von Lourdes, die Wälder um den Mont Shasta in Nordkalifornien sowie das Appenzell in der Ostschweiz. Andere waren bis vor kurzem oder sind noch immer Zentren des lebendigen Bärenkultes: die bewaldeten Inseln des nördlichen Japan, der Yellowstone-Nationalpark, Bear Butte und der McNeil-Fluss in Nordamerika, die Abruzzen in Italien und die Stadt Bern in der Schweiz.

In den Höhlen des Bear Butte – eines Berges in Süd-Dakota, der von der Ferne wie ein schlafender Bär aussieht – wurden nach Ansicht der Prärieindianer die ersten Menschen von magischen Tieren unterrichtet. Daher zieht es die Medizinleute noch immer zu diesen Höhlen. Auch mein Freund Bill Hoher Büffelstier begab sich regelmäßig dorthin, um sich, fastend und meditierend, erneut mit den Ursprüngen seines Stammes zu verbinden.

Smokey Bear und der Yellowstone-Nationalpark

Das Yellowstone-Gebiet ist unheimlich. Die Indianer mieden es. Die Weißen machten aus dem Gebiet – es ist mit knapp 9000 Quadratkilometern etwas größer als das Elsass oder Graubünden – einen Nationalpark. Über tausend Geysire sprühen ihre kochenden Wassermassen dem tiefblauen Himmel entgegen, lauwarme Flüsse, Becken mit brodelndem Schlamm, ein ganzer Berg aus schwarzem Glas (Obsidian), ein versteinerter Wald, rote, gelbe und schwarze Lava- und Basaltgebilde, wie von einem wahnsinnigen Bildhauer gestaltet, ansehnliche Tierherden und eine kaum berührte alpine Wildnis bieten sich dem Besucher. Hauptattraktion sind – oder waren bis vor kurzem – die Bären. Seit die Entwicklung des Model T Ford die lange Anreise aus weit entfernten Städten erleichterte, reißt der Strom der Bärentouristen nicht ab. Und die Petze, die Grizzlies wie auch die schwarzen Baribals, kommen den Erwartungen entgegen. Hunderte von ihnen, junge und alte, verließen die Fisch- und Beerenparadiese im Hinterland, um den motorisierten Besuchern aufzulauern.

»Bären sind wilde Tiere. Sie sind gefährlich. Bitte nicht füttern!« Überall sind diese Schilder angebracht. Wer aber kann sich schon an diese behördlichen Anweisungen halten, wenn da, an der Straßenseite, unmittelbar vor der Windschutzscheibe, eine Bärenmutter mit ihren Jungen auf-

Warnung vor dem Bären.

taucht und mit treuherzigem Hundeblick Leckerbissen erbettelt. Schon quietschen die Bremsen, schon regnet es Kekse, Schokolade, Kartoffelchips, vom Picknick übriggebliebene Hamburger. Übermütige Welpen, lebendig gewordene Teddybären, beschnuppern neugierig die Autos, klettern auf die Kühlerhauben und tollen auf den Autos herum. Egal, wenn dabei die Antenne abbricht oder die Scheibenwischer verbogen werden. Es ist eine tolle Show! Fotoapparate klicken, Filmkameras surren. Städter, die sonst nie mit einem Tier in Berührung kommen – es sei denn dem dicken Dackel oder der verwöhnten Hauskatze –, geraten außer sich vor Begeisterung, steigen aus und lassen sich mit den Bären fotografieren. Ein Mann versucht, der Bärin sein vierjähriges Töchterchen auf den Rücken zu setzen. Ein anderer hält dem Bären kumpelhaft eine Dose Bier hin.

Wieder hält ein Auto. Ein Spitz bellt wie irrsinnig durch den Fensterspalt. Die braunen Riesen – es sind inzwischen mehr geworden – nehmen Reißaus vor dem kläffenden Winzling. Die besorgte Bärenmutter jagt ihre Welpen in die oberen Äste einer Tanne – es könnte ja ein hungriger Wolf sein. Alle lachen. Das gibt tolle Bilder für die Diaabende zu Hause in Boston oder Baltimore. Die Parkwächter sehen dieses Treiben gar nicht gern, aber weder Argumente noch Strafzettel scheinen Eindruck auf die Bärenfans zu machen. Dabei sollten alle Besucher wissen, dass man den Bären mit Leckerbissen aus Weißmehl und raffiniertem Zucker und mit fettigen Chips keinen Gefallen tut. Damit können sie den Speck nicht anlegen, den sie für den langen Winter benötigen. Unterernährt und geschwächt gehen sie in die Winterruhe, und es kann vorkommen, dass sie im Frühling nicht wieder aufstehen. Wenn ihre Reserven erschöpft sind, schlafen sie sich zu Tode. Außerdem bekommen Bären, genau wie Menschen, von einer solchen Ernährung schlechte Zähne. Und ein Bär mit Zahnschmerzen ist ebenso missmutig wie ein Mensch, dem es auf den Zahnnerv drückt.

Einmal auf den Geschmack gekommen, werden die Petze regelrecht süchtig nach Junk-Food. Die Welpen lernen schon von der Mutter, was schmeckt und wie man darum bettelt. Da die Parkbären hauptsächlich gute Erfahrungen mit ihren zweibeinigen, unbehaarten Gevattern machten, haben sie die Scheu vor den Menschen verloren. Nun stöbern sie unbekümmert in den Müllcontainern hinter den Hotels und lassen sich kaum vertreiben. Sie brechen in Zelte und Ferienhütten ein, rauben Proviant, zerreißen Rucksäcke, zerbeißen Blechbüchsen – und wenn ihnen jemand in die Quere kommt, gehen sie nicht unbedingt zimperlich mit ihm um.

So ging es Jahr für Jahr. Bei mehreren Millionen Besuchern pro Sommersaison kam es immer wieder zu Vorfällen. Trotz aller Warnungen und

Cartoon von Gary Larson. »Kaum zu glauben. Das ist unmöglich, da ist nichts drin. Doch warte! Ich sehe was ... Ja, da sind sie – die Müsli-Riegel!«

Sicherheitsvorkehrungen wurden immer wieder Parkbesucher von Bären verletzt oder gar getötet. Mal war es ein Urlauber, der sich mit einem niedlichen Teddybärchen auf dem Arm knipsen lassen wollte, und den die zornige Bärenmutter niederstreckte. Mal war es ein Kind, das dem Bären einen Keks durchs Autofenster reichte, wobei das zuschnappende Bärengebiss die Finger gleich mitnahm. Und schließlich war es mal wieder eine Massenkarambolage, weil die Fahrer mehr auf die Bären achteten als auf die anderen Fahrzeuge. Gegen die Naschsucht der Bären und die Dummheit der Urlauber schien kein Kraut gewachsen.

Anfang der sechziger Jahre kam die Parkverwaltung auf eine Idee: Bären, die Touristen belästigen, und notorische Müllbären, die dazu noch dreist und aggressiv werden, sollten entfernt werden. Nicht umgebracht, sondern umgesiedelt. Erst wenn man den markierten Bären erneut am selben Platz entdeckt, wo er im Müll stöbert und Touristen belästigt, dann sollte er kurzerhand erschossen werden. Um die Bären zu fangen, konstruierte man aus großen metallenen Bachdurchlassröhren *(culverts)*, wie sie im Straßenbau verwendet werden, eine bärenfeste Falle – die so genannte culvert trap. Wenn der Bär den lecker riechenden Köder in der Falle berührt, schnappt die Falltür zu. Nachdem man dem gefangenen Missetäter eine

Betäubungsspritze verpasst hat, wird er – im Dämmerzustand dösend – in eine bis zu dreihundert Meilen entfernte, menschenleere Gegend gefahren und dort wieder freigelassen. Ein genialer Plan, aber nicht sehr effektiv. Bald nämlich stellte sich heraus, dass fast alle deportierten Bären sehr bald wieder an ihrem angestammten Platz auftauchten. Ein Ranger, den ich darauf einmal ansprach, scherzte: »Manchmal sind diese Bastarde vor uns schon wieder hier. Der Bärentransport ist ein leeres Ritual, das für die alten Tanten vom Tierschutz inszeniert wird. Eigentlich könnten wir Aufwand und Kosten sparen und die Bären gleich erschießen.«

Tierverhaltensforscher, die sich mit diesem Problem befassten, haben entdeckt, dass Bären ein sehr ausgeprägtes Heimatgefühl besitzen. Sie reagieren verstört, wenn sie in einer fremden Region ausgesetzt werden. Vor allem vor wildfremden Bären, zu denen sie noch keine Beziehung aufgebaut haben, haben sie Angst. Sie sehnen sich nach den heimatlichen Gefilden zurück, zu den bekannten, freundlichen Bären und zu den vertrauten Düften, und seien es die von Junk-Food und Müllhalden. Ohne sich eine Rast zu gönnen, eilen sie mit einer durchschnittlichen Laufgeschwindigkeit von 20 Stundenkilometern heimwärts, nicht ahnend, dass sie dort von einer Gewehrkugel erwartet werden.

In den frühen sechziger Jahren wurden im Yellowstone-Nationalpark jährlich vierzig bis fünfzig Bären erschossen. Da eine Bärin erst mit fünf oder sechs Jahren geschlechtsreif wird und nur alle drei bis vier Jahre ein bis drei Junge bekommt, und nur ein Drittel der Jungen das erste Jahr überleben, bedeutet eine derartig hohe Abschussrate de facto die Ausrottung. Erst 1975 versuchte man, die etwa zweihundert Bären, die übrig geblieben waren, zu retten, indem man die Müllhalden schloss und zuschüttete. Aber noch fünfzehn Jahre danach sah man Bären sehnsüchtig auf dem Gelände herumschnüffeln. Sie erinnerten sich an all die guten Dinge, die sie auf den Abfallhaufen gefunden hatten.

Der Urlauber, der heutzutage auf der Suche nach Bären durch den Yellowstone-Park fährt, wird viele Bisons, Wapitihirsche, Gabelböcke, Elche und vielleicht auch ein Wolfsrudel zu sehen bekommen, aber kaum einen echten Bären. Überall jedoch wird er auf *Smokey Bear* stoßen, das Maskottchen der Nationalparks. Mit Eimer und Schaufel in den Tatzen, steht er da militärisch stramm in sauberer Ranger-Uniform. »Vergiss nicht, nur du kannst Waldbrände verhindern«, mahnt er die Camper, die ihren Grill nicht sorgfältig löschen, oder die Raucher, die ihre glimmenden Kippen aus dem Fahrzeugfenster werfen. Der adrette Bär hat inzwischen alle Fernstraßen der Vereinigten Staaten erobert. Da seine Montur, vor allem der

Smokey the Bear.

breitkrempige Hut, an die Uniform der Highway Patrol erinnert, wurde Smokey Bear zuerst für die Trucker und dann für alle Autofahrer zum Symbol der Verkehrspolizei. »Achtung Kumpel, ein Smokey auf dem Highway!« funken Fernfahrer einander zu und drosseln ihre Geschwindigkeit, bis die Gefahr vorbei ist.

Lachsschlemmer am McNeil-Fluss

Besser geht es den Bären an einem anderen amerikanischen Bärenort. Am McNeil-Fluss *(McNeil State Game Sanctuary)*, weitab von der menschlichen Zivilisation, versammeln sich jedes Jahr in der letzten Juliwoche Hunderte von Bären. Es ist die Zeit des großen Lachszuges. Unzählige fette Lachse schwimmen den reißenden Strom aufwärts, schnellen mit gewaltigen Sprüngen über jedes Hindernis, um schließlich, völlig erschöpft, am selben Ort zu laichen, an dem sie selber einst ausgeschlüpft waren. Hier und da, in strudelnden Becken unterhalb der Wasserfälle, staut sich der Zug. Da sammeln die abgekämpften Salme ihre Kräfte, ehe sie erneut zum Sprung ansetzen. Da warten aber auch die Grizzlybären auf sie.

Jeder der zotteligen Fischer hat seine eigene Fangmethode entwickelt. Einige springen direkt ins Wasser und schnappen sich die fetten Happen mit dem Maul. Die meisten schlagen die Lachse mit geschickten Tatzenschlägen aus dem Wasser. Selbstverständlich besetzen die alten Patriarchen die besten Plätze zum Fischen. Jungbären und Bärinnen mit Jungen müssen sich mit weniger guten Stellen abfinden. Zuletzt kommen die kleineren Schwarzbären, die Baribals. Sie sind gezwungen, etwas weiter stromabwärts ihr Glück zu probieren.

Bald sind die Grizzlys so satt, dass sie sich nur noch weibliche Fische herausziehen. Diesen schlitzen sie den Bauch auf und schlürfen den Rogen wie zum Nachtisch. Die ausgeweideten Lachse überlassen sie den Möwen, oder, wenn sie stromabwärts treiben, machen sich die Baribals darüber her. Nur hundertfünfzig auserwählte Naturfreunde, ausgerüstet mit Stativ und Kamera, dürfen bei diesem Festmahl der Bären anwesend sein. Keine Röhrenfallen, keine Jagdgewehre, keine verlockenden Abfalldüfte gefährden die Eintracht zwischen Bär und Mensch. Die Grizzlys, diese sonst so gefürchteten Riesenbraunbären, schenken den Eindringlingen kaum Beachtung. Sie wollen sich einzig und allein seelenruhig sattfressen können und dabei nicht gestört werden. Das jährliche Ereignis bestätigt die Aussage des berühmten Zoologen Professor Bernhard Grzimek, dass »Bären ohne weiteres friedlich mit Menschen zusammenleben könnten«.

Der himmlische Gast

Bären, die mit Menschen zusammenleben? Vielleicht hat mein Freund, der alte »Müllbär« Carlo, doch Recht, wenn er behauptet, dass sich die Neandertaler Bären als Gäste in ihren Höhlen hielten, oder eher, dass diese Urmenschen selber die Gäste der Höhlenbären waren, wobei jeder einen anderen Teil der Höhle bewohnte. Verhaltensforscher sagen, dass Bären jeden Menschen, dem sie einmal begegnet sind, an seinem Geruch wiedererkennen. Vermutlich kannten die Höhlenbären »ihre« Menschen und ließen sie, im gegenseitigen Einvernehmen, in Ruhe. Es soll ja öfter vorkommen, dass sich verschiedene Tierarten dieselben Unterkünfte teilen, so wie sich Fuchs und Dachs gelegentlich im selben Bau einquartieren.

Mächtige Könige der Antike hielten sich Bären in ihren Palästen. Die armen Tiere waren aber eher unfreiwillige Gefangene als Gäste. Einige grausame römische Kaiser verwöhnten ihre Bären mit Menschenfleisch, wenn man den Berichten der frühen Christen Glauben schenken darf. Im Übrigen ließen die Römer Tausende von Bären – neben Sklaven, Käselaibern, Seife, Pelzen, Bernstein, geräucherten Schinken und blonden Frauenhaaren – aus den Urwäldern Germaniens einführen. Sie dienten hauptsächlich als Nachschub für die Arenen, wo sie in brutalen Kämpfen gegen Gladiatoren, Hunde und andere Raubtiere verheizt wurden. Kaiser

Die römische Elfenbeinschnitzerei aus dem 4. Jahrhundert zeigt den Konsul Areobindus, den Sponsor einer Zirkusveranstaltung, mit Bären.

Caligula beispielsweise ließ vierhundert Bären auf einmal gegen ein Heer von Gladiatoren kämpfen.

Viele mittelalterliche Burgen beherbergten ebenfalls Bären. Aber auch sie kann man nicht als zufriedene Gäste bezeichnen. Sie dienten vor allem der Selbstverherrlichung des Herrschers und verkörperten seine Macht, Wehrhaftigkeit und Unbezwingbarkeit. Auch die Bären in den Klöstern von St. Gallen oder Andlau wurden nicht um ihrer selbst willen gehalten, sondern dienten als Sinnbilder für die Bezwingung der niederen Triebnatur durch die Allmacht des Geistes.

Noch in der heutigen Zeit werden in Thailand and anderswo in Südostasien in den Klöstern und auch privaten Haushalten junge Malaibären als Kettentiere gehalten. Ein Schwarzmarkt sorgt für Nachschub. Die Buddhisten glauben, dass sie sich karmische Verdienste erwerben, indem sie freundlich zu den Tieren sind und sie mit Futter verwöhnen. Durch das ihnen entgegengebrachte Mitleid, wird diesen armen, in einer Tierhaut gefangenen Seelen, der Weg zum wahren Dharma gezeigt. Wenn die Bären jedoch erwachsen sind und für ihre Betreuer lästig werden, dann werden sie meist an Händler verkauft, die dann den Markt mit Bärentatzen und Bärengallen beliefern (Mills 2002: 176).

Am besten erging es wohl den Bärengästen bei den sibirischen Urvölkern. Bis in dieses Jahrhundert hinein hielten sich die Ainu, Orotschonen, Giljaken und andere Stämme, die wie in der Steinzeit als Jäger, Fischer und Sammler lebten, Bären als verehrte, verhätschelte Gäste in ihren Dörfern. Die Ainu, die einst große Gebiete Nordostasiens besiedelten, leben heute nur noch auf der Insel Hokkaido (nördliches Japan), den Kurilen und im Süden von Sachalin (Russland). Ähnlich wie für die Indianer in den Reservaten Nordamerikas, sind für sie die Zeiten vorbei, in denen sie als freie Jäger leben konnten. Das Aufeinandertreffen mit der Industriegesellschaft hat sie entmutigt und dem Alkohol verfallen lassen. Den Touristen, die auf

Suche nach dem Exotischen über ihre ärmlichen Dörfer herfallen, verkaufen sie Bärenschnitzereien und Rindenbaststoffe, aus denen sie einst ihre Kleidung machten.

Den Völkerkundlern fielen die Ainu vor allem wegen ihrer starken Körperbehaarung und der Lippentätowierung ihrer Frauen auf – und wegen ihrer aufwendigen Bärenfeste. Wissenschaftler nehmen an, dass die Ainu einst die Ureinwohner von ganz Japan waren, und dass viele der unzähligen shintoistischen Naturgottheiten, die so genannten Kami, auf diese Ureinwohner zurückgehen. Als Kami werden in der Shinto-Religion höhere Wesen bezeichnet, denen der Mensch Ehrfurcht schuldet[52]. *Kamui* ist das Wort, mit dem die Ainu den Bären bezeichnen.

Früher, wenn die Ainu-Jäger einen Bärenwelpen fanden, brachten sie ihn mit großer Freude heim. Die Ankunft des »Göttlichen« gab Anlass zu einem Trinkfest. Eine Familie, die selbst säugende Kleinkinder hatte, adoptierte das Tierchen und ließ es mit im Haus leben. Wenn es nachts wimmerte, durfte es sogar mit seinen Adoptiveltern im warmen Bett schlafen. Den Kindern war das kleine Wollknäuel immer ein willkommener Spielgefährte, und stillende Mütter reichten ihm auf Verlangen die Brust. Noch Anfang des 20. Jahrhunderts war ein Völkerkundler Zeuge, wie ein Bärenbaby in einem Kreis von Frauen von einer zur anderen gereicht und gesäugt wurde. Wenn der kleine Bär sich über die Kochschüsseln hermachte und den Hirsebrei fraß, dann war er eben ein »ungezogenes, verwöhntes Kind«.

Wenn der verehrte Gast dann so groß wurde, dass er seinen Gastgebern unabsichtlich wehtun konnte, wurden ihm die Zähne geschliffen, und er bekam seine eigene Hütte. Aber auch im Käfig blieb er zutraulich. Noch immer fütterte man ihn mit den allerbesten Leckerbissen, badete ihn, führte ihn an einer Kette spazieren und hielt seinen Schlafplatz peinlich sauber.

Schließlich aber, an einem Herbsttag, war es an der Zeit, ihn wieder »heimzuschicken«. Ein großes Fest, das *Iomante* (»Wegschickfest«), wurde vorbereitet. Man räucherte mit Beifuss *(Artemisia)*, braute große Mengen Hirsebier und kochte ganze Berge Hirseknödel. Nun wurden die Götter verehrt und eingeladen mitzutanzen, mitzuessen und -zutrinken. Dann ging einer der Männer zum Bären und erklärte ihm, dass er nun zu den Ahnen zurückkehren werde. Er sprach: »O Göttlicher, du bist in die Welt

52 Auch einen Bären-Kami kennt die Shinto-Religion. Der Name *Fujiyama*, mit dem die Japaner ihren heiligsten Berg bezeichnen, kommt aus der Sprache der Ainu und ist der Name der Göttin des Feuers (Weyer 1958: 202).

gekommen, um uns zu besuchen. Sei uns nicht böse und werde nicht zornig. Sage deinem Vater und deiner Mutter, wie gut wir zu dir waren. Eine große Anzahl geschnitzter Opferstäbe, viel Bier, Kuchen und andere gute Speisen senden wir dir mit. Wenn du ein guter Bär bist, kommst du bald wieder zu uns. Wir werden dich wieder gut bewirten.«

Auf diese Weise wurde das arglose Tier besprochen, dann band man es mit festen Stricken zwischen zwei Pfähle. Nun begann das Martyrium des heiligen Gastes. Ein Hagel stumpfer Pfeile regnete auf ihn herab und Rutenschläge prasselten auf ihn nieder. Der Bär raste bis zur völligen Erschöpfung. Derweil wehklagten die Frauen und beweinten die Leiden der inkarnierten Gottheit, die zwei oder drei Jahre unter ihnen als ihr Sohn geweilt hatte. Die Geißelung, sagen die Ainu, sei notwendig, denn sie helfe der Seele, sich vom Körper zu lösen. Wenn sie vorüber war, wurde das Opfer, mit Gebeten und Fürbitten beladen, in den Himmel geschickt. Im frühen Morgengrauen klemmten sie den Kopf des Bären zwischen zwei Pfähle, einen im Nacken, den anderen unter dem Rachen. Verzweifelt biss sich das Tier in einem Holzstück fest, während es erdrosselt wurde. Die Knebelung verhinderte den Todesschrei, der als schlechtes Omen gedeutet wurde.

Mit dem Aufblitzen des ersten Sonnenstrahls verpasste ein ausgesuchter Schütze dem »Göttlichen« mit einem einzigen Pfeil den Todesschuss ins Herz.[53] Es wurde sorgsam darauf geachtet, dass dabei nicht ein einziger Tropfen Blut auf den Boden fiel – auch das wäre als ungünstiges Vorzeichen gedeutet worden. Die Männer tranken das noch warme Herzblut und schmierten es in ihre langen Bärte.

Der tote Bär gelangte nun durch eine Öffnung an der Ostseite des Hauses nach draußen, wo er gehäutet wurde. Der Kopf und das daran noch befestigte Fell wurde durch den Rauchfang – den Geistereingang – ins Haus hinuntergelassen. Wie ein Kaminvorleger wurde er auf eine Matte gelegt und mit Ohrringen, Perlenketten und anderen Kostbarkeiten geschmückt. Opferstäbe, getrockneter Fisch, Hirseklöße, Schalen mit Hirsebier, auch ein Teller mit dem eigenen, gekochten Fleisch wurden ihm vor die Schnauze gestellt. In Sachalin legte man ihm sogar eine Pfeife mit Tabak und Zündhölzer vor. Wieder redete ein Alter mit dem entleibten Bärengeist: »Lieber junger Bär, wir schenken dir dieses alles. Bringe es zu deinen Eltern. Sage, dass du von einem Ainu-Vater und einer Ainu-Mutter unter vielen Entbehrungen aufgezogen wurdest ... (und so weiter.)«

53 Der Pfeil wird mit dem Saft des Eisenhuts *(Aconitum)* und anderen Giftkräutern präpariert, was zum sofortigen Herz-Kreislauf-Kollaps führt (Rätsch 1991: 28).

Hecke aus Opferpfählen mit Bärenschädeln.

Für die Ainu, die ihren eigenen Ursprung auf eine Bärenahnin zurückführen, ist dieses Opfer ein Sakrament. Das geopferte Tier ist der Mittler zu jener Gottheit, die in den Gebirgswäldern lebt und zugleich vom Sternbild des Großen Bären herableuchtet. Das Bärenmahl ist nicht weniger ein Kommunionsmahl als das Abendmahl der Christen. (Im Verlauf des Rituals trank jeder Ainu einen Schluck aus der Schale, aus der das Opfertier selbst getrunken hatte.) Genauso, wie sich ein Mensch durch die Teilnahme am Abendmahl als Christ bekennt, so bekennt sich der Ainu durch die Teilnahme am Bärenschmaus als echter Ainu.[54]

Jeder Teil des Opfertieres wurde in das Ritual mit einbezogen. Die Eingeweide wurden mit Salz bestreut, klein geschnitten und roh verspeist. Die Männer tranken das noch warme Blut und rieben es sich in die langen Bärte, um an der Kraft, dem Mut und der Tugend des göttlichen Gesandten teilzuhaben. Die Jäger benetzten ihre Kleidung mit dem Blut, um sich des Jagdglücks zu vergewissern. Schließlich wurde der gehäutete Schädel auf einer gegabelten Stange, dem »Pfahl des Entsendens«, vor dem Haus aufgestellt. Der Pfahl wurde mit geschnitzten Opferstäben geschmückt und war – wie das Kreuz im christlichen Glauben – auch weiterhin Gegenstand der Verehrung.

Die Giljaken, ein weiteres paläosibirisches Volk, zuhause im Mündungsgebiet des Amur, veranstalteten ein ähnliches Bärenfest. Auch hier wurde der Bär von klein auf als Gast im Dorf gehalten. Der Gast, der als Mensch höherer Art und als Abgesandter des Waldgottes galt, war höchst willkommen, denn seine Gegenwart spendete Segen und vertrieb böse Geister.

54 Das Wort Ainu bedeutet »Mensch«.

Bär als Gottheit: Prozession zu den Angellöchern. Die Frauen im Hintergrund schlagen eine große Baumstammtrommel. (L. v. Schrenck, »Reisen und Forschungen im Amurlande«, Petersburg 1881)

Nachdem das Dorf ihn einige Jahre durchgefüttert hatte, kam auch für ihn zur Zeit der Wintersonnenwende der Tag des Heimsendens. Vor seiner Opferung wurde er zu den Fischfanglöchern im zugefrorenen Fluss geführt, um den Fischfang zu segnen. Dann zog er noch einmal durch die ganze Siedlung, von Haus zu Haus. Überall wurde er mit Freude und viel Gelächter empfangen. Man fütterte ihn mit kostbaren Leckerbissen. Mutige junge Männer sprangen auf ihn zu, um ihm einen Kuss auf die Wange zu geben. Erwischte sie dabei eine Bärenpranke, galten sie als gesegnet. Ihr ganzes Leben lang waren sie stolz auf die Narben, die ihnen das heilige Tier zugefügt hatte. Wie bei den Ainu folgte nun die Geißelung am Marterpfahl und der Tod durch einen Herzschuss.

Der Kopf des Bären und die daran befestigte Haut wurden über ein Gestell gestülpt und verehrt. Er bekam eine Schale mit dem eigenen Fleisch und dem eines ihm geopferten Hundes vorgesetzt. Die Frauen wickelten Tücher um seine Wangen und seine Schnauze, um ihm die Tränen abzu-

Bärenfest der Giljaken; der getötete Bär nimmt am Fest teil. (L. v. Schrenck, »Reisen und Forschungen im Amurlande«, Petersburg 1881)

trocknen. Sein Hirn, der Sitz magischer Kräfte, wurde mit Reiswein verrührt und getrunken. In der wilden Orgie, die dem Opfer folgte, wurden die Lebenskräfte entfesselt und die Natur wurde mit neuer Fruchtbarkeit aufgeladen.

Ganz ähnliche Bärenopferfeste feierten die Tlingit, die Kwakiutl und die Nutka-Indianer, die an der Nordwestküste in Nordamerika (Washington, British Columbia) leben. Auch die Algonkin-Stämme kennen diese Bärenrituale (Lissner 1990: 78).

Besuch beim Herrn des Waldes

Für die sibirischen und nordamerikanischen Jägervölker ist der Bär nicht bloß ein Tier, das getötet und verwertet wird. Für diese Waldlandvölker hat »Großvater« oder »Großmutter« Bär eine Menschenseele. Der Bär ist ein im dicken Pelzmantel versteckter Verwandter, der dieselben Ahnen hat wie der Mensch. Eine Geschichte der Giljaken gibt uns einen Einblick in die Natur des Bären, so wie sie diese Völker verstehen (Findeisen 1956: 22):

Einst im tiefen Winter machte sich ein Fischer aus dem Volk der Giljaken auf, um weiter flussaufwärts nach den Fischen zu sehen, die er im Herbst gefangen und auf einer Plattform verstaut hatte. Der Schnee war tief, und er fand den Weg nicht mehr, so dass er im endlosen Wald herumirrte. Tage und Wochen vergingen, und es wurde schon Frühling, ehe er endlich das Gerüst mit den Fischen entdeckte. Daneben aber saß ein ihm unbekannter Mensch. Dieser sprach zu dem Fischer:

»Komm mit, lass uns zusammen in mein Dorf gehen, es ist nicht weit von hier. Du bist unser Gast.«

Es dauerte nicht lange, da kamen sie zu einem großen Winterhaus, wo sie durch das Gebell vieler Hunde begrüßt wurden. Der Giljake staunte nicht schlecht, dass er die Hunde alle kannte. Es waren alle die Hunde, die sein Volk bei früheren Bärenfesten geopfert hatte. Gleich im Vorraum sah er viele Bärenfelle liegen. Der warme Innenraum war voller Frauen, und auf dem Ehrensitz saß ein alter Mann.

»Du bist ein Mensch vom Unterlauf, wie ich sehe«, sprach der Alte. »Wir selbst sind Waldleute. Ehemals hast du für uns Hunde getötet und uns Speisen aus Lachshaut, Fischtran und Preiselbeeren gesandt. Wir würden uns freuen, wenn du eine Weile bei uns leben würdest.«

Nachdem er das gesagt hatte, schlief der Alte ein. Drei Tage und drei Nächte lang schlief er, dann erhob er sich und sprach erneut: »Heute findet ein Opferfest bei deinen Leuten statt. Es werden viele gute Speisen vom Unterlaufland hierher gelangen.«

Den Frauen zugewandt, fügte er hinzu: »Säubert den Fußboden und die Bänke!« worauf diese überall putzten und Tannenreiser auf die hintere Schlafbank legten.

Am Abend, als die Sonne unterging, öffnete der Alte die Tür des Hauses. Zehn Schalen mit verschiedenen kostbaren Speisen und Beeren schwebten durch den Eingang und fanden ihren Platz auf der geschmückten Schlafbank. Der Giljake wurde eingeladen mitzuessen, und nachdem der Alte selber einige Bissen zu sich genommen hatte, sprach er: »Wir alten Leute halten an diesem Brauch fest. Weißt du, wir gewahrten dich und werden dich wieder in dein Dorf zurücklassen. So hast du nunmehr etwas Neues erlebt, was du den Deinen erzählen kannst.«

Nach drei Tagen Schlemmerei, wobei der Giljake fleißig mitschmauste, fiel der Alte wieder in einen tiefen Schlaf. Als er nach drei Tagen und Nächten endlich erwachte, erhob er sich und sprach zu seinen Leuten: »Die Unterlaufmenschen werden sich heute auf die Suche nach einem Bären begeben. Meine Kinder, denkt mal darüber nach!«

Die meisten machten ein betrübtes Gesicht. Einer sprach: »Mein Herz tut mir weh!«

Und ein anderer sagte: »Mein Hals schmerzt mich.«

Wieder sprach der Alte: »Meine Lieben, überlegt es euch. Einer von euch muss gehen!«

Nun erhob sich ein Mann, der schweigsam auf der Schlafbank gelegen hatte. Wortlos zog er seinen Rock aus und sagte dann: »Wenn sich sonst niemand bereit findet zu gehen, dann schickt mich!«

Daraufhin ging der Alte in den Vorraum und holte eines der vielen Bärenfelle. »Hier, mein Sohn, nimm den Pelz und ziehe ihn dir an. Und nun mache dich auf den Weg zu meinen Kindern, die unten am Unterlauf leben.«

Als der ruhige, gutmütige Mann den Pelzmantel angezogen hatte, wurde er zum Bären. Brummend umschritt er das in der Mitte des Raumes brennende Feuer, ehe er hinausging. Der Alte begleitete ihn bis zum Fluss, dann stapfte der Bär flussabwärts alleine durch den Schnee und verschwand.

Viele Monde vergingen, da kehrte dieser Bär zurück. Mit ihm war ein von vielen Hunden gezogener, mit Speisen schwer beladener Schlitten. Die Leckereien waren in Moos gebettet. Auch Zwiebeln waren mit dabei. Der Bär, der nun seinen Pelzmantel wieder ablegte und Menschengestalt annahm, erzählte dem Alten, wie freundlich er von den Menschen am Unterlauf empfangen und wie gut er bewirtet worden war. Auch erzählte er dem Alten, der niemand anderes war als der »Herr des Waldes«, von den Sorgen und Wünschen der Menschen. Jagdglück, viele Lachse, eine üppige Beerenernte, Gesundheit und Frieden mit den Nachbarvölkern, das wünschten sie sich.

Und nun, nachdem er all das gesehen und erlebt hatte, wurde der Giljake wieder hinab in sein Dorf am Unterlauf geschickt. Einen Monat lebte er noch dort und erzählte von seinen Erlebnissen. Dann starb er.

Bärenzeremonien, wie sie die paläosibirischen Jäger- und Sammlervölker veranstalten, müssen sehr alt sein. Mindestens so alt wie die Jagdtechniken, wie das Schamanentum mit seinen Gesängen, seiner Rahmentrommel und den Geisterflügen, so alt wie das Wissen um einen »Herrn des Waldes« oder eine »Mutter der Tiere«, und so alt wie die mit den Indianer-Tipi verwandten kegelförmigen, ledernen Sommerzelte und die halbunterirdischen Winterbehausungen mit einer Feuerstelle in der Mitte. Das sind alles kulturelle Elemente, die in die jüngere Altsteinzeit (jüngeres Paläolithikum) zurückreichen, und die die Paläoindianer vor rund zwanzig- bis dreißigtausend Jahren mit über die Landbrücke Beringia hinweg in die Neue Welt nahmen.

Wie wir schon im ersten Kapitel andeuteten, gab es auch im europäischen Paläolithikum einen Bärenkult mit Bärenopfer. In der Höhle Montespan (Haute-Garonne, Frankreich), tief im Innern des Berges, fanden Forscher – neben Wandzeichnungen von Pferden, Hirschen und Bisons – einen lebensgroßen Bärenkörper aus Ton modelliert. Nur der Kopf fehlte. Auf dem Boden, zwischen den Vorderpfoten des Tieres, fand sein Entdecker, Comte Bégouen, den Schädel eines wirklichen Bären. Der Rücken der Tonfigur ist glatt poliert, und an ihrer Halspartie befindet sich eine dreieckige Aushöhlung. Es liegt also nahe, dass die paläolithischen Jäger das Fell des erlegten Bären über die Plastik gezogen und den noch am Fell hängenden Kopf mit einem Keil auf dem Halsstück befestigt hatten. Comte Bégouen erklärte: »Wir dürfen annehmen, dass wir den Schädel fanden,

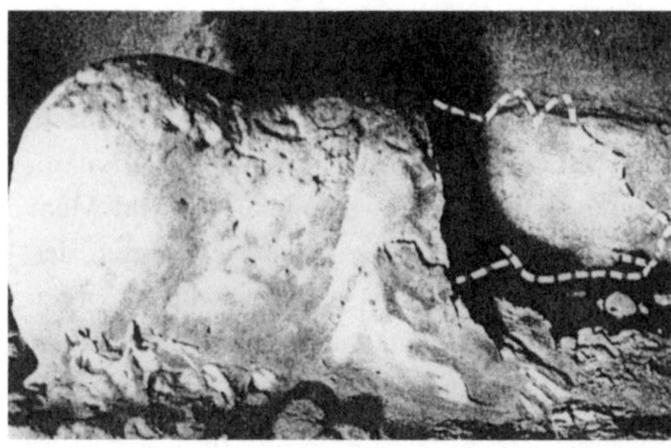

Paläolithische Lehmplastik eines Bären ohne Kopf. (Höhle von Montespan)

der nach der letzten Zeremonie übrig geblieben war« (Lissner 1979: 282). Das war vor gut 20000 Jahren. War das ebenfalls eine »Wegschickungszeremonie« gewesen?

Aber das ist noch nicht alles. Das Tongebilde weist dreißig runde Löcher auf, als seien – wie beim sibirischen Bärenopfer – stumpfe Pfeile darauf geschossen worden. In der berühmten Höhle von Trois-Frères (Ariège) befindet sich die Darstellung eines Bären, aus dessen Maul ein breiter Blutstrom herausquillt. Der Körper ist mit runden kleinen Kreisen bedeckt, die anzeigen sollen, wo der Bär getroffen wurde. Außerdem sind Pfeile gezeichnet, mit denen man den Bären beschossen hatte. Die Tötung muss durch einen Stich in die Lunge erfolgt sein, denn nur so lässt sich der Blutstrahl aus der Schnauze erklären (Lissner 1979: 284).

Urgeschichtler fanden in Schlesien den fossilen Schädel eines jungen Braunbären, dem die Menschen aus dem Aurignacien – ebenfalls jüngere Altsteinzeit – die Schneide- und Eckzähne abgesägt oder -gefeilt hatten.

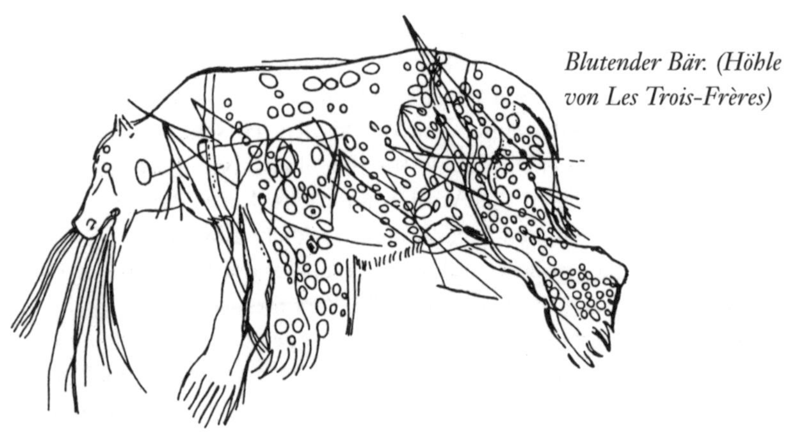

Blutender Bär. (Höhle von Les Trois-Frères)

Auch das wird, wie wir schon sahen, dem »himmlichen Gast« angetan, wenn er bei den Ainu oder anderen Völkern »auf Besuch« ist (Eliade 1993, Bd I: 26).

Was der Spaten der Urgeschichtler und die Untersuchungen der Höhlenforscher zutage fördern, kann natürlich sehr unterschiedlich gedeutet werden. Dennoch bringen uns diese eindeutigen Spuren eines prähistorischen Bärenkults die Bärenopfer und die Bärenverehrung der letzten Naturvölker Sibiriens und Nordamerikas in den Sinn. Es gibt keinen zwingenden Grund, eine Kontinuität dieser kulturellen Bräuche anzuzweifeln. Wahrscheinlich ist das Erzählte, die uns überlieferten Sagen und Märchen von Bären, von Bärenmenschen oder von Frauen, die sich mit Bären vermählen, ebenso alt.

Die letzte *Iomante* oder Wegschickungszeremonie der Ainu fand in den frühen dreißiger Jahren des 20. Jahrhunderts statt. Kein himmlischer Gast kommt nun mehr, niemand ruft ihn und bewirtet ihn. Und deswegen – so die Ainu – verschwindet der Bär auch aus den Bergen und Wäldern der nordjapanischen Inseln und Sachalins. Die Menschen, die ihn verehrten, werden zunehmend von der japanischen Massengesellschaft absorbiert und ihre Kultur ist am Aussterben.

Mutzopolis – Die Bärenstadt Bern

»Der Bär, von außen angeschaut, war immer der gleiche! Seine Fellträger wurden aber oft ausgewechselt, so dass das Stadttier mit immer neuer Kraft mit seinen freudigen oder drohenden Gebärden beginnen konnte.«
Sergius Golowin über den »Bärenhautträger« der Berner Fastnacht

Man muss nicht nach Hokkaido oder Alaska fahren, um dem Bärengeist zu begegnen und einen lebendigen Bärenkult zu erleben. Auch mitten im Herzen Europas wird man fündig.

Bären, überall Bären! Der schwarze Mutz mit langer, roter heraushängender Zunge ist überall zu sehen – an Wände gepinselt, in Dachgiebel geschnitzt, als Warenzeichen auf Etiketten gedruckt, in Stein gemeißelt, als Schildwache an öffentlichen Gebäuden oder als Brunnenwächter. Als Kraftmeier wird er hornussend[55], schwingend[56] oder trommelnd in die Schlacht ziehend abgebildet. Auf Wirtshausschildern, auf Fahnen und Wappen zieht er auf goldgelber, honigfarbener Straße über ein rotes Feld. Am Kiosk gibt es den »Berner Bär« als Zeitung, in Plastik- oder Holzausführung als Souvenir für Fremde, als Konterfei auf Honigschokoladentafeln.

Berner Flagge.

Staunend ging ich in diesen ersten Tagen als amerikanischer Austauschstudent durch die Bilderbuchgassen der Altstadt Berns. Der Bärengeist ist überall gegenwärtig, und es hätte mich kaum erstaunt, in irgendeiner dunklen Seitengasse oder unter den Baumriesen am Ufer der Aare auf dampfende Bärenlosung zu stoßen, wie es einem in den Rocky Mountains passieren kann. Nicht weit vom Eingang des ethnologischen Seminars, das ich jeden Tag besuchte, steht er in der mittelalterlichen Kramgasse geharnischt über einem Brunnen. Am oberen Ende der

55 Hornussen, ein volkstümliches schweizerisches Schlag- und Abfangspiel mit dem »Nuoss«, einer Hartgummi-Scheibe, einer langen Schlagrute und Fangbrettern.
56 Schwingen ist ein volkstümlicher schweizerischer Ringkampf.

Gasse, über dem Torbogen des Zytglogge-Turms, marschiert zu jeder vollen Stunde beim Glockenschlag eine bewaffnete Bärentruppe aus einer kleinen Tür und verschwindet wieder. Folgt man der kopfsteingepflasterten Strasse hinunter über die Nydeggbrücke, stößt man auf echte, lebendige Bären. Hier befindet sich der Bärengraben. Hier regiert, ständig von Bewunderern umlagert, der große *Mani*, der männliche Alphabär, der Patriarch, die Verkörperung des Stadttotems. Neben ihm tollen jüngere Bären und Bärenmütter mit niedlichen Welpen. Die sonst eher wortfaulen Berner reden mit den Bären. Sie sprechen sie nicht nur an, sie reden mit ihnen. Sie sprechen mit ihnen, wie man sonst mit kleinen Enkelkindern oder mit den ganz Alten spricht. Sie verkehren mit ihnen, als sei sonst kein anderer Mensch mit da am Bärengraben. Es sind liebevolle Zwiegespräche, fast als sprächen sie mit ihrem inneren Selbst.

»Chumm, Bärli«, sagt das alte Großmütterchen neben mir leise, während sie dem Bären eine Möhre zuwirft, als gebe sie ihrem liebsten Enkel einen Keks oder ein anderes *Guetzli*. Und der dicke Angestellte auf der anderen Seite neben mir schaut den Mani andachtsvoll an und sagt: »Mol, mol, du bisch e Guete.« Es ist kein Angaffen, wie man es etwa im Zoo erlebt.

Menschgewordene Bären

Kein Zweifel, in der Aarestadt kann man einen lebendigen Bärenkult erleben. Der Berner Bär ist nicht zu vergleichen mit seinem eher schwindsüchtigen Berliner Cousin, der nur noch Wappentier ist und als Filmpreis verliehen wird, aber keiner Seelenstimmung der Bevölkerung mehr entspricht. Je länger ich mich in der Bärenstadt und im Bernbiet aufhielt, desto mehr kamen mir die einheimischen Berner selbst wie menschgewordene Bären vor. Allein die erdhaft urige Erscheinung, die kräftige, stämmige Statur nicht nur der Emmentaler Bauern, sondern auch vieler Stadtberner, ließ den Vergleich zu. Ihr Gesichtsausdruck verändert sich kaum mehr als der eines Braunbären. Und diese Eigensinnigkeit! Dieser dicke, runde Schädel, dieser »Bärner Gring«, auf den sie so stolz sind! Als Beispiel für die Qualität dieses Dickschädels wird die Geschichte von einem lebensmüden Berner erzählt, der sich vom Turm des Münsters stürzte. Beim Aufprall seines Schädels passierte nichts weiter, als dass das Kopfsteinpflaster zersplitterte. Ein solcher Dickschädel lässt sich ebenso wenig herumschieben und in seinen Angelegenheiten stören wie ein Grizzly, der gerade einen Müllcontainer im Yellowstone ausräumt. Auch hat er es nicht nötig, geschwätzig zu

Siegel der Stadt Bern von 1470.

sein wie etwa der geschäftigte Zürcher, noch braucht er eine affektierte Geziertheit zur Schau zu stellen, wie etwa der kultivierte Genfer. Er ist, wie der Bär, langsam und bedächtig. Ist er aber erst einmal von der Richtigkeit eines Standpunktes überzeugt, kann ihn weder Tod noch Teufel davon abbringen. Er behält stets den Boden unter den Füßen, ist auf keinen Fall leichtgläubig und gibt sich – wieder echt Bär – immer etwas misstrauisch gegenüber ungewohnten, allzu ausgefallenen Gedanken. Ja, der kühne, leichte Flug war noch nie die Sache der Berner. Wie ihr Wappentier bleiben sie immer erdverbunden und sachlich und lassen trotz aller Ideale die materielle Wirklichkeit niemals außer Acht. Der Bär ist ein Tier der Erde. Man versteht, dass die Berner mit dem schwebenden Reichsadler nichts anzufangen wussten. Sie haben ihn schon vor mehr als zweihundert Jahren aus ihrem Wappen entfernt.

Der Lieblingssport vieler Berner, das Schwingen, sagt viel über ihren bärigen Charakter aus. Schwingen ist ein altalemannischer Bauernringkampf, bei dem einer der stämmigen Kolosse den Versuch macht, den anderen beim Gürtel oder am aufgerollten Hosenbein zu fassen, ihn von der Stelle zu bewegen und schließlich zu Boden zu werfen. Oft ist es der gut angebrachte »Bärengriff«, der den Ringkampf entscheidet und den Sieger einen *Muni* (Stier) gewinnen lässt. Der Ringkampf erinnert an das japanische Sumo-Ringen, wo ebenfalls zwei stiernackige Kolosse aufeinander losgehen. Es erinnert aber auch an das Begrüßungsringen befreundeter Bären. Unter den Bauern wird der Sieger der Schwinget (Fest der Ringkämpfer) ebenso verehrt wie der Mani, der Stärkste unter den Bären.

Der typische Berner ist nie boshaft. Wie ein verspielter Bär kennt er aber oft seine eigene Kraft nicht. In seinem klassischen Bärenbuch charakterisiert ihn Friedrich Volmar in treffender Weise: »Ein in seiner Winterruhe durch das Fällen von Bäumen gestörter Bär *isch vor ds Huus gange u het däm Löli es paar Chläpf zum Gring g'houe* (... ist vors Haus gegangen und hat dem Dussel ein Paar Ohrfeigen verabreicht). Leider blieb der so Zurechtgewiesene für immer liegen« (Volmar 1940: 243).

Der Berner, zurückhaltend und gelassen, lässt sich nicht leicht reizen. Aber wenn das Maß voll ist, wird der scheinbar schwerfällige Brummbär wild und furchtlos. Er ist zäh und gibt nicht auf. Mag sein, dass in keltisch-römischen Zeiten im Bernbiet der mütterliche, fürsorgende und nährende

Beim Schwinget.

Aspekt des Bären im Vordergrund stand – die in Muri bei Bern gefundene Bronzeplastik einer Bärengöttin *(Dea Artio)* scheint das anzudeuten –, aber der schwarze Bär, der mit der Gründung der Stadt auf das Wappen kam, war vor allem der alemannische Kriegerbär, der kämpfende Mani, der die Burgunder das Fürchten lehrte und der Stadt stets ihre Unabhängigkeit bewahrte. Der französische König, der Kaiser und der Papst nahmen die furchtlos kämpfenden Berner Bären auch gerne als Söldner in ihre Dienste. Die Bären der Alpen sind also nicht ausgestorben, sie haben nur ihre äußere Erscheinung geändert; sie haben Menschengestalt angenommen. In der heutigen Zeit, wo es in Mitteleuropa keine Wildnis mehr gibt, ist das die einzige Möglichkeit für den Bärengeist, sich zu inkarnieren. Die wahren Berner sind also Bären. Selbst ihre Hunde, die Bernhardiner und Berner Sennenhunde, sehen eher aus wie Bären und heißen meist auch Bari, Bäri, Bärli oder so ähnlich. Seit mehr als zweitausend Jahren werden diese bärenschnauzigen, langhaarigen Riesenhunde mit den stämmigen Beinen und dem kräftigen Körperbau von den Helvetern gehalten. Nur so können sie Hunde ertragen, denn welcher Bär mag schon Hunde? Hündische Charaktere, krummrückige Kläffer, Schwätzer, Opportunisten und ähnliche Köter mag der Berner sowieso nicht.

Herzog Berchtold und Edelfrau Mechthildis

Die heutige Stadt Bern wurde vor über achthundert Jahren von Herzog Berchtold V. von Zähringen gegründet. Schon der Name des Herzogs lässt jene aufhorchen, die ein Gespür für die mythologische Substruktur der oberflächlichen Wirklichkeit haben. Berchtold kommt von Berthold – in dem die beiden Worte »Bär« und »walt« (walten, herrschen) enthalten sind

– und bedeutet »Bärenherrscher«. In manchen Gegenden in Schwaben und in der Schweiz kennt man noch den wilden Jäger Berchtold oder Bertholt, der zur Zeit der Wintersonnenwende sein Unwesen treibt. Er tritt an Wotans (Odins) Stelle als Anführer des wilden Heeres, des Woutisheeres. Der Bärchtelistag, der – in keinem Heiligenkalender verzeichnet – am 2. oder 3. Januar hier und da in Südbaden und in der Nordschweiz mit lärmenden Umzügen, Gelagen und Tanz gefeiert wurde, hat mit diesem mythologischen Berchtold zu tun. Bei den Bauern ist der Bärchtelistag noch immer von Bedeutung, denn nun, nach den besinnlichen Weihnachtstagen, fängt das *Chrampfe*, die knochenharte Bauernarbeit wieder an.

Obwohl Herzog Berchtold eine historische Person ist, der die Stadt 1191 als Bollwerk gegen die burgundische Expansion gründete, befinden wir uns assoziativ dennoch wieder im alemannischen Sagenkreis des wilden Jägers Wotan und seiner kämpfenden Bären, der Bärenhäuter.

Die an drei Seiten von der Aare umströmte, von dichtem Eichenwald bewachsene Landzunge schien Herzog Berchtold ein geeigneter Ort für eine befestigte Stadt. Nach altem Brauch, der nicht nur in unserem Kulturkreis von Bedeutung ist, entschied er, die Stadt nach dem ersten Tier zu benennen, das ihm da im Wald begegnete. Das erste Lebewesen, das sich zu Beginn eines Unternehmens zeigt, gilt immer als bedeutungsschwangeres Vorzeichen.

Es war ein Bär, der damals als Erster dahergetappt kam. Ein gutes Omen sicherlich! Das alte Totemtier der alemannischen Krieger würde schon mit den Burgundern und anderen Feinden fertig werden! Der Herzog stellte dem Waldbären nach und erlegte ihn. Ein Festschmaus folgte in der Burg Nydeck. Nun hatte die Stadt ihren Namen und ihr Wappentier. Der Geist des getöteten Tieres ging auf die Bewohner über und lebt noch heute in ihnen fort. Eine wahrlich totemistische Ursprungslegende, die jedem völkerkundlichen Vergleich standhält!

Aber nicht nur der bärenjagende Held und Stadtgründer, sondern auch die Bärengöttin kommt in der Ursprungslegende zu Wort. Sie erscheint in der Gestalt der Edelfrau Mechthildis.[57]

57 Auch wenn es zutreffen sollte, dass der Romantiker Sigmund Wagner (1759–1835) die Legende von der Edelfrau Mechthildis frei erfunden hat, muss er sich dennoch auf ältere Vorlagen gestützt haben. Die Legende ist, was ihre archetypische Struktur betrifft, durchaus folgerichtig und dementsprechend als »echt« zu betrachten.

Unweit von der Stelle, an dem der Herzog den Bären erlegt hatte, irrte eine junge Edelfrau mit einem Töchterlein im Arm durch das dornige Dickicht des Waldes. Ein schweres Schicksal hatte sie heimatlos gemacht. Plötzlich krachte es im Unterholz. Sie erschraken bis ins Mark, denn eine große Bärin tappte daher. Das Tier aber zog freundlich brummend an ihnen vorbei und tat ihnen nichts zuleide.

Kaum hatten sie sich von dem Schrecken erholt, stand ein zähnefletschender Wolf vor ihnen. Kein Zweifel, er würde sie verschlingen. Als sie vor Entsetzen schrien, erschien die Bärin wieder. Wer weiß, vielleicht hatte der Isegrim einst eines ihrer Jungen gerissen, auf jeden Fall stürzte sich die Bärin auf den Wolf. Dieser aber fügte ihr gefährliche Bisswunden zu. Schließlich gelang es der Bärin, ihm mit einem Prankenschlag das Genick zu brechen.

Das Schreien, Knurren und Brüllen lockte die Jäger aus der Burg Nydeck herbei. Beim Anblick der noch lebenden Bärin, legte einer der Schützen einen Pfeil in den Bogen. Doch Mechthildis sprang dazwischen.

»Schonet den Bären, meinen Retter!« rief sie.

Die Bärin, aus vielen Wunden blutend, schleppte sich fort. Wiederholt aber bleib sie stehen, richtete den Blick auf Mechthildis und brummte. Endlich verstand die Edelfrau. Die Bärin wollte, dass man ihr folge. Bald darauf kamen sie an eine Bärenhöhle. Zwei niedliche Junge, die die Heimkehr ihrer Mutter erwarteten, stürzten sich auf die Bärin. Sie konnte ihnen gerade noch einmal das Gesicht lecken und Mechthildis zum allerletzten Mal in die Augen blicken, dann verschied sie.

Die erstaunten Jäger fingen die beiden Bärchen und nahmen sie zusammen mit der Frau und ihrem Töchterlein mit zur Burg. Als Herzog Berchtold vernahm, was geschehen war, war er zutiefst bewegt. Sofort ließ er sein Pferd satteln und ritt zur Höhle. Beim Anblick der tapferen Bärin, die da in einer Blutlache lag, hielt er einen Moment inne. Dann gelobte er:

»Du starbst, weil du Wehrlose mit deinem Leben verteidigt hast. Ich will dein Erbe sein! Hier will ich eine Stadt bauen zur Zuflucht der Bedrängten! Bern soll sie heißen, und ein schwarzer Bär soll ihr Wappen sein!«

Der Bau der Stadt mit dem Bären auf dem Wappen ging zügig voran. Über der Bärenhöhle wurde das Rathaus gebaut. Die Höhle selber wurde zur Schatzkammer der neuen Stadt. Die beiden Bärenwelpen wurden in der Burg aufgezogen und immer gut behandelt. Die Stadtbäckerei wurde damit beauftragt, ihnen besonders schmackhaftes Brot zu backen. Junge Ritter machten es sich zum Vergnügen, mit ihnen zu ringen und ihre Kräfte und ihren Mut an ihnen zu messen.

Als dann die Weihnachtszeit kam, buk die edle Mechthildis mit Honig und feinen welschen Gewürzen den ersten echten Berner Lebkuchen. Auf dem Gebäck waren die Bärin und ihre Jungen abgebildet.

Die vergleichende Religionsethnologie erkennt in der Bäckerin die Korngöttin wieder und in ihrem Lebkuchen ein typisches »Gebildbrot«, ein symbolträchtiges Kultgebäck, das zu heiligen Zeiten – hier zur Wintersonnenwende – gebacken wird. Es wird stellvertretend für ein Opfer – hier den Bären – verzehrt und gilt als segensspendend und kräftigend. Brot stellt überhaupt die gebündelte Lebenskraft dar, und hier, im Zusammenhang mit dem Bären, ist die Symbolik besonders stark. Viele Berner glauben noch heute, dass ihr Lebkuchen, der Gewürze wegen, besonders gesund sei.

Ähnliche bärengestaltige Gebildbrote, die dem Götterbären Donar geweiht waren, kannten die heidnischen Alemannen schon vor ihrer Bekehrung zum Christentum. Es gab auch Brote in Form eines Ebers, die dem Vegetationsgott Fro geweiht waren, in Form von Pferden, die Wotan geweiht waren, und anderes tierförmiges Jul-Gebäck. Die Brote sind Ersatz für die archaischen Tieropfer[58] (Bächtold-Stäubli 1987, Bd. III: 373). Die weihnachtlichen Leb-, Pfeffer- und Honigkuchen, die wir noch immer genießen, entstammen diesem sakralen Brauchtum.

Der Schutzheilige

Jede Stadt des christlichen Abendlandes bekam einen Schutzheiligen zugewiesen. Der Patron, dem der Schutz der Bärenstadt oblag, war der heilige Christophorus. Dieser furchtlose, bärenstarke Riese, der einst das Christkind über die Fluten getragen hatte, passte gut zu der Stadt, die an einer Furt über der Aare gebaut war.

58 In Estland kennt man noch immer den »Christbär«, ein Gebäck der Weihnachtszeit, von dem auch das Vieh zu fressen bekommt.

Kurz vor der Reformation, im Jahre 1498, wurde am Oberen Stadttor ein zehn Meter hohes Standbild des »Christoffel« errichtet. Bärtig, langhaarig und mit stechendem Blick schaute er auf die Stadt hinab. Aber schon bald nahm man ihm das Christkind von den Schultern und drückte ihm Schwert und Hellebarde in die Hand. Von nun an war der Christoffel nur noch ein Riese, ein Torwächter. Als Mitte des 19. Jahrhunderts in der Nähe des Oberen Tores die Eisenbahn gebaut wurde, war der »Götze« nur noch ein Verkehrshindernis und wurde im Namen des Fortschritts abgerissen. Geblieben sind nur noch sein strenges Gesicht – es ziert die unterirdische Passage im neuen Bahnhof – und einige Bruchstücke wie beispielsweise seine Daumen. Letztere montierte man auf Aufsätze, die mit Bären geschmückt sind, und bewahrt sie als Andenken im Museum.

Die Berner haben sich eben nie sonderlich für ihren christlichen Schutzheiligen erwärmen können. Der eigentliche Schutzheilige war seit der Errettung Mechthildis immer der Mutz. Seit mindestens fünfhundert Jahren logiert der Stadtbär im Bärengraben. Um die Zeit, als die Eisenbahn kam und der Riese Christoffel abdanken musste, wurde sogar ein ganz neuer, geräumiger – der vierte offizielle – Bärengraben gebaut, und zwar auf der anderen Seite der Nydeggbrücke, nicht weit von der Stelle, an der angeblich der Zähringer Herzog den ersten Bären erlegt hatte. Im Mai 1857 zogen die Bären aus ihrem alten Gehege aus. Begleitet von uniformierten Kadetten, Blasmusikkapellen, zwei Kanonen und Reitern in schwarz-roten Trachten »zügelten« (zogen um) die Kulttiere in vergitterten Kisten auf einem bekränzten Wagen. Unter Fanfarenstößen, Trommelwirbeln, Kanonenschüssen und dem Jubel der Menge trollten sich die wahren Regenten der Stadt in ihre mit Berner Flaggen geschmückte, neue Bärenburg. Dort erwartete sie eine hohe Klettertanne, die wie ein Weihnachtsbaum mit Äpfeln und leckerem Gebäck behängt war.

Eine ähnliche Prozession fand einige Jahre später anlässlich der Feiern zum Siebenhundert-Jahr-Jubiläum der Stadtgründung statt. Bei dieser Gelegenheit wurde auch einer der Bären – stellvertretend für den vom Herzog erlegten Petz – von den Patriziern, Würdenträgern und Ehrengästen feierlich verspeist. Ein Ainu oder Giljake hätte angesichts dieses Bärenfestmahles sicherlich anerkennend mit dem Kopf genickt.

Das Wohlergehen der Grabenbewohner lag den Bernern immer am Herzen. Wie bei den Ainu galt ihnen das Befinden ihrer Bärengäste als bedeutsames Omen. Ging es den Bären gut, dann ging es auch der Stadt gut; ging es den Bären schlecht, dann drohte Unheil. Und wehe dem Schurken, der den Mutzen etwas antun wollte! Es soll vorgekommen sein, dass Feinde versucht haben, den Bärenwächter zu bestechen, die ihm anvertrauten Bären zu vergiften, um die wackeren Bürger zu demoralisieren. 1575 wurden zwei weiße Bärenwelpen geboren. Welch ein Vorzeichen! Man war überzeugt, dass sich gar manches in der Welt verändern würde. (Auch in Ostasien gilt das Erscheinen eines weißen Bären als Omen für fortdauernden Frieden über Generationen hinweg.) Als 1712 fast alle Bären eingingen, löste das die größte Besorgnis aus. Am schlimmsten traf es die Berner, als 1798 die Franzosen den Mani und seine Gattin nach Paris entführten, wo sie bald darauf starben. Ein totes Junges ließen sie im Graben zurück. Wahrlich ein böses Vorzeichen! Zwölf dunkle Jahre vergingen, ehe ein neues Bärenpaar mit Musik, Blumengewinden und Fahnengeschwenk begrüßt werden konnte.

Nun sollte man meinen, dass die Berner auch den frei in Wald und Gebirge lebenden Bären mit ähnlicher Ehrfurcht und Sympathie begegneten. Dem war aber nicht so. In der Stadt wurde der Bär als Symbol der Macht und Wehrhaftigkeit in Ehren gehalten, überall jedoch, wo man ihn im Berner Land antraf, wurde er gnadenlos verfolgt. Man fürchtete ihn, als sei er eine Ausgeburt der Hölle. Er riss Kühe und Ziegen[59] und erschreckte manchen Wanderer. Wie noch heute in Alaska oder Kanada kursierten wilde Geschichten von haarsträubenden Bärenbegegnungen. Ein immer wieder-

Bärenjagd im Kanton Waadt. (Holzschnitt, Anfang 19. Jahrhundert)

59 Moderne Studien belegen, dass die Nahrung der Braunbären zwischen 80 und 90 Prozent aus pflanzlicher Materie (Gräser, Knollen, Rinden, Beeren) besteht, der Rest sind Tierkadaver, Insekten, Fische, Nagetiere und Pilze (Busch 2000: 70). Erst im Zuge des Mittelalters, als die Menschen immer mehr in den Lebensraum der Bären eindrangen, wurde der Bär zum bösen »Raubtier«, der sich, um seinen Hunger zu stillen, gelegentlich ein Schaf oder ein anderes Weidetier holte. Auch wurde er zunehmend nachtaktiv, um die für ihn gefährlichen Menschen zu meiden.

Letzter Wildbär der Schweiz, erlegt 1904 in Val S-charl.

kehrendes Motiv war der Zweikampf. Ein vom Bären überfallener Senn oder Holzfäller ringt mit dem Ungeheuer. Vergebens versucht er, ihm die Klinge in den Leib zu treiben. Dann stolpert der Bär und stürzt rücklings, mit dem Menschen obendrauf, einen Felsen hinunter. Beim Aufprall bricht sich das Tier das Rückgrat; der Mensch aber kommt unversehrt davon.

Die Obrigkeit veranstaltete Treibjagden zur Volksbelustigung. Es waren regelrechte Feldzüge, mit Hunderten Leuten und Hunden, die ausschwärmten, und schreienden Frauen, Trommeln und Trompeten, die den Bären erschrecken sollten. Schuss- und Fanggelder wurden in Aussicht gestellt. Der Jäger galt als Held, und der getötete Meister Petz wurde im Triumphzug unter Trommelklang ins Tal und durch das Dorf oder die Stadt getragen.

Das Abschießen des Untieres war jedes Mal ein Volksfest, ein Anlass zum Schmausen, Lärmen, Singen und Zechen. Man stopfte den ganzen Bären mit Stroh aus, oder man nahm nur den Kopf, setzte Glaskugeln in die Augenhöhlen und eine lange rote Stoffzunge ins Maul und nagelte ihn an ein Herrenhaus oder an das Rathaus. Der letzte wildlebende Bär im Bernbiet wurde, zusammen mit einem Wolf, Anfang des 19. Jahrhunderts erlegt, ausgestopft und an einen Wirtshausgiebel gehängt. Der letzte wildlebende Bär der Schweiz – eine kleine sechsjährige Bärin, 116 kg schwer – wurde im September 1904 im Unterengadin geschossen.[60] Die beiden Jäger

60 In Deutschland verschwanden die Bären im 19. Jahrhundert; die letzten mitteleuropäischen Bären wurden 1836 in Bayern, 1881 in Tirol und 1921 in den Französischen Alpen zur Strecke gebracht.

wurden mit einer Abschussprämie belohnt, und das Bärenfleisch wurde den Kurgästen des Grandhotels serviert (Volmar 1940: 64; Hoffmann 2004: 2).

Das letzte Wort ist noch nicht gesprochen. In Trentino, nicht allzu weit von der Schweizer Grenze, lebt noch eine Handvoll Wölfe und Wildbären. Seit einigen Jahren schon wandert ab und zu ein Wolf über die hohen Bergpässe von Italien ins Wallis oder ins Bündnerland, wo ihn meistens des Jägers Kugel erwartet. Im Herbst 2007 sind zum ersten Mal wieder junge Bären, menschliche Grenzziehungen missachtend, in die helvetischen Berge zurückgekehrt. Die Bären, die die wissenschaftlichen Namen JJ3 und MJ4 erhielten, begaben sich in Winterruhe. Als im folgenden März der hungrige Jungbär JJ3 erwachte, plünderte er auf Nahrungssuche immer wieder Abfallkübel. So wurde er zum »Müllbären« und »Problembären« erklärt. Obwohl er sich, wie der WWF bestätigt, gegenüber Menschen niemals aggressiv verhielt, wurde er zum Abschuss freigegeben. Am 14. April 2008 wurde das zweijährige Tier erschossen. Genauer betrachtet war nicht der Bär problematisch, sondern der Absicherungswahn der Politiker. Nach Einschätzung des Wildbiologen und Leiters des Schweizer Bärenprojekts, Paolo Molinari, gäbe es in den Schweizer Alpen genügend Raum und Futter für mindestens fünfzehn Bären. Nötig wäre allerdings eine bärensichere Abfallentsorgung. MJ4, der extrem menschenscheue Halbbruder von JJ3, ist inzwischen in Richtung Tirol abgewandert.

Es wird sicher nicht lange dauern, bis Meister Petz der Einzug in die Schweizer Berge wieder gelingt. Bis es soweit ist, bleibt der Berner Mutz Stammhalter des schweizerischen Totemtiers. Man meint es gut mit ihm: Mani und seine Familie bekommen im Herbst 2009 ein neues 6000 Qua-

Berner Fastnachtfiguren: von links nach rechts Bärenfellträger, Mieschmaa im Bärenfell und Hurispiegel in pompöser Frauenkleidung und mit Bärengesicht.

dratmeter großes Freiluftgehege direkt an der Aare. Dort werden die menschlichen Besucher die Bären im Wasser planschen, in der Erde graben, in Bäumen klettern und im Fluss fischen sehen können.

Ein Bär, der es geschafft hat, wieder zurückzukommen, ist der Berner Fastnachtsbär. Nach hundert Jahren Verbannung ist die Berner Fastnacht im Jahr 1982 wieder auferstanden. Im Februar, wo die Bären sowieso aus ihrem Winterschlaf erwachen und die Luft schnuppern, wurde nun wieder der »Bär aus dem Bärenwald« auf dem Bundesplatz aus seinem Käfig befreit und konnte die große Narrenfreiheit verkünden. Und mit dem traditionellen Bärenfellträger – in ihm verkörpert sich der Berner Bärengeist – kamen viele der längst vergessenen mythologischen Gestalten erneut zum Vorschein: der in Bärenfell gehüllte wilde Mann (der »Mieschmaa«), der Narr und Harlekin (Hurispiegel), der Waldteufel, der Esel-Doktor (ein närrischer Arzt), des Teufels Großmutter (die Hutte-Frau), der schwarze Mann, der Chindli-Frässer und die Königin Bertha, die eine burgundische Fürstin darstellen soll, hinter der sich aber die alte keltische Brigit oder Bertha, die »in Lichtglanz gehüllte«, göttliche Gefährtin des Bären versteckt. Auferstanden sind auch der edle Tell und sein Sohn, der böse Zwingvogt Gessler, ganze Trupps eidgenössischer Krieger, Spielleute, buntes Volk und viele, viele Narren.

In der alten Fastnacht wurden in der Altstadt unter den Lauben Tische aufgestellt und mit Schinken, Speck und Brot belegt, damit der »Bärenfellträger« und seine Begleiter sich stärken konnten. »Wir haben, um unsere feste Stadt zu erbauen, dem Bären viel Wald weggenommen. Da ist es billig, dass wir ihm am Anfang des Jahres genug zum Fressen geben, bis er und seine Begleiter gar nichts mehr in sich stopfen können« (Golowin 1999: 13). Und wie es sich für den Bären als Verkörperung der Lebenkraft gehört, jagt er den schönen *Meitschi*, den jungen Frauen, nach, brummt sie an, wirbelt sie einige Tanzrunden umher und würde sie wohl auch begatten, wenn er nicht von immer neuen Honigkuchen und kühlem Trunk abgelenkt werden würde.

Teddybär und Winnie der Puh

»Die vielen Rollen des Bären – Vaterfigur, fürsorgliche Mutter, Vorfahre, behaart brummiger Verwandter, Verführer, mutiger Kämpfer, Tier und Mensch zugleich – vereinigten sich vielleicht im beliebten Teddybär.«
Clemens Zerling und Wolfgang Bauer, *Lexikon der Tiersymbolik*

»Obwohl wir modernen Menschen dieses herrliche Tier mit Präzision aus unseren Wäldern entfernten, haben wir ihn in Form von Plüschtieren in den Kinderzimmern unserer Nachkommen belassen. Es ist, als ob wir die Verbindung zu unseren Wurzeln doch nicht ganz abbrechen wollen.«
Regula Meyer, *Tierisch gut*

Kaum ein anderes Tier hat einen derart starken und nachhaltigen Eindruck auf den Menschen der nördlichen Halbkugel gemacht wie der Bär. Sein archetypisches Bild hat sich tief in die Seelen der Menschen eingegraben. Im Gegensatz zu vielen anderen wilden Tieren, die die Welt der Märchen und Fabeln bevölkern, erscheint der brummelige Braunpelz – abgesehen von einigen Ausnahmen – als gutmütiges, gemütliches und lebensfrohes Wesen. Aus sicherer Entfernung wird er weniger als Bedrohung empfunden als vielmehr als Freund. Man hat ihn gern und möchte ihm irgendwie nahe sein. Wie sonst könnte man das Verhalten von Besuchern nordamerikanischer Nationalparks erklären, die ihm gelegentlich sogar ihr Kind auf den Rücken setzen wollen, oder das der Berner, die oft Stunden am Bärengraben verbringen, als habe der Bär eine heilsame Ausstrahlung. Gern vergisst man dabei, dass der Bär kaum zähmbar ist und recht gefährlich sein kann. Jugendbücher sind voller Geschichten über Waldläufer, Indianerjungen oder -mädchen, die mit Bären befreundet sind. Ein erfolgreicher Romanzyklus von Jean M. Auel erzählt von dem steinzeitlichen Mädchen Ayla, das zum Bären-Clan gehört und später als Schamanin den Geist des Höhlenbären herbeiruft. Anderswo wird von Bären berichtet, die – ähnlich wie Delphine die Seeleute vor dem Ertrinken retten – Menschen das Leben retten. Da ist zum Beispiel der Grizzly, der das von Wölfen umzingelte Indianerkind schützte, oder der Bär, der den japanischen Bauern, der mitten im Winter in eine Schlucht gestürzt war, mit einer Paste aus zerriebenen

Ameisen fütterte und ihn damit warm und am Leben hielt, bis ihm jemand zu Hilfe kommen konnte.

Freundliche, drollige Bären tollen durch Comicstrips, Fernsehprogramme und Kinderbücher und finden sich auf den Schachteln von Frühstücksflocken. Balu, der Bär aus Kiplings *Dschungelbuch*, ist genau so lieb und verständnisvoll, wie es sich Kinder von den Erwachsenen wünschen. Petzi lädt zu tollen Abenteuern ein, und der kluge Bussi Bär zeigt den Kindern, wie man malt, bastelt und Rätsel löst. Der Paddington Bär liefert eine lustige Parodie der britischen Lebensart.

Bunte Gummibärchen – ursprünglich aus eingekochtem Obstsaft hergestellt – sind inzwischen echte Kinderwährung. Man schenkt sie Freunden oder tauscht sie gegen andere Dinge ein. Und über alles andere Spielzeug regiert der Teddybär als Souverän. Kein noch so niedliches Stofftierchen, kein Häslein, Äffchen oder Entchen kann mit ihm mithalten.

Im Sprachgebrauch der heutigen Jugendlichen macht sich der Bär noch immer bärenstark bemerkbar. Die meisten Mädchen mögen weder einen Macker noch einen Softie, sondern am liebsten einen Bären. Der ist nämlich einfach stark, lieb und vertrauenswürdig, eben echt »bärig«.

Für die Psychoanalytiker ist der Bär, wie er in der menschlichen Phantasie, im Mythos oder in den Träumen erscheint, ein positiv geladenes Anima/Animus-Symbol, das mit Lebensfülle und Lebensfreude, mit Mütterlichkeit, Fruchtbarkeit, Behaglichkeit, Gutmütigkeit und reichlichem Essen, aber auch mit Mut, Ritterlichkeit, Schutz und Geborgenheit zu tun hat. Ganz im Gegensatz dazu erscheint der Wolf – zu Unrecht – als negativ geladenes Anima/Animus-Symbol, als ein mit Wintersnot und Hunger assoziierter Todbringer, als Rotkäppchenfresser und, für brave Christen, als Symbol des Teufels und falscher Propheten. Dass man den Kleinen statt eines Kuschelbären einen Kuschelwolf mit ins Bett gibt, ist schwer vorstellbar.

Auch der schlaue, verschlagene Fuchs steht im Gegensatz zu dem gemütlichen, gutmütigen und leichtgläubigen Bären. Der Fuchs verkörpert die niedere, instinktive Intelligenz, wohingegen der Bär eine ursprüngliche, unschuldig unverdorbene Seinsweise versinnbildlicht. In der nordischen Mythologie wird der Bär mit dem menschenfreundlichen Donnergott Thor (Donar) in Verbindung gebracht, der Wolf mit dem Totengott und Zauberer Odin und der rotpelzige Fuchs mit dem listigen Feuergott und Trickster Loki. Die Tiere und die mythologischen Gestalten repräsentieren die verschiedenen Aspekte der menschlichen Seele.

Der dumme Bär

In den Fabeln wird der Bär oft von dem cleveren Reineke Fuchs oder dem schlauen Bauern überlistet. Er ist nicht mit den Raffinessen der Welt vertraut und gilt daher als naiv oder gar dümmlich. Eine Geschichte aus Lappland erzählt, wie er wieder einmal von Reineke Fuchs hereingelegt wird:

Ein hungriger Fuchs, der den ganzen Tag keine einzige Maus gefangen hatte, sah einen Lappländer mit einem Schlitten daherfahren. Der Schlitten war voll beladen mit frisch geangelten Fischen. Der Fuchs legte sich auf den Weg und stellte sich tot. Als der Fischer das scheinbar steifgefrorene Tier sah, meinte er, es würde noch eine ganz schöne Pelzmütze hergeben. Also hielt er an und warf den Fuchs auf den Schlitten. Als er dann weiterfuhr und nicht mehr auf den Fuchs achtete, wurde dieser wieder quicklebendig, schnappte sich den größten Fisch und verschwand.

Gerade als er sich über den Fraß hermachte, kam ein Bär dahergetappt und fragte ihn, woher er denn einen so schönen, fetten Fisch habe.

»Aus dem Brunnen dort im Dorf«, erklärte Reineke unverfroren. »Ich habe meinen Schweif hineingehängt und der Fisch biss an. Aber das ist gar nicht so einfach. Du würdest den Schmerz kaum ertragen!«

Der Bär, der selber gerne Fische fraß, meinte, so schlimm könne das wohl kaum sein. Als sich die Menschen schlafen legten, tappte er ins Dorf, senkte seinen Schwanz in den Brunnen und wartete geduldig, dass ein großer Fisch anbeiße. Der Fuchs schien doch Recht gehabt zu haben, das Warten war unbequem. Sein armer Schwanz wurde immer kälter. Schließlich fror er sogar fest. Sein hinterlistiger Ratgeber, der ihn die ganze Zeit beobachtet hatte, fing nun heiser an zu bellen, so dass die Bauern aufwachten.

»Holt eure Bogen und Spieße! Ein Bär sitzt am Brunnenrand und pinkelt in euer Wasser«, rief er ihnen zu. Die Leute stürzten herbei, und dem armen Bären blieb nichts anderes übrig als aufzuspringen, wobei ihm der eingefrorene Schwanz abriss. Seither haben die Bären nur noch kurze Stummel anstelle der stolzen Schweife, die sie einst hatten.

Zwar erwischte der Bär den Fuchs später und wollte ihn in tausend Stücke reißen, aber wieder gelang es dem rothaarigen Schurken, sich aus der heiklen Lage zu retten.

Der schlaue Fuchs und der naive Bär. (Zeichnung Theodor Kittelsen)

Sogar dem Bauern gelingt es, den dummen Bären zu überlisten, wie wir aus folgender Geschichte aus Finnland vernehmen:

Ein Bär, dem der Magen vor lauter Hunger knurrte, beobachtete vom Waldrand aus, wie ein Bauer seine Rüben erntete.

»Das muss etwas ganz Besonderes sein, wenn sich der Bauer damit so abmüht!« dachte er und ging zum Bauern.

»Gib mir deine Ernte, sonst fresse ich dich auf!« brummte er. Der Landmann, der kein Angsthase war, erschrak zwar, aber fasste sich schnell.

»Meinetwegen, bediene dich nur, Gevatter Bär. Aber lasse mir auch etwas übrig, damit ich nicht des Hungers sterbe. Wer würde denn nächstes Jahr das Feld bestellen? Komm, teilen wir uns die Ernte ehrlich! Nimm du, was über dem Boden wächst, und ich begnüge mich mit den Wurzeln!«

Dem Bär gefiel dieser Vorschlag. In Windeseile lud der Bauer seine Rüben auf den Wagen und ließ den zotteligen Gesellen mit dem Grünzeug allein. Dem Bären wässerte schon das Maul. Aber schon beim ersten Bissen war ihm klar, dass der Bauer ihn betrogen hatte.

Im nächsten Jahr erntete der Bauer vom selben Feld Getreide. Plötzlich stand der geprellte Bär vor ihm, fletschte die Zähne und brummte böse: »Her mit der Ernte, Bauer! Diesmal sollst du mich nicht betrügen!«

»Nun, meinetwegen, bediene dich nur Gevatter Bär. Friss alles auf. Aber was hast du davon, wenn ich im Winter des Hungers sterbe? Wirst du dann im Frühjahr das Feld selber bestellen? Ich rate dir, lasst uns teilen. Aber nimm dir diesmal, was du willst, damit es nicht wieder heißt, ich hätte dich betrogen!«

Der Bär freute sich. »Gut«, brummte er, »diesmal nimmst du, was über der Erde wächst, und ich nehme, was unter der Erde ist!«

Der Bauer lachte sich heimlich ins Fäustchen, erntete ab und brachte das Korn sicher in die Scheune. Der dumme Bär aber stach sich nur die Nase und Zunge blutig an den Stoppeln. Zu fressen fand er nichts.

»Das nächste Mal werde ich es ihm heimzahlen!« schwor er sich.

Im folgenden Jahr war der Bauer beim Holzfällen im Wald. Einen alten Ziegenbock hatte er mitgebracht und zum Weiden angepflockt. Da erschien der Bär.

»Bauer, dein letztes Stündlein hat geschlagen!« knurrte er. In dem Augenblick steckte der Ziegenbock den Kopf aus dem Gebüsch und meckerte laut. Der Bär erschrak.

»Was ist denn das für ein sonderbares Geschöpf?« fragte er verunsichert, denn er hatte noch nie einen Geißbock gesehen.

»Ach, das ist nur mein Freund, der schreckliche Bärenjäger!« gab der schlaue Bauer zur Antwort. »Er fragte nur, was für ein sonderbarer, haariger Baum da steht, warum ich ihn nicht fälle und auf meinem Wagen festbinde.«

»Schnell, Bauer, mach was er dir rät, damit er nicht merkt, dass ich ein Bär bin!« bettelte der vor Schreck erstarrte Bär.

»Nun gut, wie du willst«, sagte der Bauer und schlug den Bären mit der Axt nieder, zerrte ihn auf den Wagen und band ihn fest. Im Dorf verprügelten die anderen Bauern den dummen Petz so sehr, dass er sein Lebtag nicht wieder wagte, die Bauern zu belästigen.

Immer wieder zieht der Bär den Kürzeren, wenn er mit Meister Reineke zu tun hat. Eine norwegische Fabel erzählt von dem glücklichen Bär, der ein fettes Schwein gefangen hatte (Asbjørnsen 1960: 120):

»Das wird ein leckerer Schmaus!«, dachte der Bär, als er mit dem Schwein unter dem Arm auf dem Weg zu seiner Höhle war. Ein Fuchs, dem der Magen vor Hunger knurrte, sah den Bären mit seiner Beute.

»Großvater Bär«, fragte er listig, »was trägst du da?«

»Schweinefleisch«, sagte der Bär.

»Ich habe auch etwas, was besonders lecker schmeckt«, sagte der Fuchs.

»Was denn?«, fragte der Bär.

»Honig, vom größten Bienennest, das ich je gesehen habe.«

»Wirklich?«, sagte der Bär, der beim bloßen Gedanken an den süßen Geschmack zu sabbern anfing. Honig war ihm der Himmel auf Erden.

»Wollen wir tauschen?«, fragte der Bär.

»Nein, auf keinen Fall!« antwortete der Fuchs, »aber vielleicht können wir eine Wette abschließen. Wer am schnellsten die Namen von drei verschiedenen Baumarten sagen kann, bekommt einen Bissen Fleisch oder darf einmal am Honig saugen.«

Der Bär dachte, das sei keine schlechte Idee. Mit einem Mal würde er die ganze Wabe aussaugen. Ihm lief schon das Wasser im Maul zusammen. Beim vereinbarten Zeichen nannten sie so schnell sie konnten drei Baumarten:

»Fichte, Rottanne, Weihnachtsbaum«, grunzte der Bär in einem Atemzug.

»Esche, Espe, Eiche«, bellte der Fuchs.

Der Fuchs war schneller; außerdem sind Fichte, Rottanne und Weihnachtsbaum ein und dieselbe Baumart. Also durfte der Fuchs einen Bissen vom Schwein nehmen. Er biss das beste Stück heraus, das Herz. Da wurde der Bär wütend und packte den Fuchs beim Schwanz.

»Au, lass mich gehen!«, bettelte der Fuchs, »Wenn du mich gehen lässt, zeig ich dir, wo das Bienennest ist, und du darfst den Honig saugen.«

Also gingen sie zum Baum, wo sich das Bienennest befand. Aber das kopfgroße Gebilde war kein Bienennest, sondern ein Hornissennest. Und als der Bär seine Lippen dran setzte um zu saugen, umschwirrte ihn der zornige Insektenschwarm und stach ihn gnadenlos in die Nase und ins Gesicht. Der Bär hatte alle Mühe sich zu retten. Hals über Kopf rannte er davon, ohne an sein Schwein oder den cleveren Fuchs zu denken.

Fuchs und Bär schließen eine Wette ab. (Zeichnung von Theodor Kittelsen)

Der Präsident und der erste Teddy

Woher rührt das allgemein positive Image des Bären? Wie hat er es vermocht, sich einen Platz im Herzen so vieler Menschen zu erobern? Könnte diese Zuneigung ihre Wurzeln etwa schon in der Steinzeit haben? Könnte es sein, dass der mächtige Höhlenbär durch seine bloße Anwesenheit den Frühmenschen Schutz vor Wölfen, größeren Raubkatzen, Riesenhyänen und anderen funkeläugigen, mit Killerzähnen versehenen Fleischfressern gewährte. Wurde er deswegen schon damals kultisch verehrt?

Natürlich, er war gefährlich und man betrachtete ihn mit heiliger Scheu, aber Menschenfresser war er nie. Seine stumpfen, breiten Backenzähne lassen erkennen, dass der Höhlenbär vor allem ein Pflanzenfresser war. Menschen interessierten ihn nicht sonderlich (Dehm 1976: 21).

Sicherlich sahen die Menschen des Paläolithikums im Bären eine Verkörperung der numinosen Kraft – der Kraft, die allen Wesen das Leben schenken, schützen, aber auch nehmen kann. Kann es sein, dass sich das, was sich in vielen hunderttausend Jahren an zwischenartlicher Beziehung herausgebildet hat, tief in die Menschenseele einprägte und dort noch immer als Urerinnerung weiterlebt? Zumindest bei den Völkern der nördlichen Hemisphäre, die höchstwahrscheinlich auch zum Teil Neandertaler als Vorfahren haben, scheint das der Fall zu sein. Besonders die Kinder, die ja in gewisser Weise die Stufen der kulturellen Entwicklung noch einmal durchlaufen, mögen den gemütlichen Brummbären. Der Teddy im Arm gibt ihnen ein Gefühl der Geborgenheit und Sicherheit, wenn sie allein in der dunklen Höhle des Kinderzimmers liegen. Wenn Traumungeheuer sie aus dem Schlaf schrecken, wenn die Diele knarrt oder die Fensterläden klappern, dann ist der Teddy ihr bester Freund. Rettungsdienste wie das bayrische Rote Kreuz oder die New Yorker Polizei haben immer Teddybären als Teil ihrer Ausrüstung dabei, um sie den von Feuer oder Unfall traumatisierten Kindern zu geben. Psychologen haben erkannt, dass man damit die Kinder am besten beruhigen kann. Aber nicht nur auf den kleinen Bärenfetisch vertraut man, in vielen Ländern ist es noch heute Brauch, den kleinen Kindern zu ihrem Schutz Bärenzähne oder Bärenkrallen über das Bett oder die Wiege zu hängen.

Volkskundlern ist immer wieder aufgefallen, dass sich hinter harmlosen Kinderspielen oft uraltes, längst vergessen geglaubtes Kulturgut verbirgt. Hüpfspiele, Rätselraten, Reime und Ringelreihen sind ebenso Überreste der Rituale vergangener Kulturepochen, wie Pfeil und Bogen, Speer, Reifen oder Kreisel einst die Jagd- und Zauberwerkzeuge Erwachsener waren.

Teddybär als Tröster und Gefährte der Kinder beim Krankenhausbesuch. (Niederländische Kinderbuchillustration von Rotraud S. Berner, 1985)

Im Indianerspiel und am Lagerfeuer lebt die Erinnerung an jene Zeiten weiter, in denen der Mensch noch als Wildbeuter frei durch die Natur schweifte. So wird wohl auch die freudige Akzeptanz des Teddybären ein Nachklang jener Zeiten sein, als der Mensch den Tieren noch nahe war, als die Menschenseele noch mit der Tierseele sprechen konnte. Wie sonst könnte man den enormen Erfolg des Teddybären erklären?

Dabei ist der Teddybär in seiner gegenwärtigen Ausgestaltung gar nicht so alt. Er ist wie Düsenflieger und Computer ein Produkt und zugleich Symbol des 20. Jahrhunderts. Aber er ist ein hoffnungsvolles Symbol, ein Gegengewicht zu all den technologischen Monstrositäten, die dieses naturfeindliche Jahrhundert hervorgebracht hat.

Der Teddybär entstand im Jahre 1902. Im November dieses Jahres fuhr der amerikanische Präsident Theodore »Teddy« Roosevelt nach Mississippi, um einen Grenzdisput zu schlichten. Während einer Pause zwischen den langwierigen Verhandlungen griff der Präsident, ein passionierter

Beste Freunde: Kind und Teddy. (Schwedische Kinderbuchillustration von Olof Landström, 1990)

Karikatur Theodore Roosevelts. (Washington Post, 10. November 1902)

Großwildjäger, zur Flinte und ging auf Jagd. Da ihm nach längerer Zeit noch immer kein Wild vor den Gewehrlauf gekommen war, versuchte ein besorgter Lakai nachzuhelfen. Er setzte ein kleines, jämmerliches Bärchen auf dem Pfad ab, auf dem der Präsident entlangkommen würde. Als Teddy Roosevelt das Tierchen sah, sagte er: »Hier ziehe ich die Grenze! Wenn ich das kleine Kerlchen erlegen würde, könnte ich meinen Söhnen nicht mehr in die Augen schauen!«

Die Washington Post machte in Anspielung auf das Ziehen der Grenzlinie einen politischen Cartoon aus der Begebenheit. Der politische Aspekt wurde bald vergessen, der kleine Bär jedoch, der mit dem Präsidenten abgebildet war, wurde zum Publikumsliebling. Nach diesem US-Präsidenten, dessen Konterfei in einem Felsen in den Black Hills nicht weit von Bear Butte eingemeißelt ist, wurde der Teddybär benannt. Die Spielzeugindustrie erkannte ihre Chance. Bald wurde ein kleiner Stoffbär als Glücksbringer *(good luck mascot)* vermarktet.

In Deutschland kam im selben Jahr Margarete Steiff auf die Idee, einen kleinen, mit Holzwolle ausgestopften Bären zu nähen. Die Frau, die schon seit ihrem zweiten Lebensjahr an den Rollstuhl gefesselt war, hatte bereits viele Jahre lang mit großer Hingabe und Begeisterung Stofftiere genäht. Ihr Neffe, Richard Steiff, der Kunstmaler werden wollte und mit Vorliebe Zoobären zeichnete, lieferte ihr die Vorlage.

Mutter der Teddys, Margarete Steiff.

Die Zeit war reif für den Teddy. Das Bärchen wurde der absolute Renner. Zwischen 1903 und 1908, in den so genannten »Bärenjahren«, stieg die Anzahl der hergestellten Teddybären von 12 000 auf ungefähr 975 000 – eine phänomenale Zahl, die seither nie wieder erreicht wurde (Cockrill 1992: 12). Sogar Präsident Teddy Roosevelt selbst wurde vom Teddybärfieber befallen; er bestellte in Jägertracht gekleidete Steiff-Bärchen als Tafeldekoration zur Hochzeit seiner Tochter. Bald musste die Firma Steiff eine neue Plüschtierfabrik bauen lassen, um die rapide ansteigende Nachfrage zu befriedigen. Mittlerweile sind die Steiff-Teddybärchen beliebte Sammlerobjekte geworden. Im September 1989 wurde ein Original-Steiff-Teddybär aus dem Jahre 1926 im berühmten Auktionshaus Sotheby's für 168 000 DM an einen amerikanischen Sammler versteigert.

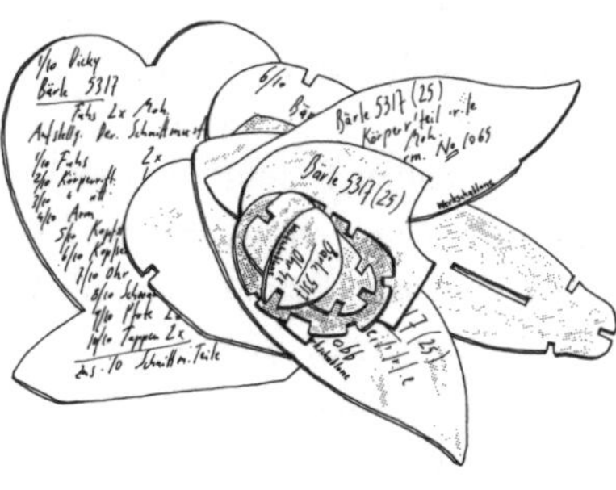

Links der Original-Steiff-Teddybär, die Schnittschablone für Steiff-Teddybären.

Der weise Bär von geringem Verstand

Auch in die Welt der Kinderbücher zog der kleine Teddy ein. Einer der wohl berühmtesten Stoffbären gehörte einem Jungen namens Christopher Robin und diente dessen Vater, A. A. Milne, als Vorbild für die Hauptfigur in seinen Geschichten von Puh dem Bären *(Winnie the Pooh)*. Die erste Geschichte von Puh, einem Schleckmäulchen, dessen Kopf gelegentlich im Honigglas stecken bleibt, entstand 1926. Inzwischen ist *Puh der Bär* ein millionenfacher Bestseller geworden. Ein regelrechter Kult entstand um Winnie den Puh, dem sich selbst Erwachsene nicht entziehen können.

Der amerikanische Sinologe Benjamin Hoff hat sogar zur Feder gegriffen, um zu zeigen, dass der gemütliche Bär eigentlich ein Meister des Tao ist. Das Tao (der Weg) ist die Grundlage der ältesten chinesischen Weisheitslehre. Nach Ansicht des Sinologen verkörpert Puh der Bär den taoistischen Schlüsselgedanken des *Wu Wei*. Er steht für die Fähigkeit, gelassen und ohne unnötige Anstrengung in Einklang mit allem zu leben, natürlich wie Wasser, das auf seinem Weg alle Hindernisse umfließt, klar und selbstlos wie ein makelloser Spiegel. Er antwortet wie ein Echo – ohne Verbrämung, gradlinig, unkompliziert und ohne Berechnung. In diesem Geist wird mühelos und spontan das Notwendige getan. Und weil solches »Tun ohne zu tun« mit der Natur im Einklang ist, gibt es keine Fehler, kein Fehlverhalten. Sich Zeit nehmen, genießen können, natürlich sein: das ist die Natur eines Bären, das ist der Puh-Weg – das *Tao Te Puh*.

Die Sprüche des kleinen Puh sind denen eines chinesischen Meisters des Tao durchaus ebenbürtig, etwa dieser Dialog mit seinem Freund Ferkel:

> »Wenn du morgens aufwachst, Puh«, fragte Ferkel, »was sagst du dir als erstes?«
> »Was gib's zum Frühstück?«, meinte Puh. »Und was sagst du, Ferkel?«
> »Ich sage: Was mag wohl heute Aufregendes geschehen?«
> Puh nickte. »Ist doch dasselbe«, sagte er.

Einmal besuchte Puh seinen Freund, den Hasen, und schlug sich bei der Gelegenheit den Magen mit Honigbrot und Kondensmilch voll, so dass sein Bauch kugelrund wurde. Beim Gehen blieb er im Hasenloch stecken. Er musste warten, bis er wieder etwas abgenommen hatte. Zwar tat es ihm Leid, dass er eine Weile nichts essen durfte, aber er nahm es gelassen hin. Ein dicker Bär, gab er zu, ist immer ein glücklicher Bär.

Puh ist eben einfach, spontan und unkompliziert. Sein Name passt zu ihm. Ohne weiteres könnte man ihn mit dem taoistischen Begriff *P'u* gleichsetzen. *P'u* bedeutet »unbehauener Klotz«, etwas Ungeschlachtes, Natürliches, Ehrliches, etwas was dem Tao, dem Ursprung, nahe ist. Puh ist der *bear of little brain*, der Bär von geringem Verstand, der Bär ohne Intellekt. Er hat nichts im Kopf, sein Geist ist klar und unverbaut, und er handelt immer erfrischend unkonventionell.

Puh der Bär ist nicht das einzige Tier im Hundert-Morgen-Wald. Es gibt noch andere – stellvertretend für die Gefühle, die unsere Seelenlandschaft bevölkern: Da ist der Esel, dessen Geist ständig von Sorgen umnebelt ist; das furchtsame, zögerliche Ferkel; das nervöse zappelige Känguru; das überschlaue Kaninchen; die ständig dozierende Eule, die den Kopf

Puh mit Honigtöpfen im Regen. (Shepard 1926)

voller angelesener Weisheiten hat und dennoch nichts weiß. Alle geben sie vor, etwas Besonderes zu sein – nur Puh ist einfach so, wie er ist. Er lebt im Hier und Jetzt. Glücklich vor sich hin brummend, genießt er den Weg durch den Wald – stellvertretend für den Weg durchs Leben –, ohne dabei gleich an Ziel und Zweck denken zu müssen, ohne die beim Gehen verschwendete Zeit zu beklagen, ohne den möglichen Lohn für die Anstrengung zu kalkulieren.

Nicht die Gelehrsamkeit der Eule, nicht die Vorsicht des Ferkels, nicht die Klugheit des Kaninchens, sondern die einfältigen, spontanen Ideen des Puh sind letzten Endes die richtigen Antworten auf die Probleme, die sich im Hundert-Morgen-Wald ergeben. So gesehen ist auch dieser Bär der König des Waldes. Und wie alle Bären steckt er voller Lebensfreude. Dass es ewig Geschäftige gibt, die einem zweifelhaften Fortschritt hinterherjagen und weder ihre eigenen Melodien brummen noch Bären lieben, darüber kann Puh der Bär nur den Kopf schütteln.

Lexikon berühmter Bären

»Ein Brombär, froh und heiter, schlich
durch einen Wald. Da traf es sich,
dass er ganz unerwartet, wie's
so kommt, auf einen Himbär stieß.
Der Himbär rief – vor Schrecken rot –
›Der grüne Stachelbär ist tot!
Am eigenen Stachel starb er eben!‹
›Ja‹, sprach der Brombär, ›das soll's geben!‹
und trottete – nun nicht mehr heiter –
weiter...
Doch als den ›Toten‹ er nach Stunden
gesund und munter vorgefunden,
kann man wohl zweifelsohne meinen:
Hier hat der andre Bär dem einen
'nen Bären aufgebunden!«
Heinz Erhardt, *Drei Bären*

Die Faszination Bär lässt die Menschen einfach nicht los, auch nicht in der zunehmend virtuellen Welt. Überall ist der Bär noch gegenwärtig. Man sieht ihn zwar nicht mehr im Wald (beziehungsweise in den kränkelnden Baumplantagen, die Wald genannt werden), dafür aber bevölkern ganze Scharen schriller, bunter, absurder, zuckersüß sentimentaler Bärenpersönlichkeiten Filme, Comics, Werbung und Cyber-Space. Sie haben wenig mit der Natur zu tun, spiegeln aber den Zustand unserer Zivilisation und ihrer menschlichen Bewohner wider. Hier nun eine – bei weitem nicht vollständige – Auswahl solcher berühmt-berüchtigter Bären.

Aloysius

Aloysius ist ein Teddybär, der Filmruhm erlangte und dessen Pfote sogar, in Anerkennung »für seine außergewöhnliche schauspielerische Leistung« in den Zement vor Graumans Chinesischem Theater in Hollywood abgedrückt wurde.

Aloysius gehörte dem verschrobenen britischen Lord Sebastian Flyte. Dieser trug das Stoffbärchen überall mit sich, wo immer er hinging. Er behandelte ihn wie einen kleinen Bruder. Wie es sich für ein Mitglied einer blaublütigen Familie geziemt, hatte der Bär eigenes Silberbesteck, Becher und sogar eine Haarbürste mit dem Monogramm »A« für »Aloysius«. Er dinierte in Nobelrestaurants und ging auch regelmäßig zum Friseur. Der Lord nahm ihn mit auf Reisen, wobei er selbstverständlich Erste Klasse reiste. Nur nach Venedig wollte er seinen Stoffgefährten nicht mitnehmen, denn – so schrieb er – »dass er dort lauter fürchterliche Bären trifft und schlechtem Einfluss ausgesetzt ist«.

Der Schriftsteller Evelyn Arthur Waugh beschrieb den schrulligen Adeligen und seinen Teddybär in dem Roman *Rückkehr nach Brideshead.* Das Buch mit der Hauptperson Aloysius wurde als erfolgreiche mehrteilige Fernsehserie verfilmt. Aloysius musste jedoch gedoubelt werden, weil der Lord befürchtete, dass der Teddy die Aufregung nicht durchstehen würde. Als Ersatz fand man einen ganz ähnlich aussehenden Bären in Maine, namens Delikatessen. Dieser wurde kurzerhand auf Aloysius umgetauft und führte nun ebenfalls ein feudales Leben. Er flog Erste Klasse mit der Concorde und saß im teuersten Restaurant in New York mit Jackie Onassis am Nebentisch. Nach seiner Filmkarriere begab sich seine Exzellenz, Aloysius, im größten Teddybär-Museum im Vereinigten Königreich in Witney (Oxfordshire) in den Ruhestand (www.teddymuseum-klingenberg.de).

Balu (Baloo)

Rudyard Kipling (1865–1936), viktorianischer Schriftsteller und begeisterter Fürsprecher des britischen Weltimperiums und Kolonialismus, kannte Indien. Er wurde in Bombay geboren und lebte längere Zeit auf dem Subkontinent. Er wurde bekannt für seine Aussagen über die zivilisatorische Aufgabe des Kolonialreiches und die moralische Pflicht der Weißen *(»the white man's burden«),* die rückständigen, farbigen Völker zu erziehen. Noch bekannter wurde er jedoch durch sein 1894 erschienenes *Dschungelbuch.* Da wird die Geschichte von Mowgli erzählt, dem Kind armer indischer Holzfäller, das von einem Wolfsrudel in den Dschungel entführt wird. Der Lehrer der jungen Wölfe ist Balu, der gutmütige, gemütliche Bär. Dieser Bär nimmt sich des kleinen Menschen an und wird sein Beschützer und Lehrer. (Es handelt sich um eine Neuauflage des alten Mythos vom Menschenkind, das bei Bären oder anderen Wildtieren in der Natur aufwächst.) Frei von den Regeln und Zwängen der Zivilisation lebt der Junge mit den Tieren im

Mowgli und Bär Balu.

Urwald. Aber er lernt von Balu auch, dass der Dschungel seine Gesetze hat. Zuletzt kehrt Mowgli in die Menschenwelt zurück und wird zum weisen, erfahrenen Lehrer seiner Artgenossen.

Das Dschungelbuch wurde ein Welterfolg, der Autor bekam den Nobelpreis. Aber noch erfolgreicher war die Zeichentrickverfilmung von Walt Disney im Jahre 1967. Der Disney-Film wurde mit 27 Millionen Zuschauern bis dato der erfolgreichste Film im deutschsprachigen Raum. Und seither geistert Balu, der lässige, singende, tanzende indische Bär durch die Gemüter der Menschen. Sein Lied. »Probier's mal mit Gemütlichkeit« ist ein Ohrwurm in einer Gesellschaft geworden, die von Dauerstress und Zeitmangel geplagt ist.

Kipling gab seinen Figuren echte indische Namen. In verschiedenen nordindischen und nepalesischen Dialekten und Sprachen bedeutet *Balu* »Bär«. *(Mowgli* bedeutet übrigens »Frosch«, da der Mensch eine glatte Haut hat wie ein Frosch.) *Ba* bedeutet »Ernte« und *»Lu«* bedeutet »Bringer«. Balu ist also der Erntebringer, der Erntebeschützer, und da sind wir wieder bei dem »Kornbären« der indoeuropäischen Folklore und dem »Vegetationsdämon« der Volkskundler. Über die Kirati, einen schamanischen Stamm in Ostnepal, schreiben die Ethnologen Claudia Müller-Ebeling und Christian Rätsch (Müller-Ebeling/Rätsch/Shahi 2000: 251): Der Bär (Balu) »gilt allgemein als Beschützer und Lehrer der Schamanen. Die Kirati nennen ihn auch den ›Gott des Tores‹, eine Art steinzeitlicher Ganesha. Die Kirati benutzen Bärentatzen, -klauen und/oder -zähne in Heilzeremonien.«

Bart und Doc (Kiki und Kaar)

Bart, ein echter Kodiak-Bär, der am 20. Januar 1977 in einem Zoo das Licht der Welt erblickte und am 18. Mai 2000 im Alter von 23 Jahren an Krebs starb, ist wohl der berühmteste Film- und Fernsehstar unter den Bären. Als er erst fünf Wochen alt war, kaufte ihn der Tiertrainer Doug Seus und brachte ihn auf seine Wildnis-Ranch in Utah. Er wurde im Haus wie ein Säugling mit der Flasche gefüttert, bis er dann nach einem Jahr, mit einem Körpergewicht von über 130 Kilogramm, sein eigenes »Haus« bekam. Seit seinem 8. Lebensjahr, als er schon 454 Kilo wog, fuhr ihn sein Trainer auf der Pritsche des Pick-up-Trucks in die Autowaschanlage, damit er seine tägliche Dusche nehmen konnte. Zwei zahme Rehe, die ihn bei einem dieser Ausflüge zufällig sahen, starben auf der Stelle vor Schreck. Bart erreichte eine Körpergröße von 2,90 Meter und fraß bis zu 17 Kilo Futter pro Tag. Sein Trainer benutzte nie Zwang, Gewalt oder Tranquilizer, um ihm etwas beizubringen, sondern einzig liebevolle Zuwendung. Wenn Bart etwas richtig machte, bekam er eine Belohnung: einen Apfel, eine Birne oder Möhre. Am liebsten nahm er jedoch einen Hamburger oder einen Ananas-Milkshake (Busch 2000: 120).

Bart hat in Duzenden von Hollywood-Filmen mitgewirkt. Es wäre zu viel, sie hier alle zu erwähnen. Bart, der »John Wayne der Bärenschauspieler«, spielte Starrollen zusammen mit Jennifer Aniston, Brad Pitt, Daryl Hannah, Jonathan Taylor und anderen. Für seine Rolle in einem Film mit Anthony Hopkins bekam er eine Gage von einer Millionen Dollar. Wohl sein bekanntester Film ist *Der Bär* (Originaltitel, *L'Ours*, 1988) von Regisseur Jean-Jacques Annaud, wo er als einzelgängerischer Brummbär (Kaar), zusammen mit dem Bärenwelpen Doc (Kiki), die Hauptrolle spielt. Es wird eine einfühlsame Geschichte von einem alten Bären in der Wildnis erzählt, der einen verwaisten Bärenwelpen annimmt und beschützt, und einen schießwütigen Bärenjäger überlistet und zur Gewaltlosigkeit (gegenüber Bären) bekehrt. In dem Filmklassiker – dieser »Hymne an die Natur« – werden gefährliche Begegnungen mit einem Berglöwen, Bären beim Sex sowie der Bärenjunge auf psychedelischem Trip gezeigt, nachdem er Fliegenpilze geknabbert hat.

Die Filme, in denen Bart wirkte, wurden in den Alpen (Dolomiten) Österreichs und Italiens sowie in der nordamerikanischen Wildnis gedreht.

Ben (Gentle Ben, der sanfte Ben)

Gentle Ben, ein besonders großer Schwarzbär (Baribal), ist ein weiterer prämierter Schauspieler, der zusammen mit Dennis Weaver und Clint Howard die Starrolle in der Fernsehserie *Mein Freund Ben* (CBS 1967–1969; deutsch 1970) und später auch in verschiedenen Kinofilmen – etwa *Gentle*

Giant (1966), *Der sanfte Ben* (2002) oder *Danger on the Mountain* (2003), mit Dean Cain und Reiley McClendon – spielte. Die beliebte Fernsehserie zeigt Ben als das tapsige Haustier der Familie eines Wildhüters in den Sümpfen der Everglades in Florida.

Im wirklichen Leben begann der sanfte Ben seine Karriere als verwaister Bärenwelpe aus den Wäldern Wisconsins. Er kam auf eine Tierranch in Kalifornien, wo Wildtiere für Filmrollen ausgebildet wurden. Die Ranch lag in einer Schlucht nahe bei Los Angeles. Eine Sturzflut zerstörte die Ranch, und nach drei Tagen fand man Ben, der von den Fluten mitgerissen wurde, abgemagert und mit Schlamm verkrustet, einige Meilen weiter entfernt im Bachbett. Ein anderes Mal stürzte eine außer Kontrolle geratene Diesellok auf seinen Käfig, aber auch dieses Malheur überlebte der Schwarzbär.

Ben (Bozo)

Auch dieser Ben, der eigentlich Bozo heißt und ein weiblicher Grizzlybär ist, ist Filmstar und, zusammen mit Dan Haggerty, Hauptdarsteller in der populären Fernsehserie *The Life and Times of Grizzly Adams* (NBC 1977–1978; deutsch: *Der Mann in den Bergen*, 1979). Der gutmütige Grizzly, der weder Leine noch Beruhigungsmittel bedurfte, wurde während der Dreharbeiten immer feister. Innerhalb kürzester Zeit nahm er 50 Kilo zu. Verantwortlich dafür waren die vielen Marmeladebrötchen, Wiener Würstchen und Marshmallows, mit denen man ihn fortwährend belohnte. Er spielte auch weitere Rollen in Filmen wie *The Adventures of Frontier Freemont* (1976) oder *Grizzly Mountain* (1998).

Der Waldläufer, Goldschürfer und Abenteurer James Capen »Grizzly« Adams (1812–1860) wird im Film als Freund und Beschützer der Wildtiere dargestellt, der die Einsamkeit der Wildnis der Zivilisation vorzieht. In Wirklichkeit war er ein besessener Trapper und Jäger, der wesentlich zur Ausrottung der kalifornischen Goldenen Bären beigetragen hat. Die Wildtiere – Bären, Wölfe, Pumas – die er nicht tötete, verkaufte er an Zoos und Zirkusse. Seinen Spitznamen »Grizzly« erwarb sich James Adams, da er mit zwei fast erwachsenen Grizzlybärjungen, die er mit brutalen Methoden aufgezogen hatte, durch die Straßen San Franciscos schlenderte, ohne sie an einer Leine zu führen.

»Grizzly« Adams. (Illustration aus »The Adventures of James Carpen Adams, Mountaineer and Grizzly Bear Hunter of California« von Theodore Hittell, 1860)

Berliner Bär

> »Berlin, du hast viel durchgemacht,
> Und bist doch immer neu erwacht.
> Beschützt von Deinem Wappentier.
> Du mein Berlin, ick liebe Dir!«
> Bernd Unger

Berlin hat zwar einen Bären im Wappen und ist nach dem Bären (Berlin heißt Bärlein) benannt, aber wenn man ihn mit dem russischen oder dem Berner Bär vergleicht, ist er nicht gerade überzeugend. Wenn man die Geschichte oder auch das Wesen der preußischen Berliner betrachtet, ist man geneigt zu sagen, dass der Wolf – Ehre wem Ehre gebührt – ein angemesseneres Wappentier für die Stadt wäre. Wappen, Siegel und Name entstanden lediglich, weil der brandenburgische Markgraf Albrecht I., den Beinamen »der Bär« trug. Oder war da doch ein echter Bär im Spiel, der damals, als die Stadt gegründet wurde, durch die Auenwälder entlang der Spree tappte?

Erstes Berliner Wappen von 1280.

Erst 1935, in der Hitlerzeit, wurde der Bär offizielles Zeichen im öffentlich-rechtlichen Verkehr. 1937, anlässlich der 700-Jahr-Feier der Stadt, wurde der Wunsch laut, das Wappentier in Fleisch und Blut zu besitzen. Ein Bärengraben wurde gebaut, und zwei Jahre später zogen drei Bärchen, Urs, Vreni und Purzel, ein. Sie waren ein Geschenk der Stadt Bern an die Stadt Berlin. Die Tiere überlebten den Bombenhagel im Zweiten Weltkrieg nicht. 1949 jedoch kamen zwei weitere Braunbären, Jutte und Nante, ebenfalls aus der eidgenössischen Bärenstadt, nach Berlin.

Im Gegensatz zu dem Berner Bärengraben ist der Berliner Bärengraben praktisch unbekannt und steht auch in keinem Stadtführer. Richtig bekannt wurde der Berliner Bär erst während der Berliner Blockade im Kalten Krieg und auch durch den »Goldenen Bären« und »Silbernen Bären«, die als Preise bei den Internationalen Filmfestspielen Berlin vergeben werden. Das heimliche Wappentier Berlins ist jedoch ein Flusspferd. Knautschke, der Nilpferdbulle, eines der wenigen Tiere, das die fast völlige Zerstörung des zoologischen Gartens in den Bombenangriffen auf Berlin sowie die Futterknappheit während der Berliner Blockade durch Genosse Stalin überlebte. Dadurch – und wegen »seiner großen Klappe und seiner dicken Haut« – wurde er zum Symbol des Überlebenswillens der Berliner und kam 1977 als erstes Zootier auf eine Briefmarke der Deutschen Bundespost.

Links Berliner Siegel von 1460: Bär mit Reichsadler auf dem Rücken; rechts das Ostberliner Stadtwappen bis zur Wende.

Berner Bär

Die Berner Seele ist eine Bärenseele. Und lebendige Bären – von denen immer einer Urs heißen muss – leben mitten in der Stadt. (Mehr dazu, siehe Kapitel »Mutzopolis«, Seite 228)

Ewoks

Ewoks – eine Art Karikatur von Steinzeitmenschen – sind kuschelige, bärenartige Kreaturen, die in George Lucas' *Star-War-Trilogie* als friedliche, scheue Bewohner des Waldmondes Endor auftreten. Sie haben eine Sprache aus Grunz-, Knurr- und Schnauflauten. Sie wohnen in Hütten hoch oben in den Bäumen und sind durch Seile und Hängebrücken mit anderen Wohnbäumen vernetzt. Häuptlinge, Ältestenräte und Schamanen führen die Ewok-Stämme an. Ihre Religion dreht sich um große alte Bäume, und bei der Geburt eines dieser Bärenwesen wird immer ein Baum gepflanzt. Mit Steinzeitwaffen kämpfen sie an der Seite der Jedi-Ritter gegen das böse Imperium. Die haarigen Mondbewohner waren so beliebt, dass Lucas noch zwei weitere Ewoks-Filme herstellen ließ: *Caravan of Courage*, 1984 (deutsch *Die Ewoks – Karawane der Tapferen)* und *Ewoks – The Battle for Endor*, 1985 (deutsch *Im Kampf um Endor)*.

Fozzie Bär

Fozzie Bär gehört zur den Muppets, den Klappmäulern aus der international erfolgreichen Kinderfernsehserie die *Muppet Show*. Der braune Bär, mit Glotzaugen, einem kleinen Hut auf dem Kopf und einer Fliege am Hals, ist ein Möchtegern-Spaßmacher, dessen Witze niemand lustig findet. Er ist das Mobbing-Opfer der Muppets.

Vielleicht löste dieser verzweifelt Beifall heischende, humorlose Witze erzählende Bär bei dem Fernsehunterhalter Harald Schmidt unbewusste Versagerängste aus. Oder er findet einfach den pikanten Namen »Fozzi« geil. Auf jeden Fall musste Herbert Feuerstein, sein Partner in der gemeinsamen Fernsehshow *Schmidteinander*, in einen Bärenanzug hineinschlüpfen und als »Fozzibär« allerhand Beleidigungen über sich ergehen lassen.

Die Glücksbärchis (Care Bears)

Die bonbonbunten, zuckersüßen, immer lächelnden Bärchen mit flauschigem Wollfell leben über den Wolken im Herzbärchiland – im amerikanischen Original heißt das Wolkenheim, in Anklang an das keltische Elfenreich Camelot, »Care-a-lot« (»sich sehr liebevoll kümmern«). Herzbärchiland ist ein Wunderland, ein *bubble-bath* der Seele, ein Riesenspielplatz mit Regenbögen, funkelnden Sternen und Zuckerwattewolken. Wenn die Bärchis merken, dass auf Erden jemand leidet, traurig ist oder in

Schwierigkeiten steckt, kommen sie herab, um zu helfen. Wie ihre Namen – Lieb-mich-Bärchi, Freundschafts-Bärchi, Schmuse-Bärchi, Glücks-Bärchi, Sonnenschein-Bärchi, Hurrah-Bärchi, Gewinner-Bärchi, Harmonie-Bärchi und so weiter – andeuten, verkörpern sie die reinsten positiven Schwingungen. Sie sind die Sturmtruppen der »Love-Ideologie« eines infantilen New Age.

Egal ob man geneigt ist, sie als typisch amerikanischen Kitsch abzutun, in der wirklichen Welt der Aktien und Dividende sind die Bärchis absolute Gewinner. Die Care-Bears wurden 1981 ursprünglich von dem Grußkartenkonzern *American Greetings* entwickelt und knallhart vermarktet. Seither (zwischen 1983 und 1987) wurden über 40 Millionen Bärchi-Teddybären verkauft, mehrere Glücks-Bärchi-Filme und -Fernsehserien gedreht, über 45 Millionen Malbücher, Comics und Kinderbücher verkauft, und allein in den 80er Jahren über 70 Millionen Kartengrüße mit Glücksbärchis versandt.

Goldlöckchen (Goldilocks) und die drei Bären

Die Geschichte von Goldlöckchen und den drei Bären ist inzwischen Teil der angelsächsischen Kultur. Wie die *Nursery Rhymes* der *Mother Goose*, die Kindergedichte der Gänsemutter, kennt jedes Kind das Mädchen Goldlöckchen und die drei Bären, den großen Papabär, den mittleren Mamabär und den winzigen Babybär. Die Bären lebten in einem kleinen Haus im Wald. Jeder hatte eine für ihn passende Haferbreischüssel, jeder seinen passenden Stuhl und sein Bett. Eines Morgens, nachdem sie ihre Betten gemacht und den Frühstücksbrei gekocht hatten, gingen sie kurz hinaus. Der Haferbrei war sowieso zu heiß und musste abkühlen. Da kam das goldlockige Mädchen – in früheren Fassungen war es ein altes Hutzelweib –, schaute ins Fenster und ging in die Stube. Da sie Hunger hatte, probierte sie den Brei vom großen Papabär, der war ihr aber zu heiß; der von Mamabär war zu kalt und der vom winzigen Bär war gerade richtig, so dass sie ihn aufaß. Um es sich bequem zu machen, setzte sie sich auf den Stuhl des großen Bären, der war ihr aber zu hart; der vom mittleren Bären war ihr zu weich, aber der vom winzigen Bär war gerade richtig. Nach der Mahlzeit wurde sie bald müde, sie probierte das Bett des großen Bären und dann des mittleren Bären, aber erst das Bettchen des winzigen Bären war ihr recht. Darin schlief sie ein.

Als die Bären zurückkamen, sahen sie voller Entsetzen, dass jemand aus ihren Schüsseln den Haferbrei gegessen, auf ihren Stühlen gesessen und in

Mamabär, Papabär und Babybär. (Englische Kinderbuchillustration)

ihren Betten geschlafen hatte. »Und da liegt sie noch!«, bemerkte der winzige Bär. Das schlafende Mädchen hörte die Stimme des großen Bären wie fernes Donnergrollen, die des mittleren Bären wie eine Stimme im Traum, aber erst der schrille Schrei des winzigen Bären weckt sie auf. Und ehe die Bären sie erwischen konnten, sprang sie aus dem Fenster und war verschwunden.

Die Geschichte lässt sich als ein typischer Aufwecktraum deuten. Während der Nacht wandert die Seele des schlafenden Menschen im Wald umher – in der »Anderswelt«. Beim Aufwachen entschlüpft sie, wechselt die Bewusstseinsebenen. Dabei muss sie an den Schwellenhütern vorbei – in diesem Fall den drei Bären.

Gummibärchen (Goldbärchen)

Die kleinen Gelatinebärchen sind keine Fruchtbonbons wie irgendwelche anderen. Die bunten, süßen Dinger sind Teil des »German Way of Life«: 200 000 Tonnen werden jährlich in der Bundesrepublik konsumiert – aneinandergereiht würden sie dreimal um die Erde reichen – und der Reichshofnarr, preist sie höchst persönlich an. Das macht die Kinder froh und den Gottschalk sowieso – als Werbeträger verdiente er satte Millionen für seinen Einsatz. Zahnärzte macht das ebenso froh, denn drei Gelatinetierchen enthalten ebenso viel Zucker wie ein Stück Würfelzucker.

Gummibärchen beflügeln die Fantasie: Es gibt Gummibärchen-Puzzles, ein Gummibärchen-Tarot und Gummibärchen-Orakel. Sogar eine akademische Gummibär-Forschung treibt skurrile Blüten. Dadaistische Wissenschaftler schreiben gewichtige Studien; eine Psychologin schreibt über *Die sexuellen Fantasien der Gummibärchen*, ein Völkerkundler über *Gummibärchen auf Papua Neu Guinea*, ein Biologieprofessor diskutiert *Gummibärchen und BSE*.

Da nach statistischen Erhebungen 74 Prozent der Frauen an Esoterik, Horoskop und Orakel interessiert sind und 69 Prozent regelmäßig Gummibärchen konsumieren, ist es kein Wunder, dass das Buch *Das Gummibärchen-Orakel* von Dietmar Bittrich ein großer Erfolg wurde. Das Orakel lässt die Zukunft erkennen. Der Fragende zieht fünf Bärchen aus der Tüte und schlägt im Buch nach, was die Kombination der verschiedenen Farben bedeutet. Rein mathematisch gibt es 126 verschiedene Kombinationen, mit denen sich die Weisheit der Bären anzapfen lässt. Die Farben sind Rot (Himbeergeschmack), Gelb (Zitrone), Grün (Erdbeere), Orange (Apfelsine) und Weiß (Ananas) – nur Blau gibt es nicht, da die Marktforschung zeigte, dass Blau von Konsumenten gemieden wird.

Der Erfinder des Orakels schreibt in seiner dadaistischen Biographie, dass er als kleines Kind von seiner Mutter in den kanadischen Wäldern ausgesetzt wurde. Eine Familie von Grizzlybären nahm sich seiner an. Bis zu seinem zwölften Jahr lebte er in der Wildnis und wurde mit den Instinkten und Gewohnheiten der Bären vertraut. Mit dreizehn Jahren sah er zum ersten Mal elektrisches Licht, mit vierzehn das erste Waschbecken, mit fünfzehn verliebte er sich, und mit sechzehn sah er zum ersten Mal ein Gummibärchen. Seit jenem schicksalhaften Jahr 1975 hat Bittrich sich liebevoll und intensiv mit Wesen und Bedeutung der Gummibärchen beschäftigt. Nach zwanzig Jahren intensiver Forschung legte er das erste und ultimative Gummibärchen-Orakel vor. Das Buch wurde gleich in der ersten Auflage zum Standardwerk. Bittrich lebt zurzeit in der Schweiz und bemüht sich um die Wiederansiedlung wilder Gummibären in alpinen Regionen.[61]

Schöpfer der Bärchen selbst ist der gelernte Bonbonkoch Hans Riegel aus Bonn (Ha-Ri-Bo), der zusammen mit seiner Frau Gertrud 1922 die ersten ihrer Art noch von Hand mit einer Kanne in die Formen goss und per Fahrrad persönlich an die Kunden lieferte. »Tanzbärchen« hießen sie damals. Die Bärchen brachten ihm Glück. Inzwischen hat die Firma 6000 Mitarbeiter und die Fabrik spuckt jeden Tag um die 70 Millionen Gold-

61 http://www.gummibaerchen-orakel.ch/kontext/autor.html.

bärchen aus. Gummibärchen werden inzwischen auch in Frankreich, England, Dänemark, Österreich, Spanien und den USA hergestellt.

Käpt'n Blaubär

Stimmt gar nicht, dass der olle Käpt'n Blaubär ein Lügner ist. Wer über die sieben Weltmeere segelt, hat eben Geschichten zu erzählen, die jeder unerfahrenen Landratte wie Ausgeburten einer blühenden Phantasie vorkommen. Der alte Seebär spinnt eben Seemannsgarn von der feinsten Sorte. So erzählt er etwa von seiner Reise zum fünften Kontinent: »In Australien leben nicht nur Kängurus«, erklärt er, »sondern auch der weltbekannte Koalabär, das Vorbild für den Teddybären. Und das Besondere an diesem Bären ist, dass er niemals etwas trinkt. Koalabären sind eben ganz anders als Blaubären.«

Zum Thema Gummibärchen sagt er: »Wenn sich jemand wirklich mit Bären auskennt, dann bin ich es! Und ich sage euch, früher waren die Gummibärchen tatsächlich noch aus echtem Gummi. Das war 'ne starke Sache, denn man konnte sie stundenlang kauen und immer wieder benutzen. Heute sind sie ja nur aus Gelatine, und man schluckt sie schon nach ein paar Sekunden runter« (Lassahn 1994: 43). Blaubärs drei Enkel, die bunt wie Gummibärchen sind, lauschen seinen abenteuerlichen Geschichten gerne, aber im Gegensatz zu seinem dusseldoofen Smutje, dem Leichtmatrosen Hein Blöd, glauben sie ihm kein Wort.

Der zottelige Käpt'n, der ein breites Norddeutsch spricht, ist typisch Bär: Er ist gutherzig, gemütlich, etwas unordentlich, und er isst und schläft gern. Zu seinen Lieblingsgerichten zählen Dosbattler Dummfischpastete, Helgoländer Heringstorte, eingelegte traurige Seegurken Corny Chong, gebügelter Plattfisch, Wattwurmpizza, Rumsrütteler Meerschnecken im eigenen Schleim. Für Kinder gibt es sogar ein Käpt'n-Blaubär-Kochbuch von Dr. Oetker. Meine zehnjährige Tochter hat mir schon allerlei daraus gekocht: Südpolspaghetti nach der Ping-Methode, Pommes mit Witz und viel Machonese und Catch-Up, und zum Nachtisch Leichtmatrosen-Wackelbären oder fangfrischen Fischkuchen. Ich muss gestehen, es hat sehr gut geschmeckt. Und da Liebe über den Magen geht, bin auch ich jetzt ein Käpt'n-Blaubär-Fan.

Käpt'n Blaubär tauchte 1991 zum ersten Mal im Fernsehen auf, in der »Sendung mit der Maus«. Sein geistiger Vater ist der Wahl-Hamburger Walter Moers, dem wir das *Kleine Arschloch*, *den Alten Sack* und *Adolf die Nazisau* verdanken. 1993 bekamen der Käpt'n und Hein Blöd ihre eigene

Käpt'n Blaubär bei seiner Lieblingsbeschäftigung.

Sendung, den *Käpt'n-Blaubär-Club.* 1997 wurde von der deutschen Post eine Käpt'n-Blaubär-Briefmarke im Wert von DM 1,10 produziert. 1999 veröffentlichte der Käpt'n seine Biographie, *Die 13½ Leben des Käpt'n Blaubär,* die wochenlang ganz weit oben auf der »Spiegel«-Bestsellerliste stand, und im Dezember desselben Jahres kam der Zeichentrickfilm *Käpt'n Blaubär – Der Film* ins Kino. Und es folgten weitere Filme.

Paddington Bear

In der Londoner U-Bahnstation Paddington stolpert das Ehepaar Brown über einen kleinen Bären. Ganz und gar verloren steht er da in seinem etwas zu großen Dufflecoat, mit einem breitkrempigen Hut, wie nur ein britischer Exzentriker ihn tragen würde, und einem Reisekoffer in der Hand. Um seinen Hals hängt ein Zettel mit Aufschrift: »Bitte kümmern Sie sich um diesen Bären. Danke.« Das berührt die guten Browns. Sie nehmen den Bären, der nach eigenen Angaben aus dem tiefsten Peru kommt, mit zu ihren zwei Kindern nach Hause. Sie nennen den neuen Hausgast Paddington, nach der Bahnstation, wo sie ihn gefunden hatten. Was folgt, ist der oft drollige Versuch seitens des fremdländischen Bären, die britische Lebensweise zu begreifen. Unweigerlich tritt er dabei ab und zu ins Fettnäpfchen. In seinem Charakter ist Paddington eigentlich schon *absolutely british* und harmlos schrullig. Er ist äußerst höflich, liebt Marmelade – leider tropft sie und bleibt überall kleben –, genießt das parfümierte Schaumbad, geht gerne shoppen, ließt Bücher, trinkt Tee, dekoriert sein Zimmer und schläft nachts, wie es sich gehört, in Pyjamas – eine Parodie des englischen Spießertums.

Nachdem Michael Bond einen Teddybär im Londoner Warenhaus Selfridges gekauft hatte, fing er an, das Buch, *A Bear called Paddington*, zu schreiben. Es erschien 1958 und wurde gleich zum »besten Kinderbuch des Jahres 1958« erkoren. Es folgten weitere Paddington-Bücher, eine Flut von Paddington-Plüschfiguren, Kassetten und Zeichentrickfilmen. Bei der von Michael Bond gegründeten Firma »Patterson & Co.« klingelte die Kasse. Inzwischen steht auch eine große Plastik des berühmten Bären aus Peru in der Londoner Paddington-Station.

Petzi

Der niedliche kleine braune Bär mit blauer Mütze und weiß gepunkteter roter Hose kommt aus Dänemark und heißt eigentlich Rasmus Klump. Auf dem selbstgebauten Dampfschiff »Mary« – benannt nach seiner Mama – fährt er mit seiner lustigen Crew rund um die Erde. Die ganze Welt ist für diese Rasselbande ein Spielplatz, jede Wüste ein Sandkasten und jedes Meer ein Planschbecken. Auf dem Schiff herrscht fröhliche Anarchie. Probleme und Katastrophen gibt es immer wieder, aber diese werden mit Humor, Mut und erfrischender Naivität gewaltfrei bewältigt. Auch wenn er die sieben Meere bereist, zum Pfannkuchenessen ist der kleine Bär immer wieder zuhause.

Auf seinen Abenteuern wird Petzi von dem pummeligen Pinguin Pingo, Pelikan Pelle, dessen geräumiger Schnabel eine Rumpelkammer mit allerlei brauchbaren Gegenständen ist, von den beiden frechen »Kleinen«, Schildkröte und Papagei, und dem alten Seebär begleitet. Der pfeiferauchende Seebär ist eine Robbe, er ist immer müde, isst viel, hat stets praktische Ideen und kommt nie dazu, seine Biskaya-Erlebnisse fertigzuerzählen.

1951 erschien der erste Petzi-Strip, gezeichnet von Carla und Vilhelm Hansen in Dänemark. 1952 erschien der Streifen im Hamburger Abendblatt. Inzwischen sind es über hundert Tageszeitungen, die Petzi abdruckten. 1953 wurde wegen des kleinen Bären der Carlsen Verlag gegründet, als Tochtergesellschaft des dänischen Verlags. Von den 37 Petzi-Büchern wurden allein in Deutschland 12 Millionen Exemplare verkauft, weltweit sind es inzwischen 250 Millionen. Plastik- und Plüschfiguren, Spiele, Schallplatten, CDs und Fernsehauftritte machten Rasmus Klump, alias Petzi, in der ganzen Welt bekannt. Besonders gut kam er in Japan an, wo seine Erlebnisse auch verfilmt wurden.

Petzi besucht König Ursus.

Puh der Bär (Winnie the Pooh)

Winnie, benannt nach einem echten nordamerikanischen Schwarzbären im Londoner Zoo, ist der erste Teddybär der Literatur. Der wohlhabende Schriftsteller und Redakteur des Satireblattes »Punch« schrieb das Buch *Winnie the Pooh*, in dem die Spielzeugtiere seines Sohns Christopher Robins die Hauptrolle spielen. Ernest H. Shepard, der Zeichner bei »Punch« fertigte die Bilder an. Puh der Bär wurde zum Klassiker und zur Ikone der Kinderwelt. (Mehr zu Puh, siehe Kapitel »Teddybär und Winnie der Puh«, Seite 240.)

Russischer Bär

Im Internet, findet man zum »russischen Bären« alles Mögliche:
- eine bunte Schmetterlingsart (Euplagia quadripunctaria);
- den populären kanadischen Freistilringer (Catcher) und wiedergeborenen Christ, Ivan Koloff;
- einen Anabolika-Cocktail für Bodybuilder und Muskelmänner wie Arnold Schwarzenegger oder Ivan Koloff;
- den russischen Bärenschnauzer (Chorny), eine Hunderasse mit schwarzem, zotteligem Fell;

– einen leckeren Cocktail mit viel Wodka, Creme de Cacao, Zucker und Sahne;
– eine von den amerikanischen christlichen Fundamentalisten benutzte Personifizierung für Magog, das Reich des Bösen und die Horden des Antichrist, die in der letzten apokalyptischen Schlacht über Amerika und Israel herfallen werden;
– die russische Volksseele, die sich selber als eine Bärenseele begreift.

In der Taiga und den Tundren Russlands leben die meisten Braunbären der Welt. Seit Anbeginn spielt der Bär – der Michail Ivanowitch, Mischka, General Tappfuß, der Honigfresser, der kluge Alte – eine wichtige Rolle im kulturellen Kosmos der Ostslawen. Schon bei den alten heidnischen Russen galten Waldbären als die Schwellenhüter zum Reich des Leschij oder Lesovik, des einäugigen »Herrn des Waldes«, der im Volksglauben noch immer die Wildtiere beschützt und Waldfrevel rächt.

Die Russen können sich auch gut mit ihrem Totemtier identifizieren. Kräftig und erdig grob, tapsig in seiner Wodkaseligkeit und mit einem Herzen aus Gold versehen, so ist dieser Bär.[62] Er ist nicht so charmant, klug und gegebenenfalls streitsüchtig wie der gallische Hahn, nicht so ordnungsbesessen und sauber wie der deutsche Michel, und er strotzt auch nicht vor gnadenloser Gerechtigkeit wie der amerikanische Adler. Als das freundlich lächelnde Bärchen Mischka erschien der russische Bär als Maskottchen der olympischen Spiele 1980 in Moskau.

Mischka, das Maskottchen der olympischen Spiele in Moskau, 1980.

Die Gutmütigkeit des russischen Bären darf nicht als Schwäche gedeutet werden, denn wenn er gereizt oder in die Enge getrieben wird, ist er zu unberechenbaren Gewaltausbrüchen fähig. Viele Eroberer – Tartaren, Türken, Napoleons Grande Armee und zuletzt die stolze Wehrmacht – haben seine zornigen Tatzenschläge zu spüren bekommen. Ein führender Leitartikler einer großen Tageszeitung warnte kürzlich davor, den

62 Das gutmütige Bärenherz der Russen hat mancher Reisende zu spüren bekommen. Als ich einmal im Januar mit Aeroflot von New Delhi über Moskau nach Europa flog, gab es für mehrere Tage keinen Anschluss. Als der Portier im Moskauer Hotel bemerkte, dass ich nur dünne indische Baumwollkleidung trug, zog er seinen dicken Wollmantel aus und gab ihn mir für diese Zeit zum Tragen.

russischen Bären zu reizen angesichts der Tatsache, dass ihm die Nato und die EU zunehmend auf die Pelle rücken und an seinen Honigtöpfen (Ölquellen) naschen wollen.

Smokey

Smokey Bear, mit Jeans, Schaufel und Ranger-Hut, ist Waldhüter und amerikanische Ikone. Wie Uncle Sam, der im Krieg mit strengem Blick und ausgestrecktem Zeigefinger von den Werbepostern mit den Worten »I want you« herunterschaut, so zeigt der Bär auf den Besucher der nationalen Waldgebiete herab und erteilt den Befehl: »Verhüte Waldbrände!« Der stramme Bär hatte damals, als er 1944 zum ersten Mal auf dem Plakat erschien, eine militärische Aufgabe, denn man fürchtete, dass Nazi-Agenten oder die Geschosse von japanischen U-Booten die Wälder an der Westküste in Brand stecken könnten. Zuerst wollte der Wartime Advertising Council Walt Disney's Bambi als Symboltier für die Waldbrandbekämpfungs-Kampagne einspannen, aber in Kriegszeiten eignete sich der uniformierte Bär besser. Smokey wurde nach einem erfolgreichen Feuerwehrmann namens »Smokey« Joe Martin benannt.

Bei einem riesigen Waldbrand im Frühling 1950 in den Captain Mountains (Neu Mexiko) fanden die Ranger einen Bärenwelpen, dessen Pfoten schwer verbrannt waren. Dieses Bärchen, zuerst »Hotfoot« (Heißfuß) genannt, wurde zum offiziellen Tiersymbol des Staates Neu Mexiko und zugleich, als lebender Smokey Bear, zum Maskottchen des Nationalen Forstdienstes (National Forest Service) erklärt. Nachdem seine Verbrennungswunden ausgeheilt waren, wurde das lebende Symbol nach Washington geflogen und im Nationalzoo untergebracht. Das U.S.-Postamt sah sich bald gezwungen, Smokey eine eigene Postleitzahl zu gewähren, denn er wurde so populär, dass man Mühe hatte, ihm die vielen Briefe, die ihm Scharen von Kindern und Bewunderern schrieben, zuzustellen. Um einen kommerziellen Rummel zu vermeiden, verabschiedete der U.S.-Kongress schon 1952 ein »Smokey-Gesetz« gegen die komerzielle Ausbeutung des beliebten Bären. 1984 gab die U.S.-Post eine Briefmarke heraus, auf dem Smokey als

Eines der ersten Poster von Smokey. (Rudolf Wendelin, 1944)

Bärenjunges abgebildet ist, das sich in einer verbrannten Landschaft an einen verkohlten Baumstamm klammert.

Damit der verehrte Bär in ordentlichen Verhältnissen lebt, wurde ihm 1962 die Bärin Goldie zur Frau gegeben. Kinder hatte das Paar nicht. Als Smokey 1976 starb, wurde er in Anwesenheit vieler Zuschauer und prominenter Staatsbeamter im »Smokey Bear Park« in Neu Mexiko offiziell beigesetzt. (Mehr zu Smokey, siehe Kapitel Orte der Bärenkraft, Seite 211.)

Tanzbär

Tanzbären sollte es eigentlich nicht geben. Es gab sie in der Antike; in der Türkei und in Teilen Südasiens gibt es sie immer noch. Das Training eines Tanzbären beginnt früh. Meistens tötet man die Mutter, um an den Welpen heranzukommen. Der Dompteur durchbohrt die Lippen oder das Nasenbein des kleinen Bären und zieht einen Ring hindurch, so dass er das Tier an einer Leine leicht führen kann. Tanzen lernen die armen Geschöpfe auf extrem heißen Platten oder Böden, so dass sie ihre Beine abwechselnd heben, um dem Schmerz zu entgehen. Dazu spielt der Domp-

Tanzbär-Dressur. (Mittelalterliche Holzschnitte)

teur Trommel oder Tamburin, so dass der Bär lernt, den Schmerz unter den Füßen mit dem Takt der Musik zu assoziieren. Der Tourist, der sich mit Tanzbären photographieren lässt und dafür zahlt, sollte wissen, dass er mit seinem Geld die schlimmste Tierquälerei unterstützt (Ames 2002: 204).

Yogi Bär (Yogi Bear)

Yogi Bear, benannt nach den hoch beliebten Baseball-Stars Yogi Berra, geistert als Zeichentrickfigur seit 1959 durch die »Huckleberry Hound Show«. Er lebt im Naturpark Jellystone irgendwo zwischen Wyoming und Montana und ist einer jener Bären, die sich darauf spezialisiert haben, Abfalltonnen an den Rastplätzen nach Essbarem zu durchwühlen, Touristen um Nahrung anzubetteln oder ihre Picknickkörbe zu stehlen und die Park Rangers zur Weißglut zu treiben. Yogi, der sich selber für klüger als den Durchschnittsbären hält, ist dabei besonders raffiniert. Yogi und sein kleiner Kumpel, das Bärchen Boo-Boo, – sie werden von dem Frühstücksflocken-Riesen Kelloggs Corn Flakes gesponsert – sind inzwischen ganz groß herausgekommen. Als Comics erscheinen sie in über hundert Zeitungen, als Spielzeug haben sie über 100 Millionen Dollar eingebracht, und im Disney Channel sind sie Dauergäste. Der geistig anspruchslose Durchschnittsamerikaner kann sich gut mit diesem schlau-dummen Bären identifizieren. In den Sommerferien packen Mom und Dad ihre Kinder und den Haushund in den Winnebago – das große Wohnmobil, das zum American Dream dazugehört – und fahren zu einem der »Yogi Bear Jellystone Campingplätze«, die es inzwischen in fast allen US-Bundesstaaten gibt.

Nachwort: Hoffnung auf Wiederkehr

»Großvater Bär, Breitschädel, Goldfuß,
König der Wälder, Herr der Tiere,
Geliebter der Anima, der Göttin,
Sternenträger.
Deine Kraft bewegt das Himmelsrad, die Jahreszeiten,
das Leben.
Mögen dir, unser wilder Bruder, die Wälder, die Berge
und ein Platz im Herzen des Menschen vergönnt bleiben.
Götterbär! Verlass uns nicht!«

Gedanken sind Energie. Richtet man die Gedankenkraft auf irgendein Geschöpf, sei es Stein, Pflanze, Mensch oder Tier, dann rührt man es an. Unweigerlich wird man mit einer Antwort belohnt.

Kurz nach der Fertigstellung des Manuskripts zu diesem Buch erhielt ich eine Einladung von den Bären – genau genommen von der *Bear Tribe Medicine Company* (Bärenstamm-Medizingesellschaft). Sie baten mich, an einem Medizinradtreffen im Schwangau mitzuwirken.

Von Sun Bear (Sonnenbär), dem Chipppewa-Medizinmann und Visionär, der das indianische Medizinrad wiederbelebte, hatte ich schon gehört und wusste, dass er das Ende der auf technokratischem Größenwahn basierenden Konsumgesellschaft prophezeit hatte und das seit der Steinzeit überlieferte Weisheitserbe der Indianer als Heilmittel anbot. Gegen den Widerstand anderer indianischer Medizinleute und Schamanen ließ er auch die Kinder der weißen Eroberer daran teilhaben.

Logo der Bärenstamm-Medizingesellschaft.

Ich erwartete ein Symposium, auf dem die Probleme der Umwelt und der bedrohten Völker erörtert werden würden, und bereitete ein entsprechendes Referat zum Thema »Bärenkräuter, die stärksten Heilpflanzen« vor. Auf das aber, was sich da vor meinen Augen auftat, war ich nicht vorbereitet. Ich fühlte mich in das steinzeitliche Magdalénien zurückversetzt, als die Menschen von Europa bis Nordamerika als Großwildjäger lebten und dem Bärenkult huldigten. Auf der schneeverwehten Ebene am Rande der Berge zelteten ganze Familien samt Kindern. Eingehüllt in Felle und Selbstgestricktes sangen sie Lieder für Mutter Erde und Vater Sonne und gingen wie Brüder und Schwestern miteinander um. Auch für Großmutter und Großvater Bär sangen sie, begleitet von einer echten Schamanentrommel, ein Lied. Sie beschworen die Bären, uns ihre Kraft und Weisheit wieder zukommen zu lassen. Am Abend schwitzten die Bärenstammleute in einer traditionellen Schwitzhütte. Sie räucherten ihre Körper mit Beifußrauch *(sage brush)*, opferten den Geistern Tabak und Mariengras *(sweet grass)*, ließen die heilige Friedenspfeife kreisen und sandten am Medizinrad ihre Gebete zum Großen Geist.

Als ich dann über Heilkräuter sprach, platzierte sich ein langhaariger, mit Quarzkristallen, Amuletten und Runen behangener Hüne am Eingang des Zeltes. Breitschädel hieß dieser Schwellenhüter – diesen Namen hatte er sich nicht etwa selbst gegeben, es war sein Geburtsname. Er war ebenso gutmütig wie wild – ein Berserker, der mit dem Zeitalter, in dem er geboren wurde, kaum zurechtkam. Mir dämmerte die Erkenntnis, den in Menschengestalt verkörperten Bärengeist vor mir zu haben. Hier, im Schatten der Alpen, an einem Ort, wo sich die bayrischen Könige ihre Schlösser gebaut hatten, hatte ich einen »Ort der Kraft« gefunden, wo mir eine Bärenvision zuteil werden konnte.

Die Erde und unsere Verwandten, die Pflanzen und Tiere, sprechen ständig zu uns – so lautet die Botschaft von Sun Bear, wir müssen wieder lernen zuzuhören. Sie sind nicht nur Gegenstände, die wissenschaftliches Interesse hervorrufen, sondern Ausdruck von geistigen Archetypen, die in uns und außerhalb von uns in der Natur leben und vielerlei Gestalt annehmen können. Hier nun ist mir der unsterbliche Bärengeist erschienen, er hat mit mir gesprochen und meine Seele berührt.

Die Krise unserer Zivilisation – Ozonloch, Luftverschmutzung, drohende Klimakatastrophe, Artensterben und so weiter – scheint total und unaufhaltsam. Dennoch, so versicherte mir ein Indianer aus dem Stamm der Klamath, wissen unsere mit Monitoren und raffiniertesten Computermodellen ausgerüsteten Wissenschaftler nicht alles. Auch ihre Perspektive ist letztlich eine Ameisenperspektive. Die Erde selber, so der Indianer, ist eine Bärin. Unsere stinkenden Fabriken und Megastädte plagen sie wie Zecken und Flöhe. Bald wird sie sich schütteln und kratzen, sich wieder säubern und erneuern. Dann werden Mensch und Tier wieder in Harmonie und Lebensfreude leben können.

»Ein schöner Traum«, sagte ich.

»Aus Träumen und Visionen wird Wirklichkeit«, entgegnete der Indianer.

Nicht nur der Geist des Bären vermag sich in dieser historischen Zeitenwende zu vergegenwärtigen. Der leibliche Bär selber, das zottelige, brummende Tier, kommt wieder in die heiligen Berge Europas, in die Alpen, zurück (siehe auch Seite 238). Auf Initiative des *World Wildlife Fund* (WWF) werden Bären, die aus dem Balkan einwandern, nicht länger wie selbstverständlich abgeschossen. Und 1989 wurde eine Bärin im Gebiet des Ötscherberges (Österreich) freigelassen. Entgegen allen Erwartungen zeigte sie sich bereits 1991 mit drei Jungen. Inzwischen ist die Population auf 25 Bären angewachsen. Weitere Petze – sie kommen aus Slowenien und Kroatien – sollen in Südtirol und in der Lombardei ausgesetzt werden. In Trentino (Italien), wo noch einige wenige der letzten Alpenbären leben, hat man zwischen 1999 und 2002 nicht weniger als zehn Tiere ausgesetzt.

Wer frei durch die Wälder streift, wird erschossen

Im Frühling 2006 wanderte ein Jungbär, Bruno genannt, von Italien in das bayrische Hochgebirge. Dieser Bruno war nicht nur irgendein Waldtier. Im Zeitalter des globalen Megafaunasterbens wurde er zum Symbol. Wildtiere, vom Elefanten bis zum Löwen, die dem Menschen Respekt abfordern und ihn in Staunen versetzen können, werden zunehmend vom Menschen eliminiert. Nun aber – wahrhaftig ein Zeichen, dass sich destruktive Entwicklungen ändern können – erscheint nach 170 Jahren Abwesenheit der alte König der Wälder wieder im bayrischen Gebirge! Tiere verkörpern die Seele einer Landschaft, eines Landes: Mit der Rückkehr des Braunbären kehrt die Urkraft wieder in die Alpenländer zurück.

Auch der Heilige Stuhl deutet das Erscheinen des Bären als Zeichen. Papst Benedikt XVI., selbst aus Bayern stammend, ließ nach seiner Wahl einen Bären, den Freisinger Korbiniansbären, in sein Wappen aufnehmen; er bekräftigte das Heimatrecht des Bären im bayrisch-österreichischen Raum und stellte ihn unter seinen Schutz. Der bayrische Umweltminister gibt sich bewusst umweltfreundlich und erklärt am 18. Mai: »Der Bär ist in Bayern willkommen.« Aber bald schon wird der rote Teppich wieder eingerollt. Anscheinend hat der Jungbär seinen Knigge nicht gelesen und verhält sich nicht wie ein netter Disney-Bär: Nahe der Tiroler Grenze räumt er einen Bienenstock aus; in den folgenden Tagen reißt er Schafe, frisst einige Hühner und wird gesehen, wie er einem Hasen den Kopf abbeißt. Das bayrische Umweltministerium erklärt Bruno daraufhin zum »Schadbären« und gibt ihn zum Abschuss frei.

Es dauert nicht lange, da wird sein Name verfremdet. Am 30. Mai mutiert Bruno zu JJ1. Die neue Benennung, die eher zu einem Alien aus Hollywood passt, wird selbstverständlich englisch ausgesprochen: *Jay Jay One*. Das suggeriert wissenschaftliche Objektivität, denn sie beruht auf Gentests, die den Problembären als Abkömmling einer genetisch nicht einwandfreien Bärenmutter ausmachen: Seine Mutter sei als »äußerst lernresistent« aufgefallen und habe wenig Scheu vor menschlichen Siedlungen gezeigt. Die Wortmagie machte Bruno zum Gegenstand, nahm ihm den Status eines beseelten Mitgeschöpfs. Und nun können professionelle finnische Bärenjäger mit Elchhunden auf die Bestie JJ1 losgelassen werden. Wegen wenigen tausend Euro Sachschaden wird Bruno wie ein entflohener Intensivstraftäter gejagt. Der Einsatz kostete schließlich 70 000 Euro. Das Volk war empört. Für die elektronisch gegängelten, steuerlich geschröpften und gestressten Bürger wird Bruno zum Symbol des freien, natürlichen, der Obrigkeit trotzenden Outlaws. Er ist klug. Er trickst Bärenhunde und Jäger aus; er geht nicht in die aus Kanada herbeigeschaffte Röhrenfalle. Er wird Medienstar: Der Schießbefehl muss vorübergehend ausgesetzt werden. Lebend soll er gefangen und dann lebenslang verwahrt werden.

Derweil werden Experten zitiert, die vom »nicht artgerechten, gestörten Verhalten« des Bären schwafeln. Es sei nur eine Frage der Zeit, bis er einen Menschen, ein Kind reiße. Dem müsse vorgebeugt werden. Wer überhaupt sind diese Experten, die solches behaupten? Wer Bären kennt, weiß, dass das nicht stimmt. Bruno war ein neugieriger Jungbär, der sich erst einmal ein Revier suchte. Wie sollte er sich auch artgerecht verhalten, wenn ständig Jäger, Hunde und Hubschrauber hinter ihm her waren; wie sollte er da in Ruhe Wurzeln, Käfer oder ein verendetes Reh fressen und herumbummeln können? Außerdem war der Winter im hohen Gebirge gerade vorüber, es gab noch wenig zu fressen. Sollte er da etwa einen Bogen um die überzüchteten Schafe machen oder um den Hühnerstall? Hätte er etwa fasten sollen? Oder seine Lammkoteletts in der Metzgerei kaufen?

Bären gehen Menschen aus dem Weg, langsam und voller Würde. Das konnte ich in den fünf Jahren, die ich in Bärenbiotopen in den Rocky Mountains verbrachte, fast täglich erleben. Sie greifen Menschen nicht an, es sei denn man drängt sie in auswegslose Situationen oder man kommt unverhofft zwischen Muttertier und Junges. Ein alter Cheyenne-Medizinmann erzählte mir aus seiner Jugend, dass Frauen und Kinder oft am selben Platz Wildfrüchte pflückten wie der Bär, gelegentlich vom selben Gestrüpp. Sie konnten Meister Petz sogar schmatzen hören oder ihn riechen. Probleme gab es keine, solange sie dem Bären höflich den Vortritt ließen. Bären sind hauptsächlich Pflanzenfresser. Über 80 Prozent ihrer Nahrung besteht aus Gräsern, Knollen, Rinden und Beeren, der Rest sind Tierkadaver, Insekten, Fische, Nagetiere und Pilze. Erst im Mittelalter, als die Menschen immer mehr in seinen Lebensraum eindrangen, wurde der Bär zum bösen »Raubtier«, das sich, um seinen Hunger zu stillen, gelegentlich ein Schaf oder ein anderes Weidetier holte. Auch wurde er zunehmend nachtaktiv, um die für ihn gefährlichen Menschen zu meiden. Dazu kam die angstgeprägte manichäistische Ideologie der spätmittelalterlichen Kirche, welche die Schöpfung in Gut und Böse teilte, wobei sich der Bär (und andere Wildtiere) zunehmend auf der Seite des Bösen befand.

Am 26. Juni 2006 kam die Nachricht im Radio: Bruno ist tot. In der frühen Dämmerung aus dem Hinterhalt erschossen. Das Gefühl der Traurigkeit ließ mich den ganzen Tag nicht los. Ich war nicht der Einzige, dem es so erging. Viele Kinder weinten. Der Schuss, der die Lungen Brunos zerfetzte, traf uns alle ins Herz, traf unser Vertrauen, erschütterte die Hoffnung auf ein respektvolles Zusammenleben mit unseren Mitgeschöpfen.

Knapp zwei Jahre später wird sein Bruder JJ2, zwei Jahre alt, als »Risikobär« eingestuft und in Graubünden erschossen. Dreist sei er gewesen; sogar einen Kuchen habe er von einem Fenstersims gefressen. Gegenüber Menschen hatte er sich jedoch nie aggressiv gezeigt. Ausgestopft und im Bündner Naturmuseum ausgestellt, ist er auf jeden Fall kein Risiko mehr.

In der Zeit zwischen dem Abschuss der beiden »bösen« Bären macht ein kleiner kuscheliger Eisbär aus dem Berliner Zoo Schlagzeilen und löst eine Welle der Sentimentalität aus. Der kleine weiße Teddybär wird zugleich Maskottchen und Werbeträger für das kommende große Klimageschäft.

Die Bären waren und sind eigentlich nicht das Problem, mit ihnen hätte man gut einen *Modus vivendi* finden können. Das Problem war und ist die Angst der Menschen. Je weiter der Mensch sich von seinen natürlichen Wurzeln entfernt, umso mehr Angst hat er, umso bedrohlicher wird ihm alles Freie, Wilde, Ungezwungene. Die entfremdete, überzivilisierte Gesellschaft findet in der Natur keine Göttlichkeit und Inspiration mehr, sondern Fuchsbandwurm, Zecken, Tollwut, BSE, SARS, Vogelgrippe, Hanta-Virus und – unberechenbare Killerbären. Angst ist jedoch immer ein schlechter Ratgeber. Angst macht aggressiv. Der Bärenmord spiegelt die Angst der Problempolitiker und Schreibtischtäter, die Kontrolle zu verlieren. Was sich nicht kontrollieren lässt, muss eliminiert werden.

Danksagung

Dank an alle, die zu diesem Buch beitrugen: Dem Verleger Urs (»Bär«) Hunziker und der Lektorin Monika Schmidhofer. Dank an Berserker Christian Rätsch für wertvolle Hinweise, an Nana Nauwald für ihr schönes Buch *Bärenkraft und Jaguarmedizin* (AT Verlag), an Juliane Molitor, die viel Mühe auf sich nahm, das noch holprige Deutsch des Prototyps dieses Buches *(Berserker und Kuschelbär)* auszubessern, an Eugen Jung, der mich immer wieder mit der Bärenstadt Bern verbindet, an den Leipziger Dichter und »Proto-Ethnologen« Henning Eichler, der mir etwas von den Schamanen der Burjaten erzählte, Dank an Giljia und Peter Schneider, die wie Raben ausflogen und Bärenpfade auskundschafteten, Dank auch an Frau Holle und Asbjörn, die den Schnee auf unserem Berg recht tief werden ließen, damit ich ungestört, wie der meditierende Bär in seiner Höhle, an diesem Buch schreiben konnte. Danke an das gewöhnungsbedürftige, schillernde, außerirdische Elektronenwesen, das sich auf meinem Schreibtisch als PC inkarnierte. Und vor allem, danke an die Bären, denen ich begegnet bin und die mein Leben bereichert haben.

Literatur

Agrippa von Nettesheim, Heinrich Cornelius: *Magische Werke*, Amsterdam 1531 (Nachdruck Anton Hain K. G., Meisenheim, Glan)
Ames, Alison: »Bären im Zirkus«, in: Ian Stirling (Hg.): *Bären*, München: Orbis 2002
Arens, Werner und Hans-Martin Braun (Hg.): *Der Gesang des Schwarzen Bären*, München: C. H. Beck 1994
Asbjørnsen, Peter Christen u. Jørgen Moe: *Norske folke-eventyr*, Oslo: Dreyers Forlag 1960
Bächtold-Stäubli, Hanns und Eduard Hoffmann-Krayer: *Handwörterbuch des deutschen Aberglaubens, Bd. 1–10*, Berlin: Walter de Gruyter 1987
Becker-Huberti, Manfred: *Feiern – Feste – Jahreszeiten*, Freiburg im Breisgau: Herder 2001
Boas, Franz: *Primitive Art*, New York: Dover Publications 1927
Buhner, Stephen Harrod: *Sacred Plant Medicine*, Boulder, Colorado: Roberts Rinehart 1996
Burri, Margrit: Germanische *Mythologie zwischen Verdrängung und Verfälschung*, Zürich: Schweizer Spiegel Verlag 1982
Busch, Robert H.: *The Grizzly Alamanac*, New York: Lyons Press 2000
Campbell, Joseph: *The Masks of God: Primitive Mythology*, New York: Arkana 1991
Cockrill, Pauline: *Das grosse Buch der Teddybären*, München: Mosaik 1992
Dehm, Richard: »Die Erpfinger Höhle als Bärenhöhle« in: *Die Bärenhöhle bei Erpfingen*, (Georg Wagner; Hrsg.), Sonnenbühl: Gemeinde Erpfingen 1976
de Jong, Trude: *Lola, de beer*, Amsterdam: Uitgeverij Sjaloom 1987
Densmore, Frances: »Uses of Plants by the Chippewa Indians« in: *Forty-fourth Annual Report of the Bureau of American Ethnology to the Secretary of the Smithonian Institution*, 1926–1927, Washington: U. S. Government Printing Office 1928
Drößler, Rudolf: *Als die Sterne Götter waren*, Bergisch Gladbach: Bastei-Lübbe 1981
Duerr, Hans Peter: *Traumzeit*. Frankfurt am Main; Syndikat 1978
ders.: *Sedna oder Die Liebe zum Leben*, Frankfurt am Main: Suhrkamp 1984
Duve, Karen und Thies Völker: *Lexikon berühmter Tiere*, Frankfurt am Main: Eichborn 1997
Eliade, Mircea: *Geschichte der religiösen Ideen*, Bd. I–IV. Freiburg, Basel, Wien: Herder 1993
Endrös, Hermann und Alfred Weitnauer: *Allgäuer Sagen*, Kempten: Allgäuer Zeitungsverlag 1990
Fasching, Gerhard: *Sternbilder und ihre Mythen*, Wien: Springer 1994
Findeisen, Hans: *Das Tier als Gott, Dämon und Ahne*, Stuttgart: Kosmos 1956

Friedrichs, Kurt: *Das Lexikon des Hinduismus*, München: Goldmann 1996
Garrett, J. T.: *The Cherokee Herbal*, Rochester, Vermont: Bear & Company 2003
Golowin, Sergius: *Bärn im Bärenwald*, Bern: Loeb & Der Bund 1986
ders.: *Dr Bär isch los*, Bern: Fischer Media 1999
Goodman, Felicitas: *Trance – der uralte Weg zum religiösen Erleben*, Gütersloh: Gütersloher Verlagshaus 1992
dies.: *Wo die Geister auf den Winden reiten*, Freiburg im Breisgau: Bauer 1995
Grimm, Jacob: *Deutsche Mythologie*, Frankfurt am Main: Ullstein Materialien 1981
Grimm, Gebrüder: *Grimms Märchen*, Marburg: N. G. Elwert 1922
Hauser, Albert: *Bauernregeln*, Zürich, München: Artemis 1973
Heft, Helmut: *Bärenjahre*, Stuttgart: Kosmos 1985
Hoff, Benjamin: *The Tao of Pooh*, London: Methuen Children's Books 1988
Honoré, Pierre: *Das Buch der Altsteinzeit*, Düsseldorf, Wien: Econ 1967
König, Karl: *Bruder Tier*, Frankfurt am Main: Fischer Taschenbuch 1988
Kuckenburg, Martin: *Lag Eden im Neandertal?*, Düsseldorf, München: Econ 1997
Künzle, Johann: *Das grosse Kräuterheilbuch*, Olten: Otto Walter 1945
Lame Deer, John and Richard Erdoes: *Lame Deer: Seeker of Visions*, New York: Washington Square Press 1972
Lassahn, Bernhard: *Kochen mit Käpt'n Blaubär/Dr. Oetker*, Bielefeld: Ceres Verlag/Ravensburger Buchverlag 1994
Lissner, Ivar: *So lebten die Völker der Urzeit*, München: DTV 1979
ders.: *Glaube – Mythos – Religion*, Bindlach: Gondrom 1990
Marzell, Heinrich: *Wörterbuch der deutschen Pflanzennamen, Bd. V*, Leipzig: S. Hirzel 1958
ders.: *Geschichte und Volkskunde der deutschen Heilpflanzen*, St. Goar: Reichl 2002
Mauer, Kuno: *Das neue Indianer-Lexikon*, München: Langen Müller 2002
Meyer, Elard H.: *Mythologie der Germanen*, Straßburg: Phaidon 1903
Meyer, Regula: *Tierisch gut*, Uhlstädt-Kirchhasel: Arun 2004
Meyer, Rudolf: *Die Weisheit der deutschen Volksmärchen*, Frankfurt am Main: Fischer Taschenbuch 1985
Mills, Judy A.: »Bären als Haustiere, Nahrungs- und Heilmittel« in: *Bären* (Ian Stirling, Hrsg.), München: Orbis 2002
Milne, A. A.: *Winnie the Pooh*, New York: Dell Publications 1954
Moerman, Daniel: *Native american ethnobotany*, Portland/Oregon: Timber Press 1999
Mooney, James: *Mythen der Cherokee*, Berlin: Clemens Zerling 1992. Orignialausgabe von »Myths of the Cherokee«, in: *Nineteenth annual Report of the Bureau of American Ethnology to the Secretary of the Smithonian Institution.* Washington D.C.: Smithonian Institution
Müller-Ebeling, Claudia; Christian Rätsch und Wolf-Dieter Storl: *Hexenmedizin.* Aarau, Schweiz: AT Verlag 1998
Müller-Ebeling, Claudia; Christian Rätsch und Surendra Bahadur Shani: *Schamanismus und Tantra in Nepal*, Aarau, Schweiz: AT Verlag 2000
Nauwald, Nana: *Bärenkraft und Jaguarmedizin*, Aarau, Schweiz: AT Verlag 2002
Murdock, George Peter: *Our primitive Contemporaries*, New York: Macmillan 1961
Rätsch, Christian: *Von den Wurzeln der Kultur*, Basel: Sphinx 1991

Röhrich, Lutz: *Lexikon der sprichwörtlichen Redensarten*, Bd. I–V. Freiburg, Basel, Wien: Herder 2001

Sanders, Barry: »Anthropologie, Geschichte und Kultur« in: *Bären* (Ian Sterling, Hrsg.), München: Orbis 2002

Savage, Candace: *Grizzly Bears*, San Francisco: Sierra Club Books 1990

Schaefer, H.: *Der Höhlenbär*, Basel: Veröffentlichungen aus dem Naturhistorischen Museum Basel/Nr. 2., 1961

Schlesier; Karl H.: *Die Wölfe des Himmels*, Köln: Eugen Diedrichs 1985

Schreiber, Hermann: *Wie die Deutschen Christen wurden*, Herrsching: Pawlak 1984

Seattle, Häuptling der Squamisch: »Wie können wir da Brüder werden« (Seattles Rede, 1854; Neue Fassung) in: *Dies sind meine Worte* (Rudolf Kaiser, Hrsg.), Münster: Coppenrath 1987

Sède, Gérard de: *Das Geheimnis der Goten*, Herrsching: Manfred Pawlak Verlagsgesellschaft 1986

Simpson, Jacqueline and Steve Roud: *English Folklore*, New York: Oxford University Press 2000

Snyder, Gary: *Myths & Texts*, New York: New Direction Books 1978

ders.: *Schildkröteninsel*, Berlin: Frank Schickler Verlag 1980

Spence, Lewis: *North American Indians*, London: George G. Harrap 1994

Stirling, Ian: *Bären*, München: Orbis 2002

Storl., Wolf-Dieter *Shiva, der wilde, gütige Gott*, Burgrain: KOHA 2002a

ders.: »Der abgeschossene Pfeil hat getroffen« in: *Der Tag, an dem die Türme fielen* (Christine Stecher, Hrsg.), München: Knaur 2002b

ders.: »Ernährung, kulturelle Identität und Bewusstsein« in: *Ernährung und Gesundheit* (Erika Diallo-Ginstl, Hrsg.), Stuttgart/Neckarsulm: Hampp Verlag/Natura Med 1997

ders.: *Naturrituale*, Baden, Schweiz: AT Verlag 2004

ders.: *Pflanzen der Kelten*, Aarau, Schweiz: AT Verlag 2000a

ders.: *Pflanzendevas*, Aarau, Schweiz: AT Verlag 2001

ders.: *Shamanism among Americans of European Origin*, Inaugural-Dissertation der phil.-hist. Fakultät d. Univ. Bern, Schweiz 1974

ders.: »Die Werkzeuge der Wurzelgräber« in: *Rituale des Heilens* (Franz-Theo Gottwald und Christian Rätsch, Hrsg.), Aarau, Schweiz: AT Verlag 2000b

Stovicek, Vratislav: *Östlich der Sonne, westlich vom Mond*, Erlangen: Karl Müller 1986

Sun Bear und Wabun: *Das Medizinrad*, München: Goldmann 1987

Treben, Maria: *Gesundheit aus der Apotheke Gottes*, Steyr, Österreich: Wilhelm Ennsthaler 1986

Vogel Virgil: *American Indian Medicine*, Norman, Oklahoma: University of Oklahoma Press 1982

Volmar, Friedrich A.: *Das Bärenbuch*, Bern: Paul Haupt 1940

Weyer Jr., Edward: *Primitive Peoples Today*, Garden City, New York: Dolphin Books, Doubleday 1958

Wieslander, Jujja och Tomas: *Lillebror och Nalle*, Stockholm: Bokförlag Natur och Kultur 1990

Zerling, Clemens und Wolfgang Bauer: *Lexikon der Tiersymbolik*, München: Kösel 2003

Die Bücher von Wolf-Dieter Storl im AT Verlag

Einsichten und Weitblicke
Das Wolf-Dieter Storl Lesebuch

Wir glauben, wir verstehen die Welt. Was aber wissen wir wirklich? Ist das Sein nicht viel weiter, viel magischer, als wir glauben? In diesem Buch findet sich das Kondensat von Wolf-Dieter Storls immensem Wissen. Es geht um Pflanzen, Tiere und ferne Länder, aber auch um Zeitfragen wie Klimawandel, Ökologie und Gesundheit. Ein Buch gefüllt mit vielen klugen Gedanken und Weisheit und eine Orientierungshilfe in einer bewegten Zeit.

Ur-Medizin*
Die wahren Ursprünge unserer Volksheilkunde

Unsere abendländische Heilkunde hat ihre Wurzeln im Heilwissen der altsteinzeitlichen Jäger und Sammler, der Hirtennomaden und ersten sesshaften Bauern. Neben den heilkräftigen Pflanzen gehören dazu auch die therapeutischen, heilkräftigen Worte im Sinne des schamanischen Heilens, der Auseinandersetzung mit den Krankheitsgeistern und der Kommunikation mit dem Wesen der Pflanzen.

Borreliose natürlich heilen*
Ethnomedizinisches Wissen, ganzheitliche Behandlung und praktische Anwendungen

»Storls Buch über die Therapie einer sehr schwierigen und kaum verstandenen Krankheit ist wegweisend, weil es eine ganzheitliche, wissenschaftlich untermauerte Sichtweise präsentiert.«

Ulrich Bertsche, Dr. phil. nat., Biophysiker

Das Herz und seine heilenden Pflanzen*

Herz-Kreislauf-Erkrankungen sind heute die häufigste Todesursache in der westlichen Welt. Dieses Buch wirft einen neuen, ganzheitlichen Blick auf das hoch aktuelle Thema und stellt neben den traditionellen, alten Herzpflanzen auch ausführlich die pflanzlichen Mittel der modernen Kardiologie vor.

Naturrituale*
Mit schamanischen Ritualen zu den eigenen Wurzeln finden

Schamanische Techniken und Naturrituale sind auch für den heutigen Menschen ein Weg, die Seele zu öffnen und an andere Dimensionen heranzuführen. Mit zahlreichen Beispielen aus Amerika, Asien, Australien und Afrika, vor allem aber aus der verschütteten Überlieferung der europäischen Waldlandvölker, der Kelten, Germanen und Slawen.

Bekannte und vergessene Gemüse*
Botanik, Geschichte, Heilkunde und Anwendungen

50 Gartengemüse, darunter auch seltene und heute vergessene, porträtiert in einer einzigartigen Verbindung von Gartenbuch, Ethnobotanik, Kulturgeschichte und Heilwissen. Mit Gartentipps und feinsinnigen farbigen Illustrationen der Pflanzen.

Der Kosmos im Garten
Gartenbau nach biologischen Naturgeheimnissen als Weg zur besseren Ernte

Eine umfassende, ganzheitliche Natur- und Gartenkunde: von planetaren Einflüssen bis zu Bodenbakterien und Düngersubstanzen, von den Erkenntnissen der Alchimisten über Erfahrungen der Indianer und Chinesen bis zu Paracelsus und Agrippa von Nettesheim. Mit praktischen Tipps und Ratschlägen aus der biodynamischen Gartenpraxis.

Heilkräuter und Zauberpflanzen zwischen Haustür und Gartentor*
Eine Entdeckungsreise zum geheimen Wesen der Pflanzen

Schon eine Handvoll der einfachsten, gewöhnlichsten Kräuter genügt, um sämtliche gängige Leiden zu heilen. Neun Wildkräuter, die meist unbeachtet und ungebeten in fast jedem Garten wachsen, mit ihren Eigenschaften und ihren Heilkräften, ihrer Bedeutung in der Volksmedizin, in Märchen und Aberglaube.

Pflanzen der Kelten*
Heilkunde, Pflanzenzauber, Baumkalender

Die Kelten waren fast tausend Jahre lang die führende Kultur in weiten Teilen Europas. Dieses Buch führt uns zu den Wurzeln unserer Kultur und vermittelt einen erstaunlichen Zugang zu Natur und Heilkunde.

Pflanzendevas
Die geistig-seelischen Dimensionen der Pflanzen
Mit praktischen Anleitungen zu Pflanzenmeditationen

Alle alten und naturnah lebenden Kulturen wissen um die geistig-seelischen Dimensionen der Pflanzen. In Träumen oder Visionen erscheinen sie als göttliche Wesenheiten oder Devas, die aktiv in das Erdgeschehen eingreifen. Ein Weg, die unterbrochene Kommunikation zwischen Mensch und Pflanze wiederherzustellen.

Claudia Müller-Ebeling, Christian Rätsch, Wolf-Dieter Storl
Hexenmedizin*
Die Wiederentdeckung einer verbotenen Heilkunst – schamanische Traditionen in Europa

Die Heilkunst der Hexen, eine lange Zeit verbotene und geächtete Medizin, beruht auf dem schamanischen Heilkult um heilige, wirkungsvolle Pflanzen. Sie macht gesund, bringt Lust und Erkenntnis, Rausch und mystische Einsicht. Das Buch zeigt Wege, wie die heiligen Pflanzen unserer Ahnen wieder genutzt werden können.

* Auch als E-Book erhältlich.

AT Verlag
Bahnhofstraße 41
CH-5000 Aarau
Telefon +41 (0)58 200 44 00
info@at-verlag.ch
www.at-verlag.ch

Wolf-Dieter Storl

Mag. Dr. phil., geboren 1942, Kulturanthropologe und Ethnobotaniker, lehrte als Dozent an verschiedenen Universitäten, u.a. Sociology of Medicine (Kent State University, Ohio, USA) und Medical Anthropology (Sheridan College, Wyoming, USA); Ehrenmitglied der Ethnomedizinischen Gesellschaft (AGEM), Dozent bei ETHNOMED (Institut für Ethnomedizin, München). Studienreisen, ethnografische und ethnobotanische Feldforschung, zahlreiche Artikel und Bücher. Seit 1988 lebt er auf einem Einödhof im Allgäu.

www.storl.de